跟着名师学电脑

Word 应用入门实例

丁爱萍　主编

西安电子科技大学出版社

内容简介

本书选取与日常生活密切相关的实例，以通俗易懂的方式，详细介绍 Word 2010 的相关知识。主要内容包括 Word 基本操作、格式化 Word 文档、制作图文并茂的 Word 文档、制作表格和图表、编辑和审校长文档、使用样式和模板、邮件合并、添加批注和审阅等。

本书适合希望尽快掌握 Word 2010 办公软件的电脑初学者，也可作为各种电脑培训班的教材或参考书。

图书在版编目(CIP)数据

Word 应用入门实例/丁爱萍主编. —西安：西安电子科技大学出版社，2015.1(2018.12 重印)

(跟着名师学电脑)

ISBN 978-7-5606-3581-1

Ⅰ. ① W…　Ⅱ. ① 丁…　Ⅲ. ① 文字处理系统　Ⅳ. ① TP391.12

中国版本图书馆 CIP 数据核字(2014)第 307697 号

策　　划　马乐惠

责任编辑　马乐惠

出版发行　西安电子科技大学出版社（西安市太白南路 2 号）

电　　话　(029)88242885　88201467　邮　　编　710071

网　　址　www.xduph.com　　电子邮箱　xdupfxb001@163.com

经　　销　新华书店

印刷单位　三河市腾飞印务有限公司

版　　次　2015 年 1 月第 1 版　2018 年 12 月第 2 次印刷

开　　本　787 毫米×1092 毫米　1/16　印张 15

字　　数　347 千字

印　　数　3001～13 000 册

定　　价　28.00 元

ISBN 978 – 7 – 5606 – 3581 – 1 / TP

XDUP 3873001-2

前　言

随着社会信息化的不断普及，计算机已经成为人们工作、学习和日常生活不可或缺的工具，而计算机的操作水平也成为衡量一个人综合素质的重要标准之一。为了让普通读者跟上科技时代的步伐，与时俱进，了解、掌握常用的计算机知识，我们总结了多位计算机名师的经验，精心编写了这套“跟着名师学电脑”系列图书。

本书的特色：

1. 从零开始，循序渐进

读者不需要有计算机使用基础，只要会开关计算机，就可以通过本书的学习掌握 Word 办公软件的应用技术。

2. 一步一图，快速上手

本书全部采用图示的方式，每一个操作步骤均配有对应的插图和注释，并对图像进行大量的剪切、拼合、加工，以便读者在学习中能够直观清晰地看到操作的过程和效果，阅读体验轻松、学习轻松自如。

3. 紧贴实际，实例学习

本书内容的选取以“源于生活、归于生活”为准则，关注学习情境的创设，尽量选择与社区群众生活及工作有关的素材，以体现学以致用的思想；设计上充分考虑初学者的认知规律和学习特点，理论上做到“精讲、少讲”，操作上做到“仿练、精练”，强调知识技能的体验和培养。

4. 系统全面，超值实用

本书提供若干个实例，通过实例分析、设计过程讲解 Word 2010 图文排版的应用方法。每章穿插大量提示、扩展、技巧等小贴士，构筑面向实际应用的知识和技能体系。本书实例丰富、技巧众多、实用性强，可随学随用，显著提高工作效率。在传授知识的同时，本书着重教会读者学习的方法，使读者能够巧学活用。

本书适合希望尽快掌握 Word 2010 办公软件的电脑初学者使用，也可作为各种电脑培训班的教材或参考书。

本书由丁爱萍主编，参加编写工作的有张校慧、关天柱、高欣、麻德娟、龚西城、胡峰、李美嫦、马志伟、李群生等。由于作者水平有限，书中不足之处敬请读者批评指正。

作　者

2014 年 5 月

目　　录

第 1 篇　Word 2010 入门体验

第 2 篇　文档的美化和编排

第 3 篇　文档的查看和输出

第 1 篇

Word 2010 入门体验

Word 是目前最流行、应用最广泛的文档编辑软件之一，使用 Word 可以制作通知、简历、产品介绍、宣传单等各类文档。

本篇内容：

实例 1　编排社区通知

实例 2　编排招募志愿者公告

实例 3　利用样本模板创建求职简历

通过以上 3 个实例，您将学会 Word 文档的基本编辑和打印输出等工作，包括：

1. 启动和退出 Word 2010。
2. 新建和保存文档。
3. 打开和关闭文档。
4. 在文档中输入和编辑文本。
5. 进行页面设置。
6. 复制和移动文本。
7. 查找和替换文本。
8. 设置字符格式和段落格式。
9. 打印文档等。

实例 1　编排社区通知

☞ 学习情境

小红是祥和物业公司的义工，今天物业管理办公室主任撰写了《小区消防安全通知》，希望小红把该通知输入电脑、排版后打印张贴到社区里。

通知原文如下：

小区消防安全通知

尊敬的各位业户：

大家好！

冬季天气干燥，是一个火灾高发的季节，又临近春节。由于单元楼道是每个单元的人员通道，同时也是消防通道。因此请大家不要在楼道内乱堆杂物、私接电线、燃放烟花爆竹等，务必保持楼道畅通。祝愿我们各位业主家家户户都能度过一个平安、祥和的春节。谢谢！

祥和物业公司

元月 10 日

☞ 编排效果

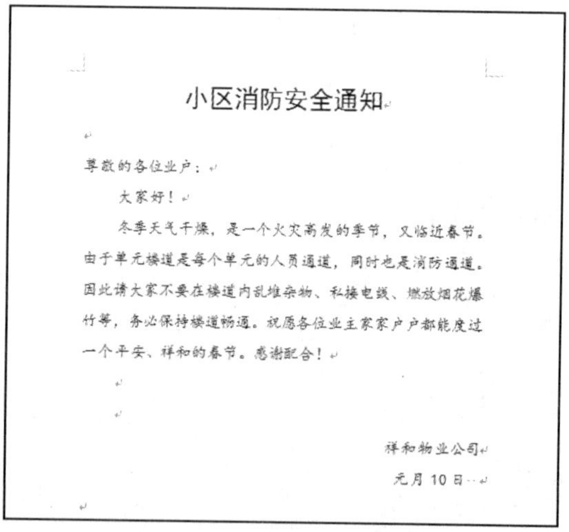

小区消防安全通知

尊敬的各位业户：

大家好！

冬季天气干燥，是一个火灾高发的季节，又临近春节。由于单元楼道是每个单元的人员通道，同时也是消防通道。因此请大家不要在楼道内乱堆杂物、私接电线、燃放烟花爆竹等，务必保持楼道畅通。祝愿各位业主家家户户都能度过一个平安、祥和的春节。感谢配合！

祥和物业公司

元月 10 日

☞ 掌握技能

通过本实例，将学会以下技能：

- 认识 Word 工作界面。
- 输入文本、选择文本、修改文本。
- 简单设置字体和字号。
- 保存并打印文档

»☞ 启动 Word 2010

Word 2010 是 Microsoft(微软)公司推出的办公软件，是 Office 2010 三大组件之一。安装好 Office 2010 后，即可启动 Word 2010 对文档进行编辑。

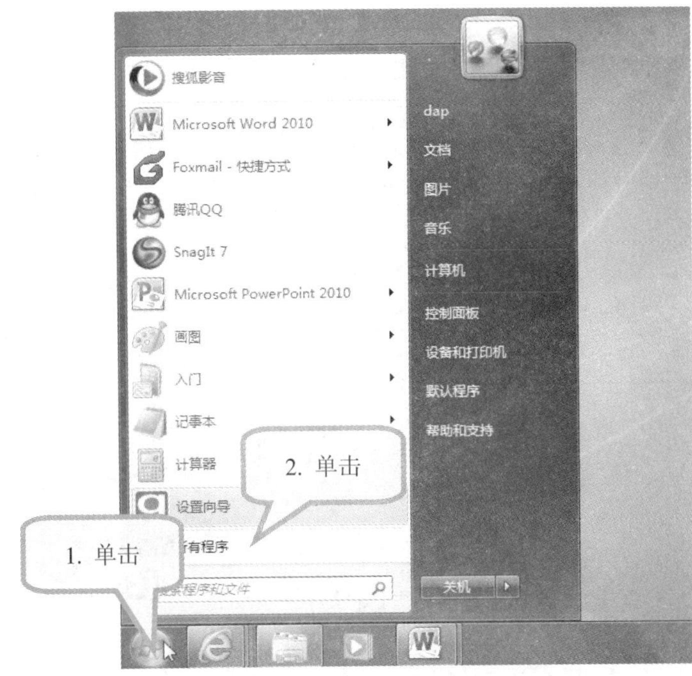

1. 在 Windows 7 桌面，单击任务栏左侧的“开始”按钮。

2. 在弹出的“开始”菜单中，单击“所有程序”项。

如果“开始”菜单左侧最近使用的程序区中有 Microsoft Word 2010，则可直接单击来启动。

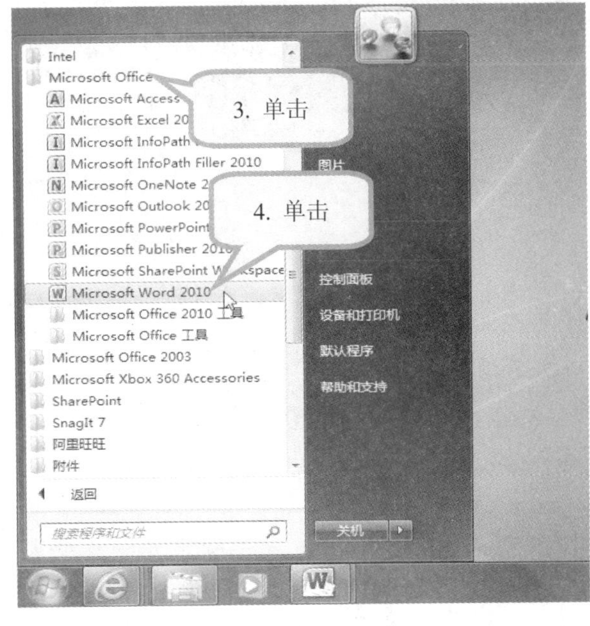

3. 在“所有程序”组中，单击“Microsoft Office”，打开下拉列表。

4. 单击“Microsoft Word 2010”项。

如果桌面上有 Word 2010 的快捷方式图标，可双击启动。

»☞ 认识 Word 工作界面

启动 Word 程序即可打开 Word 窗口，同时新建名为“文档 1”的空文档。

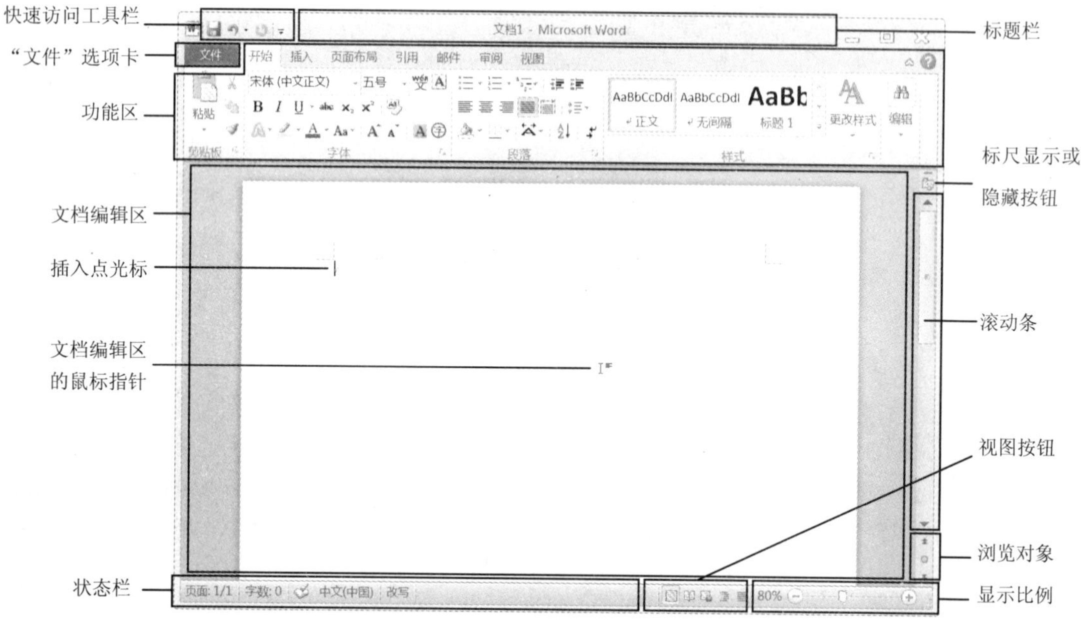

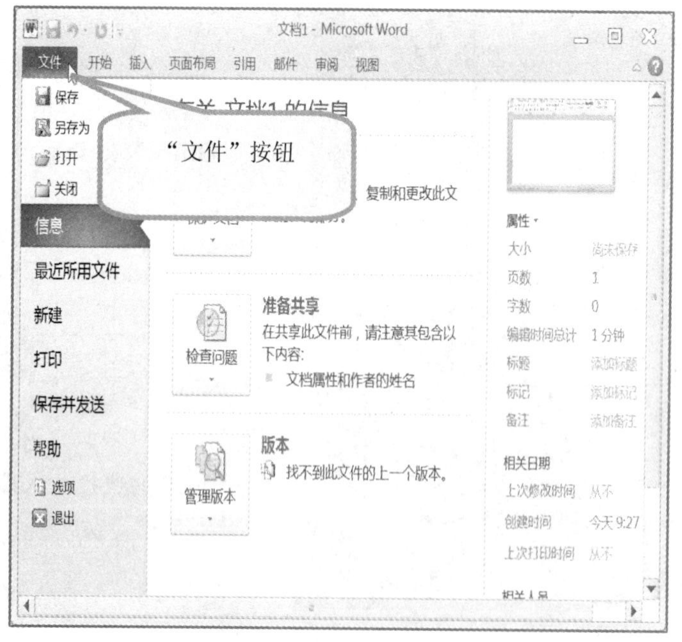

单击“文件”按钮，在打开的面板中可以进行新建、打开、保存文档等操作。

»☞ 输入文本

对于汉字、英文字母和数字等普通文本，定位光标插入点后直接进行输入即可。输入文本时，Word 会自动进行换行，若要换行另起一段，则需按“Enter”键。按空格键可输入空格，一般文本每段开始处需要空两格。

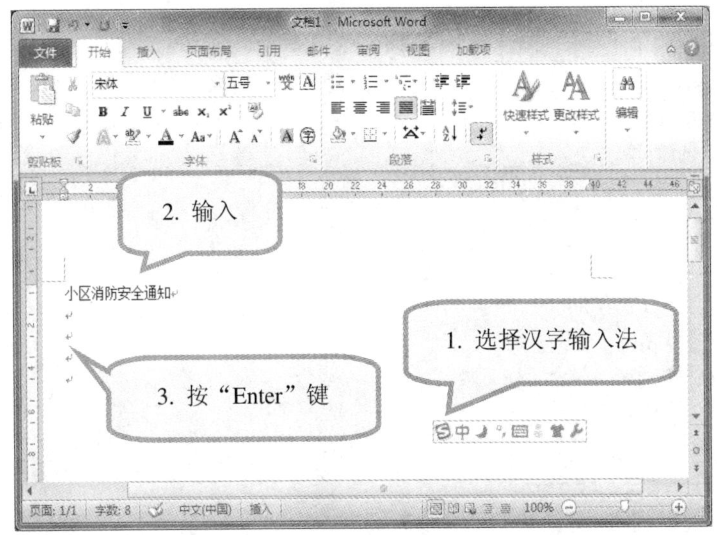

1. 单击 Windows 桌面右下角的输入法指示器，选择一种中文输入法。

2. 利用汉字输入法输入“小区消防安全通知”文本。

3. 按“Enter”键手动换行。

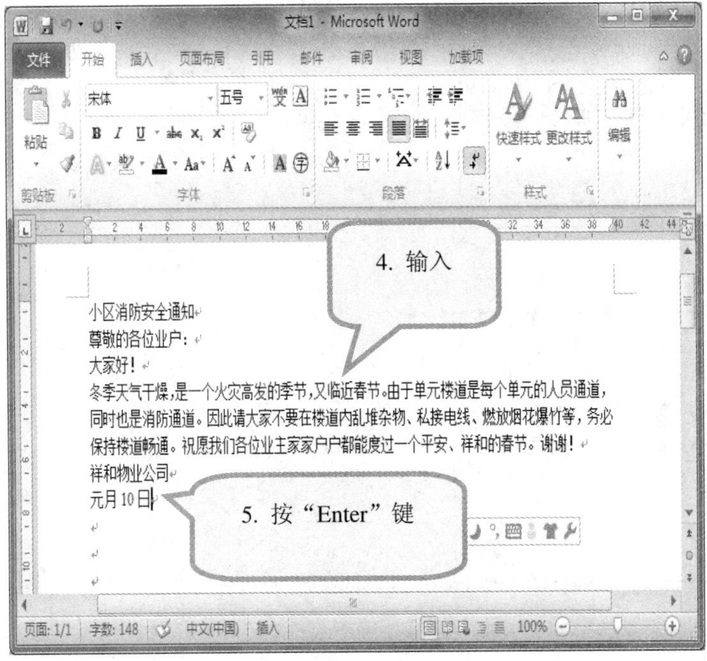

4. 输入其他文本内容。

5. 在每一段结束处，按“Enter”键换行，以便另起一段，使插入点移到下一行。

即点即输功能

将鼠标指针指向需编辑处，单击鼠标即可进行文字输入，并且应用相应段落的文本格式。如果在空白处，则需要双击鼠标。

»☞ 修改文本

在输入文本时，可能会因为操作失误，导致文本内容出现错误，此时应对出错的文本进行修改。

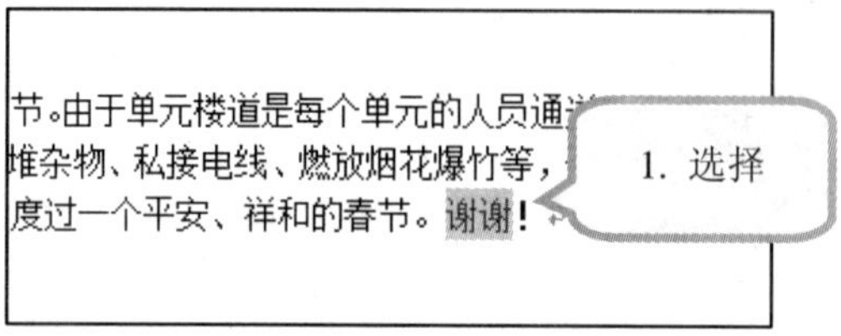

1. 选择

1. 将鼠标指针移至需要选择的文本前，按住鼠标左键不放并拖动到需要选择的文本末尾处，松开鼠标。

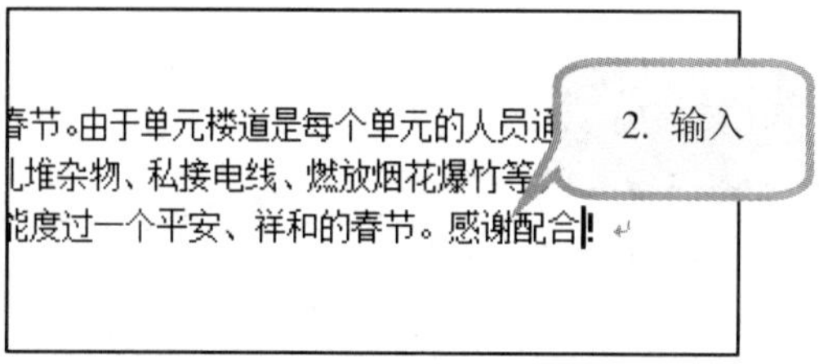

2. 输入

2. 直接输入正确的文本。

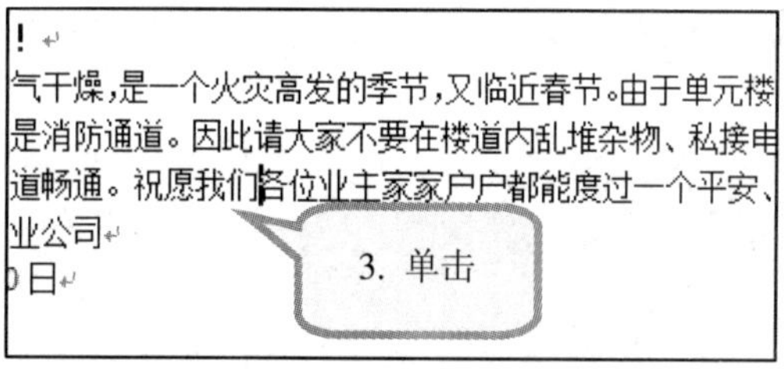

3. 单击

3. 将插入点定位在需要修改的文本后。

4. 按“BackSpace”键将文本删除。

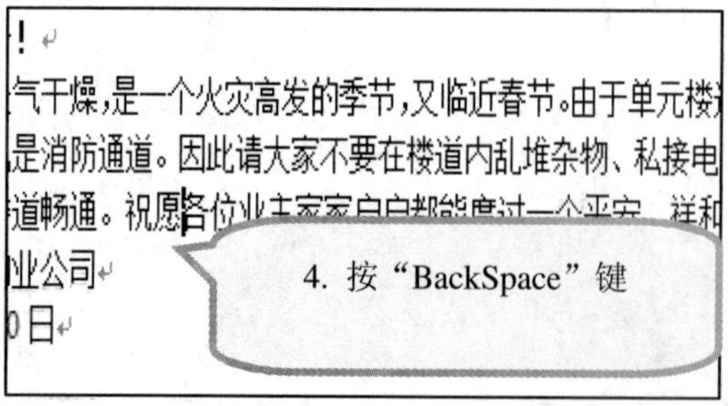

4. 按“BackSpace”键

Word 有“插入”和“改写”两种输入状态。默认为“插入”状态，此时输入文本，其后的文本将自动向后移；在改写状态下，输入的文本将替换其后的文本。

»☞ 设置标题文本

简单的输入和修改往往不能满足实际办公需要，因此还需要对文档进行格式化，使其更加美观，如设置字体大小以更清晰地呈现文档的层次结构。

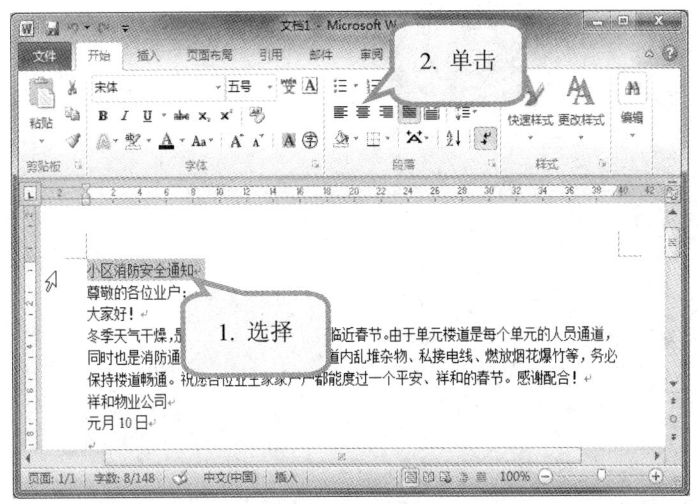

1. 单击标题行左侧的空白处，选中标题行。

2. 在“开始”选项卡→“段落”组中，单击“居中”按钮。

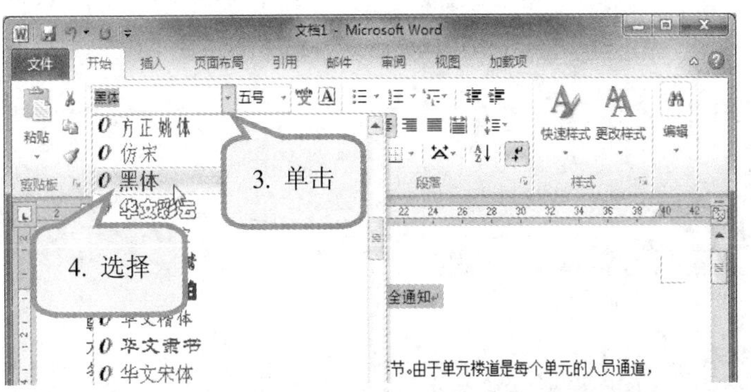

3. 在“开始”选项卡→“字体”组中，单击“字体”框宋体右端的箭头。

4. 在“字体”下拉列表框中，选择“黑体”。

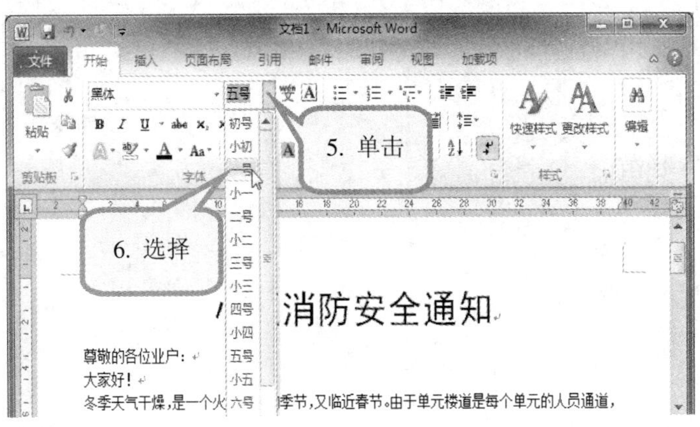

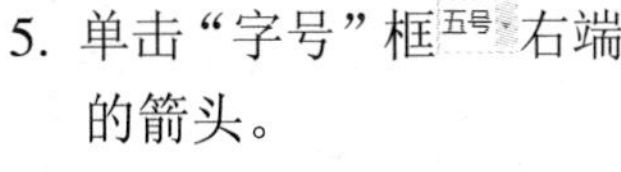

5. 单击“字号”框五号右端的箭头。

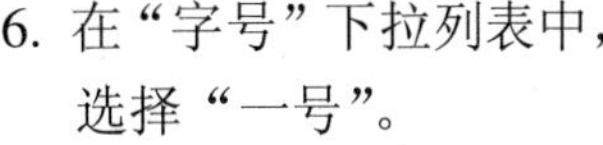

6. 在“字号”下拉列表中，选择“一号”。

»☞ 设置正文文本

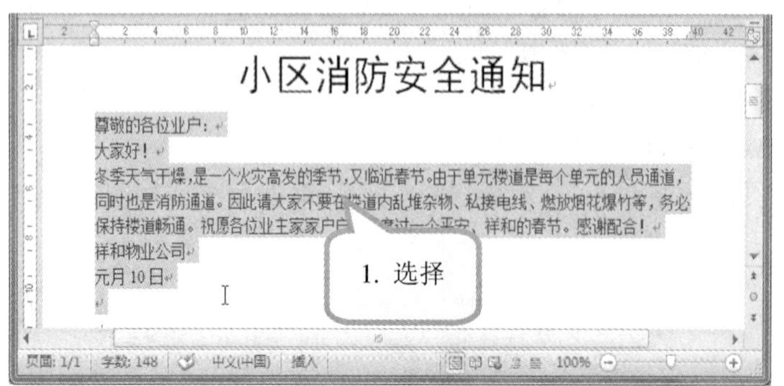

1. 将插入点置于正文开始处，拖动鼠标至文档结尾，从而选择全部正文。

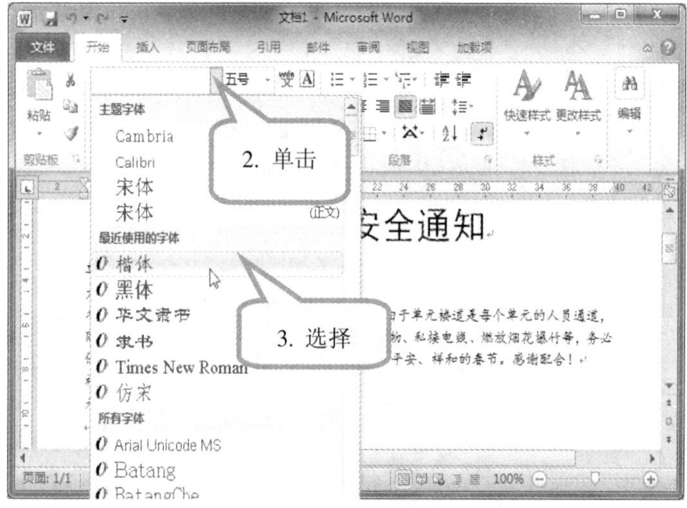

2. 在“开始”选项卡→“字体”组中，单击“字体”框 宋体 右端的箭头。

3. 在“字体”下拉列表框中，选择“楷体”。

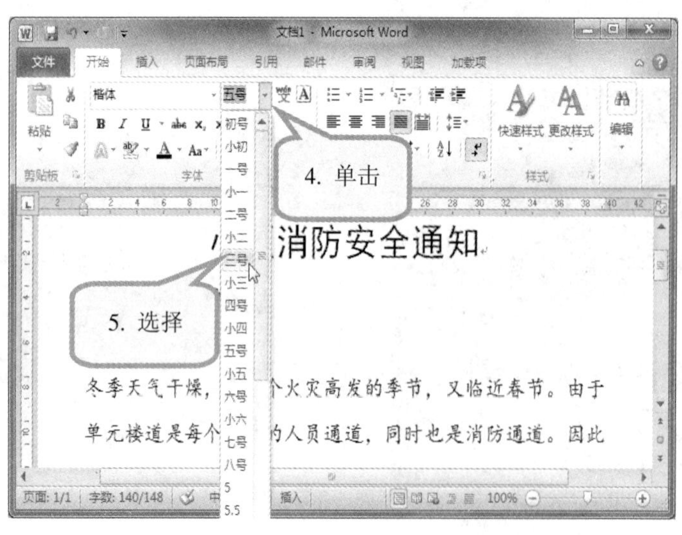

4. 单击“字号”框 五号 右端的箭头。

5. 在“字号”下拉列表中，选择“三号”。

设置段落缩进

设置段落缩进可使文本变得工整，从而清晰地表现文本层次。

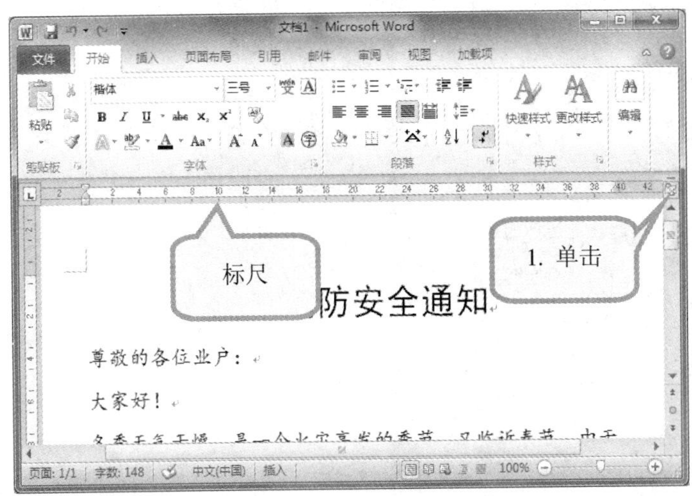

1. 如果标尺没有显示，则单击“标尺”按钮。

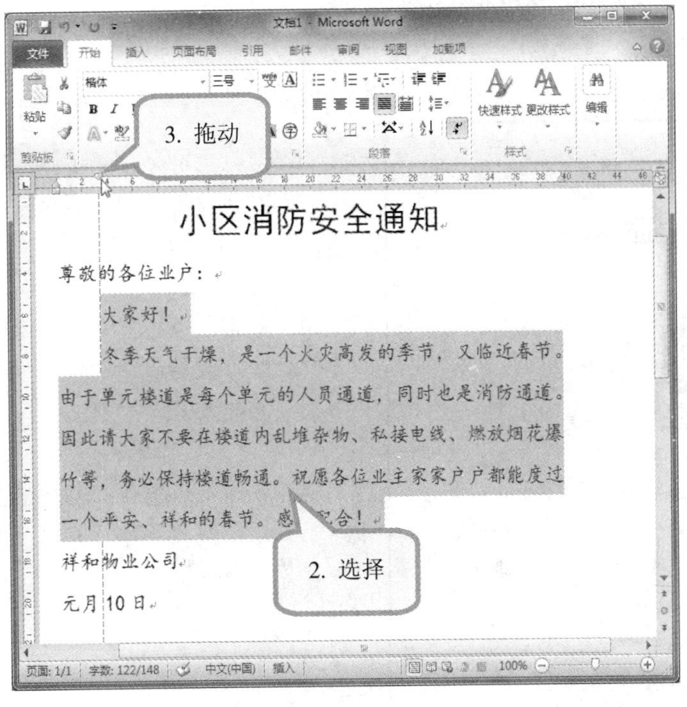

2. 将插入点置于第 2 段开始处，拖动鼠标至第 3 段结尾处，从而选择第 2 段和第 3 段文本。

3. 拖动标尺中的“首行缩进”浮标至“2”处，设置段落首行缩进两个字符。

»☞ 设置段落对齐方式

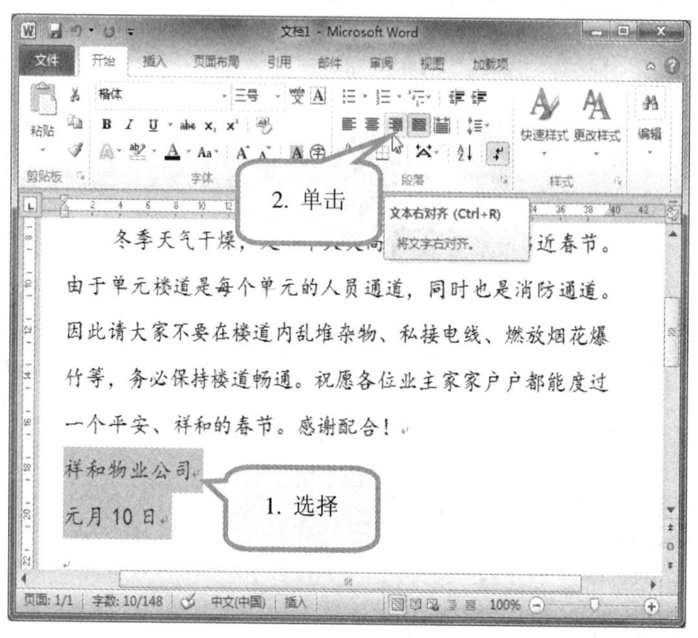

1. 选择落款单位名称和日期。

2. 单击“开始”选项卡→“段落”组→“右对齐”按钮。

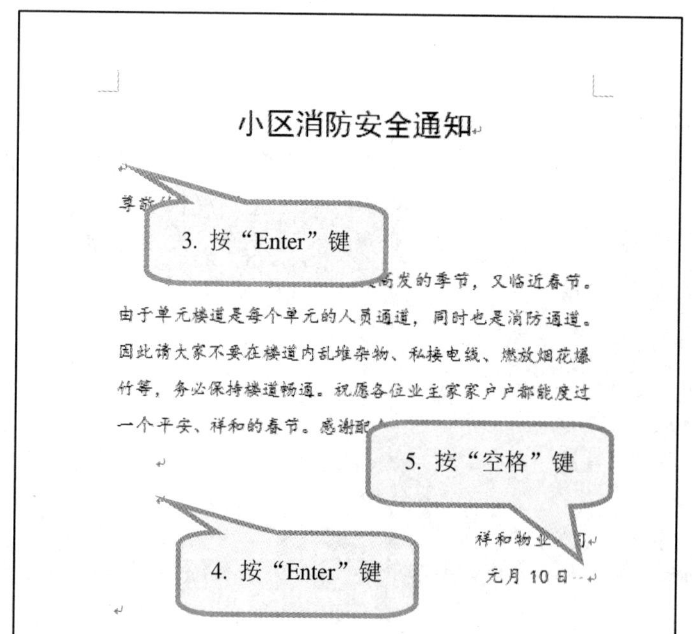

3. 浏览页面效果，在第 1 段前，按“Enter”键插入一个空行。

4. 将插入点置于正文结尾处，按若干个“Enter”键插入几个空行。

5. 将插入点置于日期结尾处，按“空格”键插入几个空格。

保存文档

在 Word 中，新建或编辑文档后可以将文档保存起来。

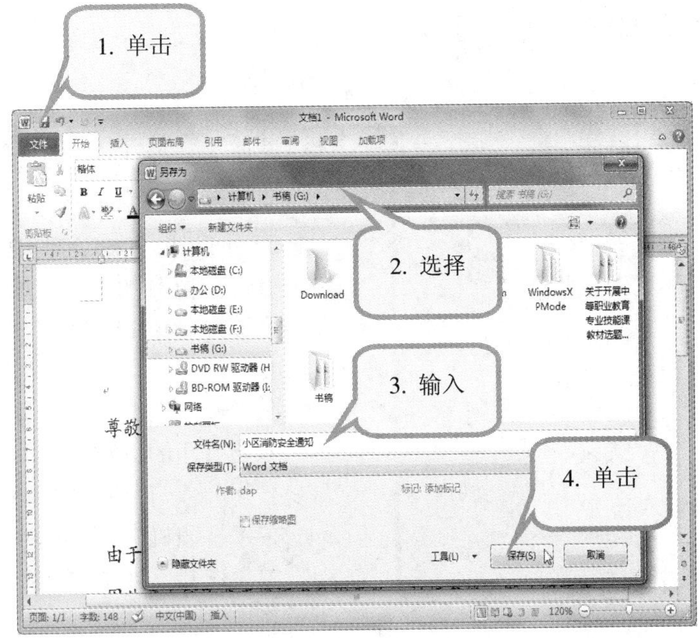

1. 在“快速访问工具栏”上，单击“保存”按钮。

2. 在“另存为”对话框中的地址栏中，选择文档的保存位置。

3. 在“文件名”下拉列表框中，输入文件名，其他设置保持默认。

4. 单击“保存”按钮。

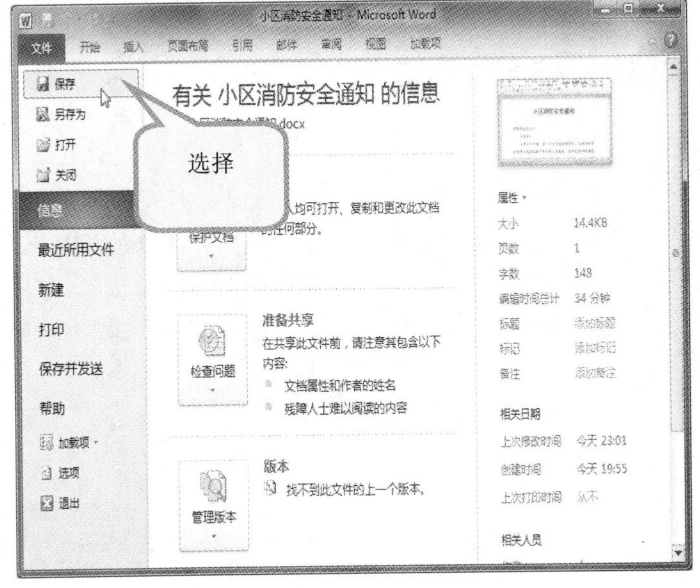

在“文件”选项卡中，单击“保存”或“另存为”，也可以打开“另存为”对话框。

打印文档

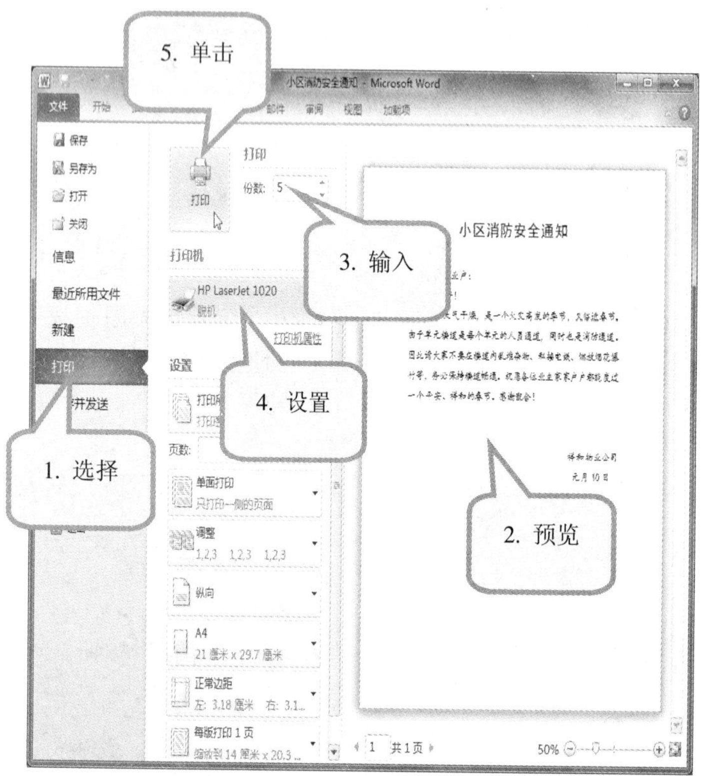

1. 单击“文件”选项卡→“打印”。

2. 预览文档编排效果。如果发现文档中的错误，或有排版不合适的地方，应及时加以更正或修改，以免浪费纸张。

3. 在“份数”输入框中输入要打印的份数。

4. 在“打印机”下拉列表中，选择需要的打印机名称。

5. 单击“打印”按钮。

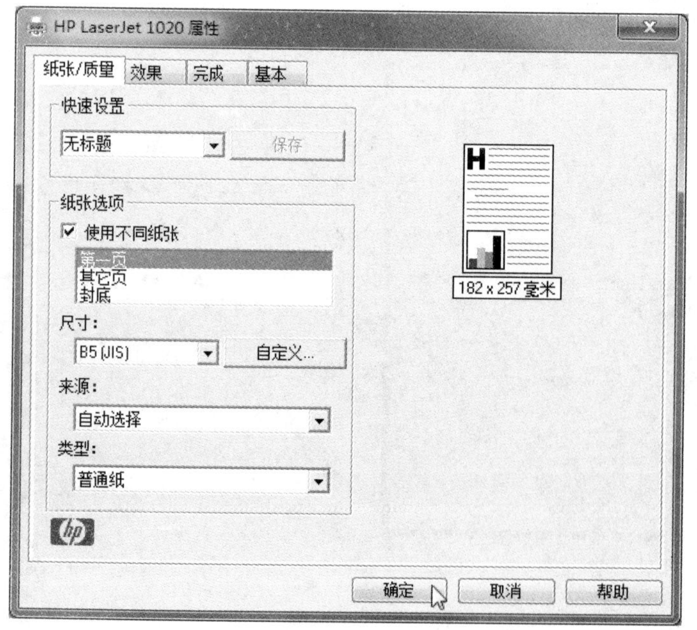

在“打印”窗口中，单击“打印机属性”，可以对打印纸张、打印质量等进行更详细的设置。

»☞ 关闭和退出 Word

编辑完文档后，如果不使用 Word 了，可以退出 Word。退出 Word 的方法常用以下 3 种。

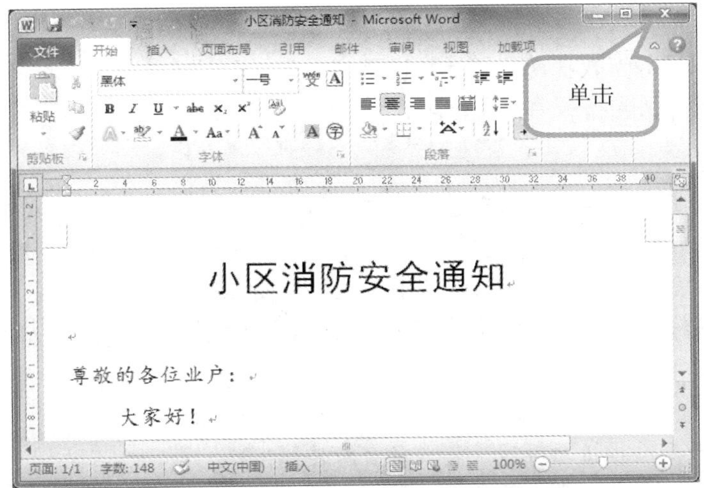

单击 Word 窗口右上角的“关闭”按钮。

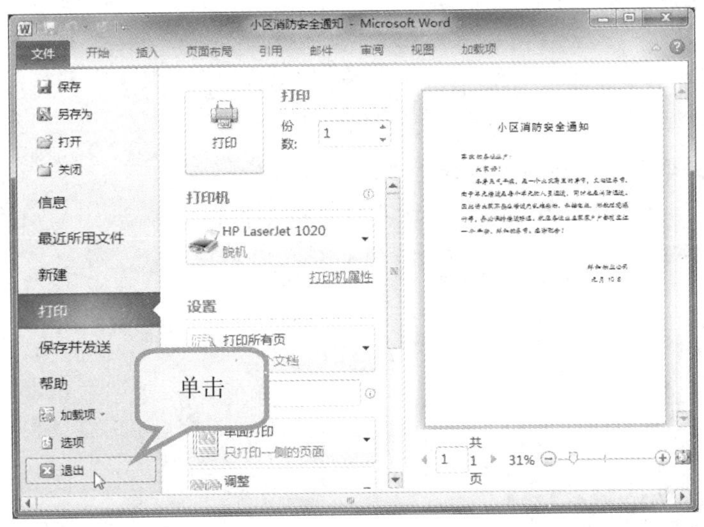

单击“文件”选项卡→“退出”命令。

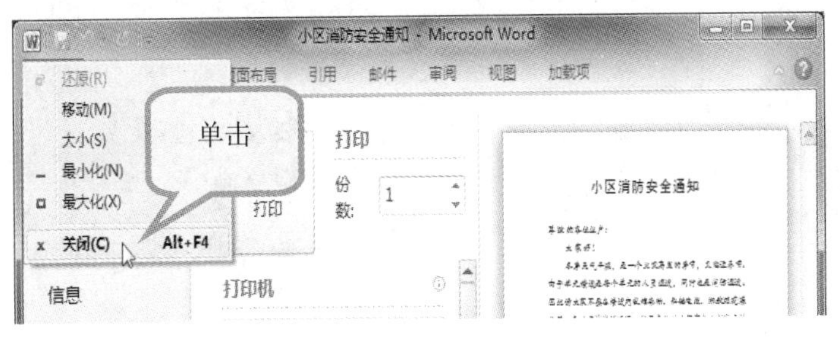

在快捷访问工具栏中，单击图标按钮，在打开的下列菜单中，选择“关闭”命令。

实例 2　招募志愿者公告

学习情境

白玉公益组织将在暑期组织义务支教活动，领导经过研究拟定了面向社会招募志愿者的公告，现在要求输入电脑并进行适当排版后打印出来。

公告原文如下：

白玉公益组织招募志愿者公告

白玉公益组织是一个由白玉社区自主运作和管理的公益组织，一直致力于传播公益理念，达到促进社会进步的目的。自成立以来，共派出近 100 人次赴西北等地支教，得到了当地政府的肯定。现面向社区继续招募支教志愿者。

一、报名条件

1. 富有爱心和责任心，乐于奉献，关注我国西部经济欠发达地区教育。

2. 吃苦耐劳，能坚持，勇于面对挫折与挑战，富有社会责任感。

3. 热爱公益，勇于担当，善于沟通，具有较强的团队合作精神。

4. 凡在校大学生均可报名，有志愿服务经历者将优先考虑。

二、报名须知

1. 报名者面试通过后，即成为志愿者，可参加白玉社区所有公益活动以及支教队员选拔。

2. 所有参加选拔的志愿者必须和家人协商并得到允许。

3. 支教队在 7 月 15 日出发，持续一个月左右，中途不得停止支教活动。

4. 支教期间，本组织提供部分交通补贴，住宿统一安排，伙食自理。

三、招募人数

本次暑期支教计划招募 50 人。

四、报名时间

报名时间为即日起至 7 月 5 日止。

五、报名地点

白玉社区 202 室，联系电话：010-88663322。

☆☆☆真诚期待您的加入！

白玉公益组织

6 月 10 日

☞ 编排效果

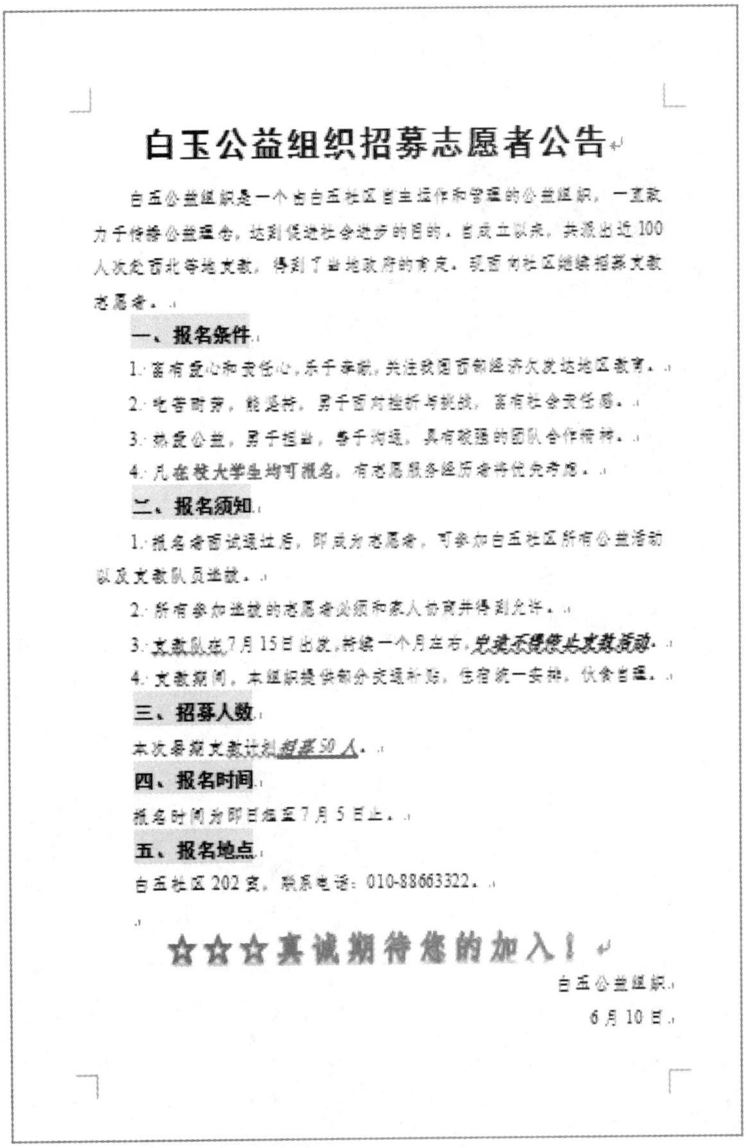

白玉公益组织招募志愿者公告

白玉公益组织是一个由白玉社区自主运作和管理的公益组织，一直致力于传播公益理念，达到促进社会进步的目的。自成立以来，共派出近100人次赴西北等地支教，得到了当地政府的肯定。现面向社区继续招募支教志愿者。

一、报名条件

1. 富有爱心和责任心，乐于奉献，关注我国西部经济欠发达地区教育。
2. 吃苦耐劳，能坚持，勇于面对挫折与挑战，富有社会责任感。
3. 热爱公益，勇于担当，善于沟通，具有较强的团队合作精神。
4. 凡在校大学生均可报名，有志愿服务经历者将优先考虑。

二、报名须知

1. 报名者面试通过后，即成为志愿者，可参加白玉社区所有公益活动以及支教队员选拔。
2. 所有参加选拔的志愿者必须和家人协商并得到允许。
3. 支教队在7月15日出发，持续一个月左右，***中途不得停止支教活动***。
4. 支教期间，本组织提供部分交通补贴，住宿统一安排，伙食自理。

三、招募人数

本次暑期支教计划*招募50人*。

四、报名时间

报名时间为即日起至7月5日止。

五、报名地点

白玉社区202室，联系电话：010-88663322。

☆☆☆真诚期待您的加入！

白玉公益组织

6月10日

☞ 掌握技能

通过本实例，将学会以下技能：

- 插入特殊符号。
- 设置页面（纸张大小、纸张方向、页边距等）。
- 设置字符格式和段落格式。
- 使用格式刷。
- 撤销、恢复。

»☞ 新建空白文档

Word 是我们常用的办公软件，通常在 Windows 7 桌面上有 Word 2010 的快捷方式图标，双击即可启动 Word。启动 Word 的同时新建名为“文档 1”的空文档。

1. 在 Windows 7 桌面，双击 Word 2010 的快捷方式图标。

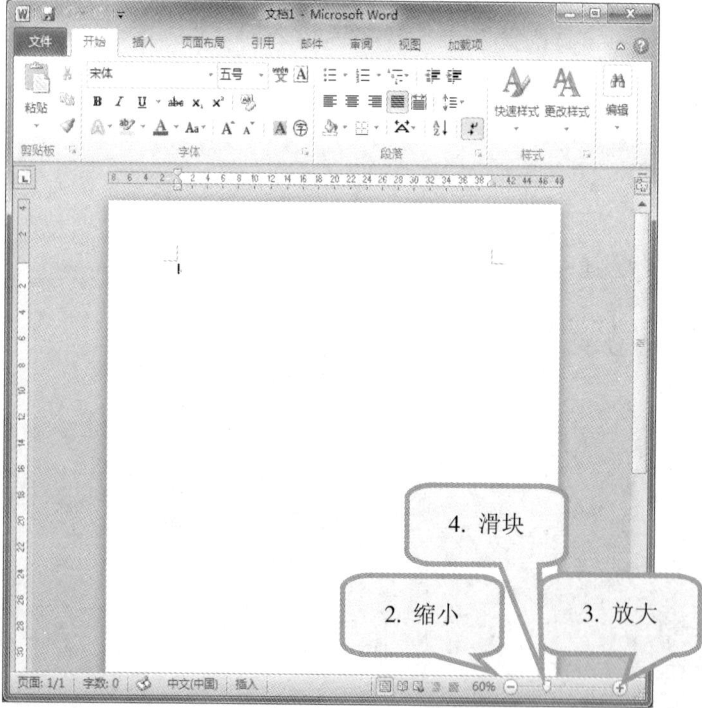

在打开的 Word 窗口中，有新建名为“文档 1”的空文档。

2. 单击“显示比例”的“缩小”钮，将缩小文档的显示比例。

3. 单击“显示比例”的“放大”钮，将放大文档的显示比例。

4. 向左或向右拖动“显示比例”的滑块，将缩小或放大文档的显示比例。

»☞ 设置纸张大小和纸张方向

在 Word 中创建的内容都以页为单位显示或打开。在实例 1 中所做的文档编辑，是在缺省的页面设置下进行的，即套用 Normal 模板中设置的页面格式。但这种缺省页面设置在多数情况下并不符合用户要求，因此需要根据自己的要求对其调整。

在实际工作时，与我们用笔在纸上写字一样，先要选择纸张大小和纸张方向。

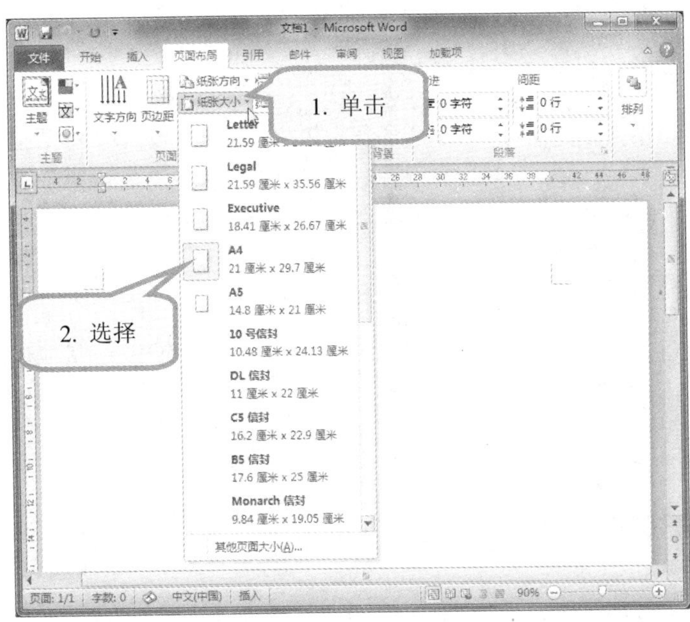

1. 在“页面布局”选项卡→“页面设置”组中，单击“纸张大小”按钮。
2. 在弹出的下拉列表中，选择“A4”。

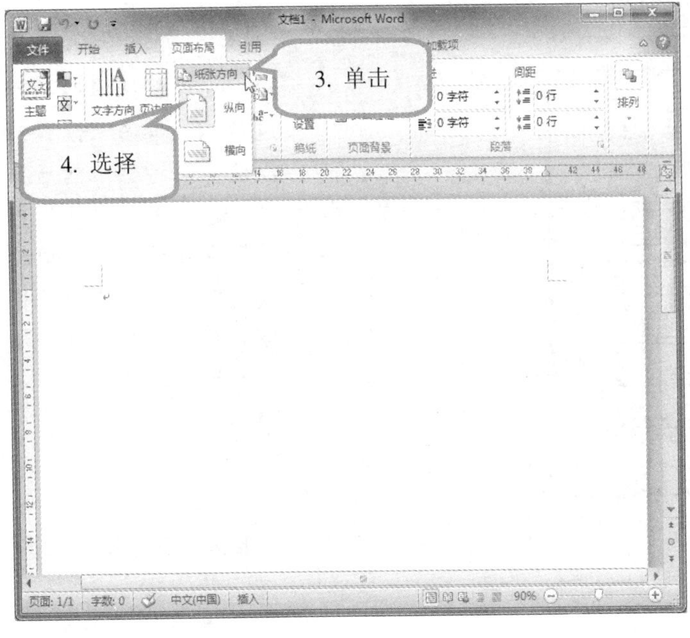

3. 在“页面布局”选项卡→“页面设置”组中，单击“纸张方向”按钮。
4. 在弹出的下拉列表中，选择“纵向”。

也可以单击“页面布局”选项卡→“页面设置”组→“功能扩展”按钮，在打开的“页面设置”对话框中设置。

»☞ 设置页边距

页边距是页面上打印区域之外四周的空白区域，某些项目放置在页边距区域中，如页眉、页脚和页码等。

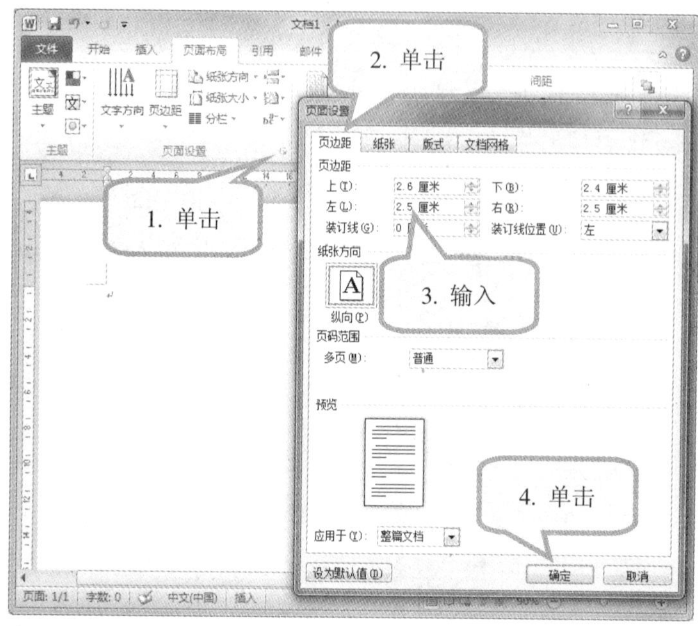

1. 单击“页面布局”选项卡→“页面设置”组→“功能扩展”按钮。

2. 在“页面设置”对话框中，单击“页边距”选项卡。

3. 在“上”、“下”、“左”和“右”框中，分别输入相应的数值，如2.6、2.4、2.5、2.5。

4. 单击“确定”按钮

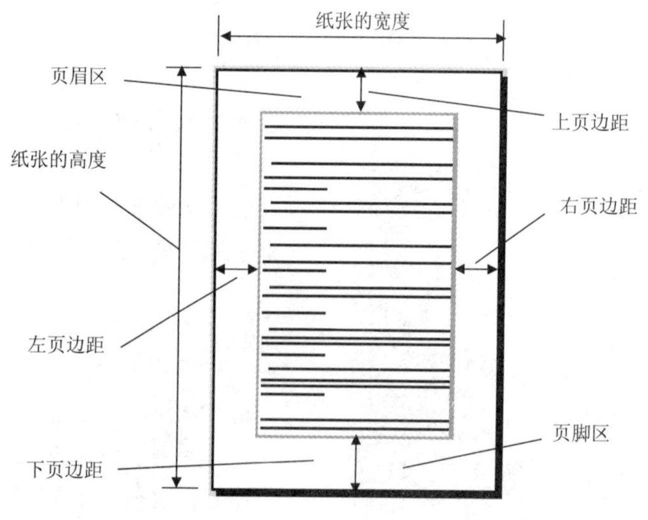

若要更改默认页边距，在设置选择新的页边距后，单击“设置为默认值”按钮，然后单击“是”。新的默认设置将保存在该文档使用的模板中。每个基于该模板的新文档都将自动使用新的页边距设置。

页边距在页面上的位置示意见左图。

»☞ 输入文本和符号

对于汉字、英文字母和数字等普通文本，定位光标插入点后直接进行输入即可。输入键盘上没有的符号时，可以通过“插入”选项卡中的“符号”命令来完成。

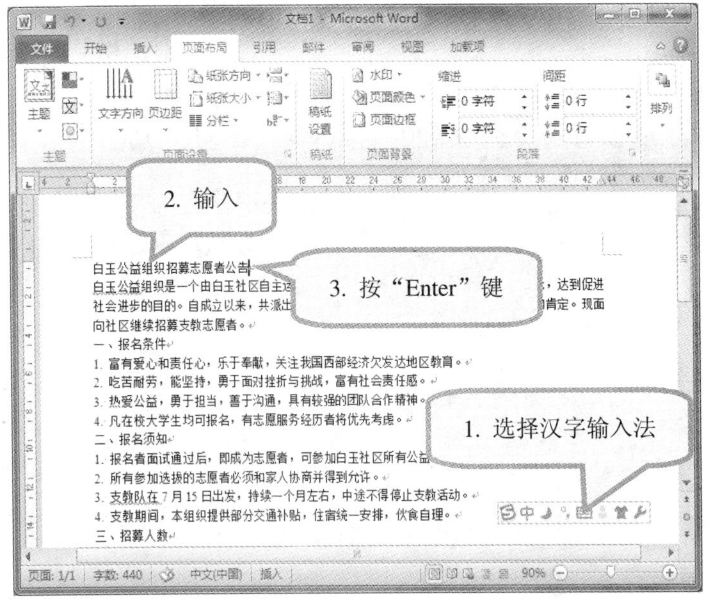

1. 单击 Windows 桌面右下角的输入法指示器，选择一种中文输入法。

2. 利用汉字输入法输入“白玉公益组织招募志愿者公告”。

3. 按“Enter”键手动换行。输入其他文本内容。在每一段结束处，按“Enter”键换行。

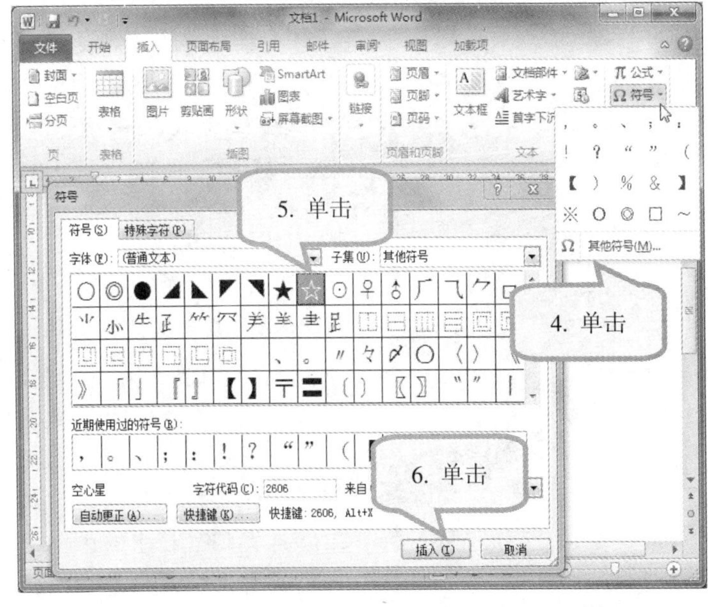

4. 输入键盘上没有的符号时，单击“插入”选项卡→“符号”组→“符号”→“其他符号”。

5. 在弹出的“符号”对话框中，单击找到的符号。

6. 单击“插入”按钮。

»☞ 保存文档

在编辑文档的过程中，可能会出现断电、死机或系统自动关闭等情况。为了避免不必要的损失，我们应该及时保存文档。

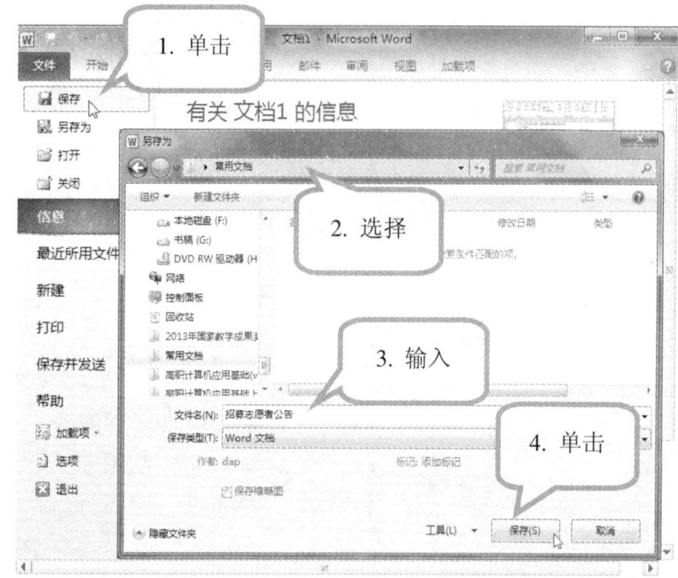

1. 单击“文件”选项卡→“保存”按钮，将打开“另存为”对话框。
2. 在“另存为”对话框中的地址栏中，选择文档的保存位置。
3. 在“文件名”下拉列表框中，输入文件名，其他设置保持默认。
4. 单击“保存”按钮。

在文档编辑过程中，要及时单击“快速访问工具栏”上的“保存”按钮（或按键盘上的“Ctrl”+“S”键）进行存盘。

设置自动保存功能：选择“文件”菜单→“选项”，在打开的“Word 选项”对话框中，选择“保存”选项，在“保存文档”栏中选中“保存自动恢复信息时间间隔”，在其后的数值框中输入一个数值，单击“确定”按钮。

»☞ 设置标题文本

在 Word 2010 中，除了可以利用“开始”菜单中的“字体”组格式化文本（见实例 1）外，还可以利用浮动工具栏来设置文本字体、字号等基本操作。

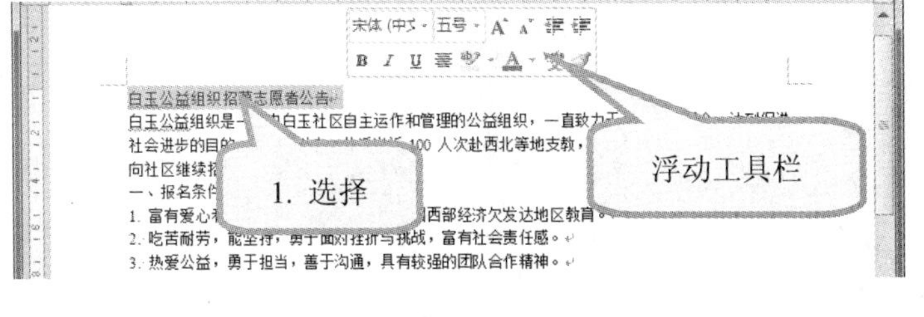

1. 单击标题行左侧的空白处，选中标题行。将鼠标指针移动到文本上，或右键单击选中的文本，此时出现浮动工具栏。

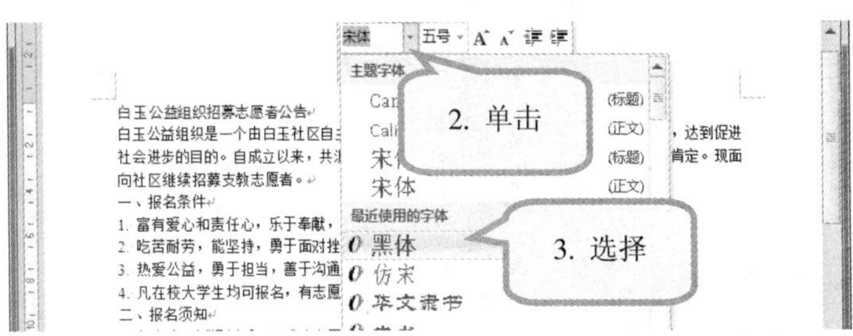

2. 单击“字体”框右侧的下拉箭头。

3. 在打开的下拉列表中选择“黑体”项。

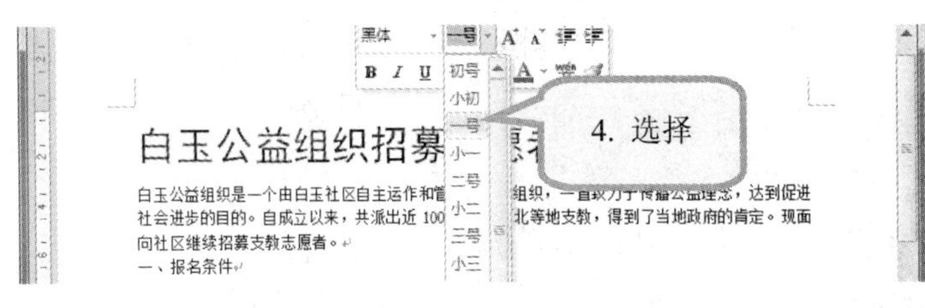

4. 在“字号”下拉列表中选择“一号”。

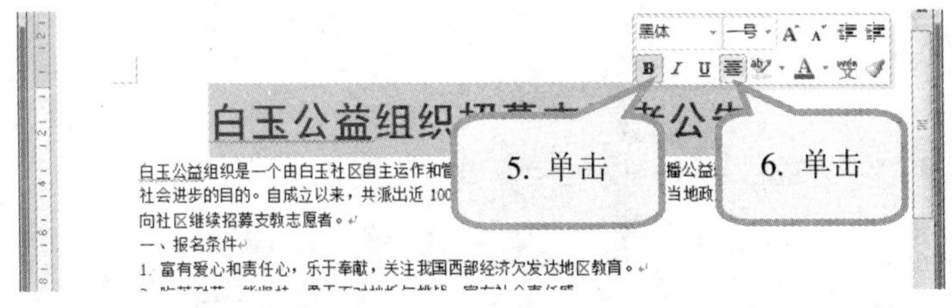

5. 单击“加粗”按钮。

6. 单击“居中”按钮。

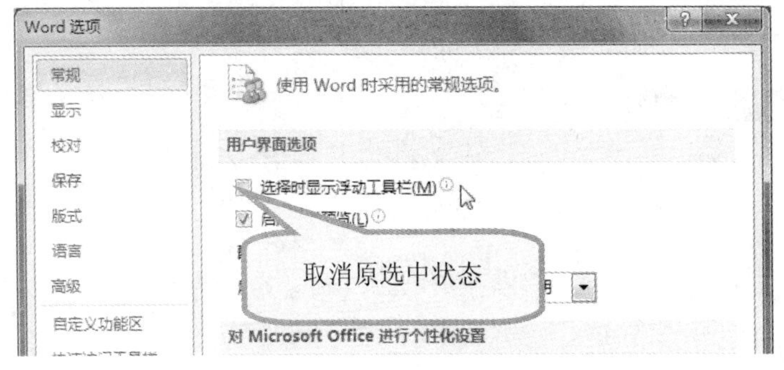

若不需要在文档窗口中显示浮动工具栏，可以将其关闭。方法为：在“Word 选项”对话框中，取消选中“选择时显示浮动工具栏”项，单击“确定”按钮。

»☞ 设置正文文本字体和字号

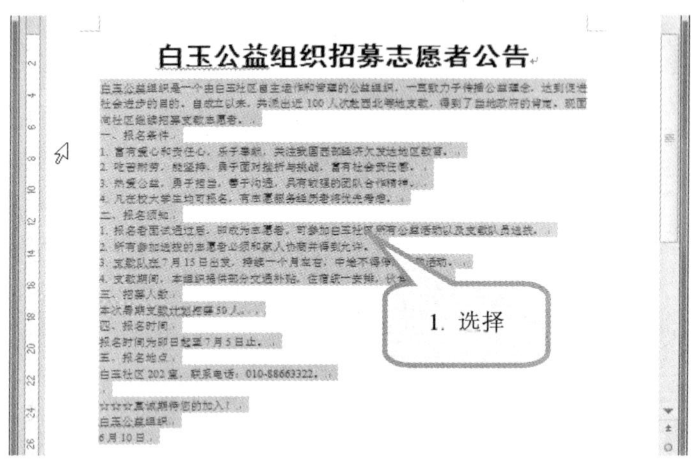

1. 将插入点置于正文左侧空白处，按住左键不放向下拖动鼠标至文档结尾，从而选择全部正文。

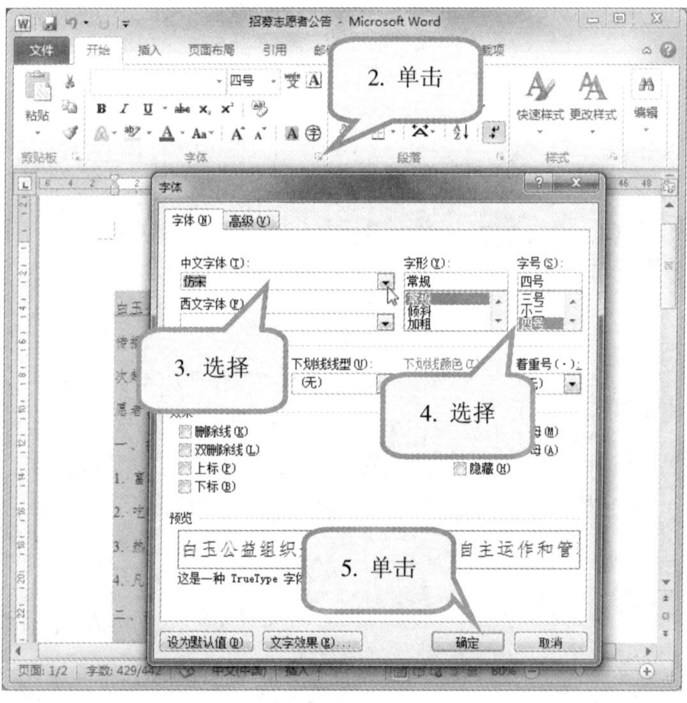

2. 单击“开始”选项卡→“字体”组→“功能扩展”按钮，打开“字体”对话框。

3. 在“字体”选项卡中，在“中文字体”框中选择“仿宋”。

4. 在“字号”框中选择“四号”。

5. 单击“确定”按钮。

在“字体”对话框中，不仅可以设置中文字符的字体，还可以在“西文字体”下拉列表中设置英文字体。

»☞ 设置段落缩进

选中正文后，可以通过“段落”对话框设置段落格式。

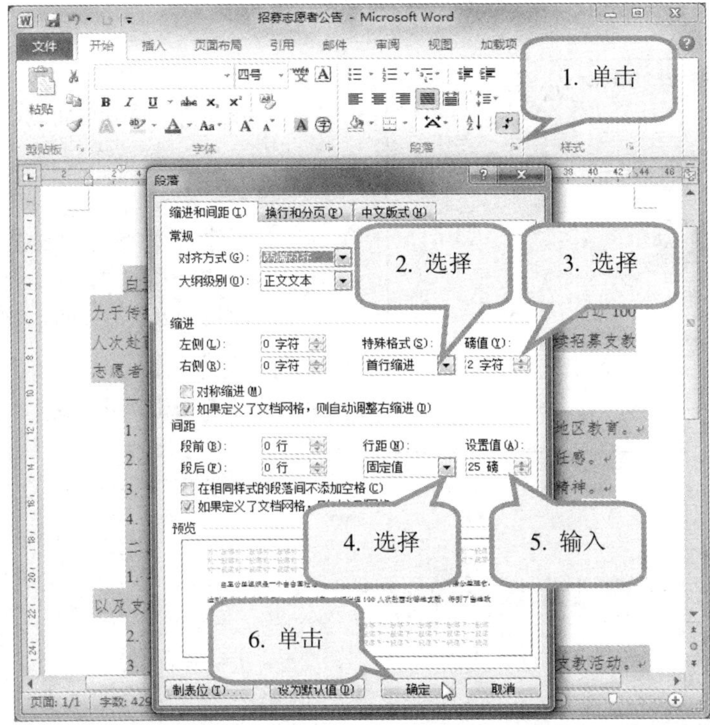

1. 单击“开始”选项卡→“段落”组→“功能扩展”按钮，将打开“段落”对话框进入“缩进和间距”选项卡。
2. 在“缩进”区中，在“特殊格式”下拉列表框中选择“首行缩进”项。
3. 在“磅值”数值框中，选择“2 字符”。
4. 在“间距”区中，在“行距”下拉列表中，选择“固定值”项。
5. 在“设置值”数值框中，输入“25”磅。
6. 单击“确定”按钮。

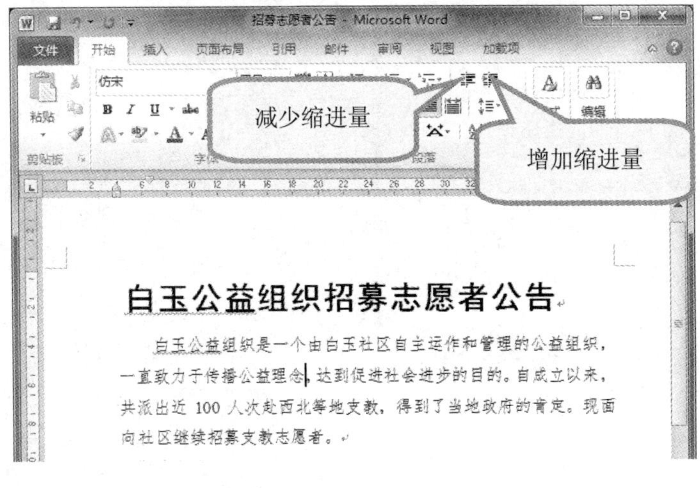

在“开始”选项卡→“段落”组中，有两个按钮：“减少缩进量”和“增加缩进量”按钮，可以快速减少或增加段落的缩进量。

»☞ 使用格式刷

在对文档进行格式化的时候，有时需对不同文本设置相同的格式，若逐一设置会浪费很多时间。使用格式刷，可以将相同的格式应用到不同的文本中，从而达到节省时间、提高工作效率的目的。

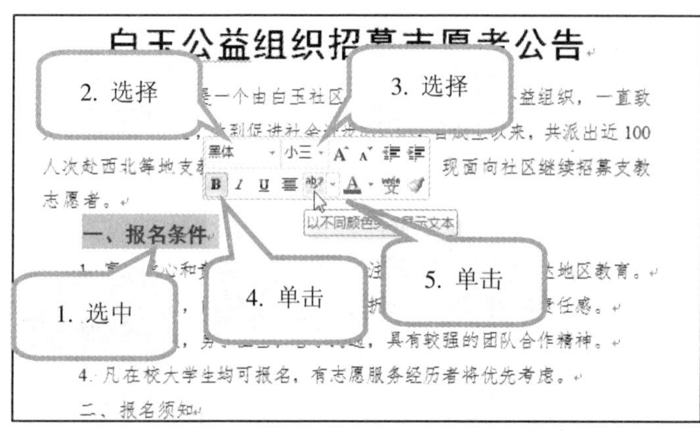

1. 选中“一、报名条件”。将鼠标指针移动到文本右上角，显示出浮动工具栏。
2. 在“字体”下拉列表框中选择“黑体”。
3. 在“字号”下拉列表框中选择“小三”号。
4. 单击“加粗”按钮。
5. 单击“以不同颜色突出显示文本”按钮。

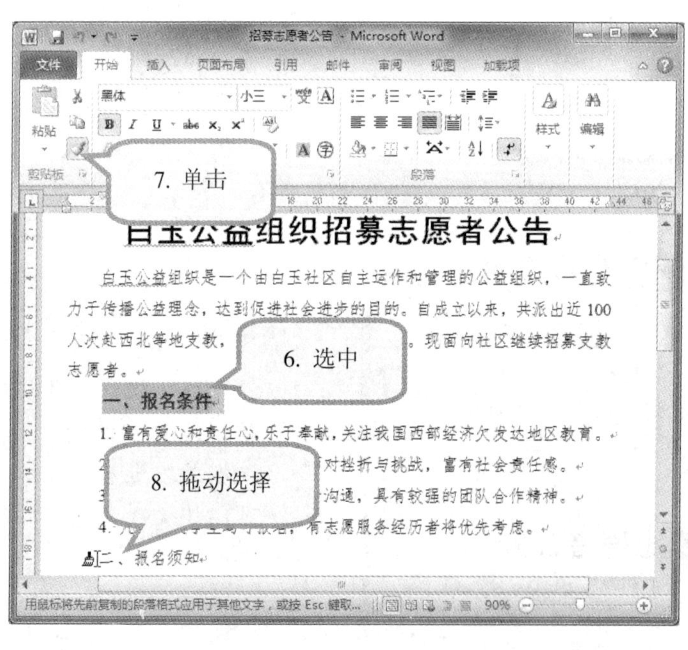

6. 选中已经设置好格式的文本或段落。
7. 单击“开始”选项卡→“剪贴板”组→“格式刷”按钮，此时鼠标指针变成刷子形状。
8. 拖动鼠标选择需要应用格式的文本，为其应用格式。

单击“格式刷”按钮后，在文档中使用一次便会退出格式刷状态。在需要多次使用格式刷时，可以双击“格式刷”按钮。

设置落款格式

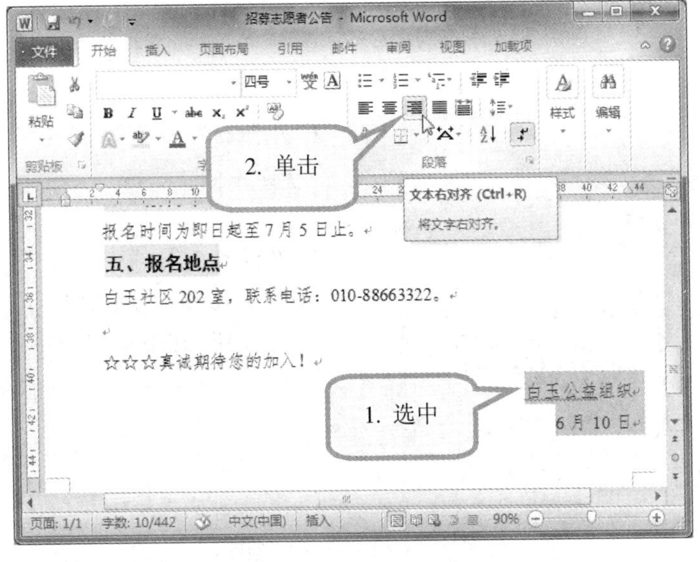

1. 选择落款单位名称和日期。

2. 单击“开始”选项卡→“段落”组→“右对齐”按钮。

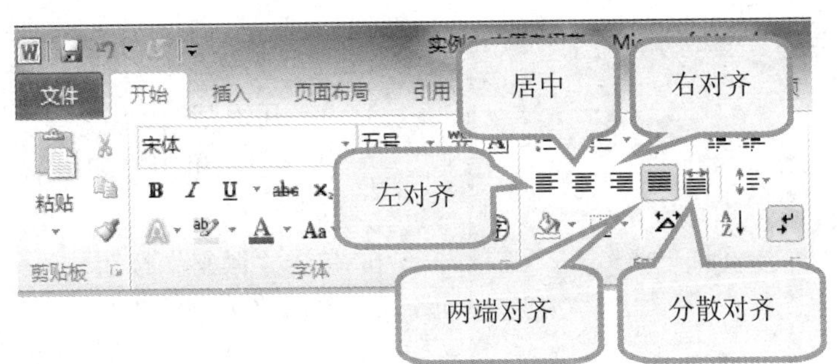

段落的水平对齐方式，包括两端对齐（表示文本沿左边距和右边距均匀地对齐，是默认的对齐方式）、左对齐、右对齐、居中、分散对齐等。可以对不同的段落设置不同的对齐方式，如标题使用居中对齐，正文使用两端对齐，落款使用右对齐等。

如果对先前所做的工作不满意，可以单击“撤消”按钮。撤消后，单击“恢复”按钮可恢复被撤消的操作。

»☞ 设置字符颜色和字形

在设置字体和字号后，可以对文本进行进一步的设置，如改变重点文本的字符颜色和字形，以达到突出显示的效果。

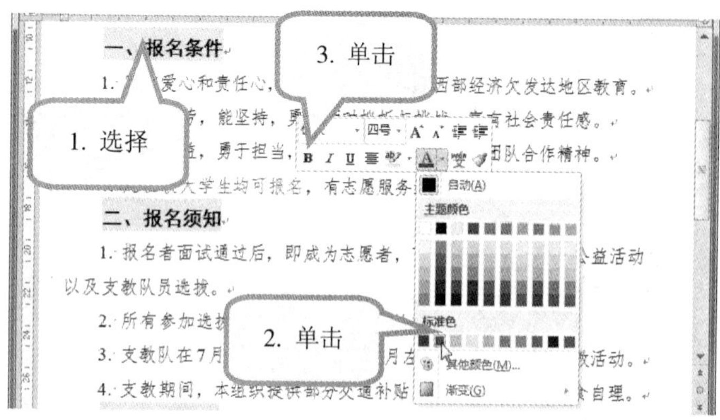

1. 用鼠标拖动选中需要突出显示的文本。

2. 在浮动工具栏中，单击“字体颜色”右侧的下拉按钮，在下拉列表中，单击“标准色”栏中的“红色”。

3. 在浮动工具栏中，单击“加粗”按钮。

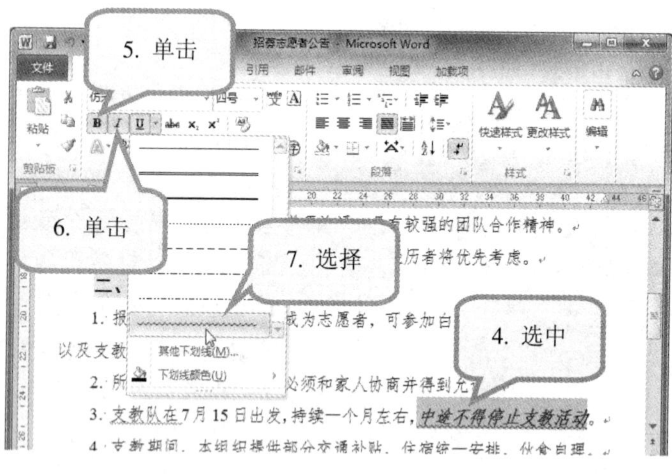

4. 选中文本。
5. 在“开始”选项卡→“字体”组，单击“加粗”按钮。
6. 单击“倾斜”按钮。
7. 单击“下划线”右侧的下拉按钮，在下拉列表框中选择“波浪形”。

在“字体”组中，单击“下划线”按钮，可直接为文本添加下划线。如果选择“其他下划线”项，可在打开的“字体”对话框中设置下划线线型。

»☞ 添加着重符号

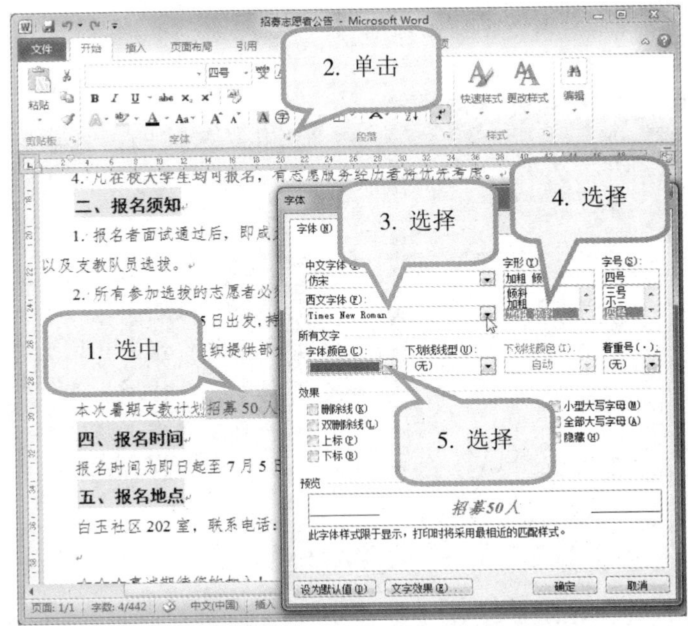

1. 用鼠标拖动选中文本。
2. 单击“开始”选项卡→“字体”组→“功能扩展”按钮，将打开“字体”对话框。
3. 在“西文字体”中，选择“Times New Roman”项。
4. 在“字形”中，选择“加粗 倾斜”项。
5. 单击“字体颜色”下拉箭头，在下拉列表框中选择红色。

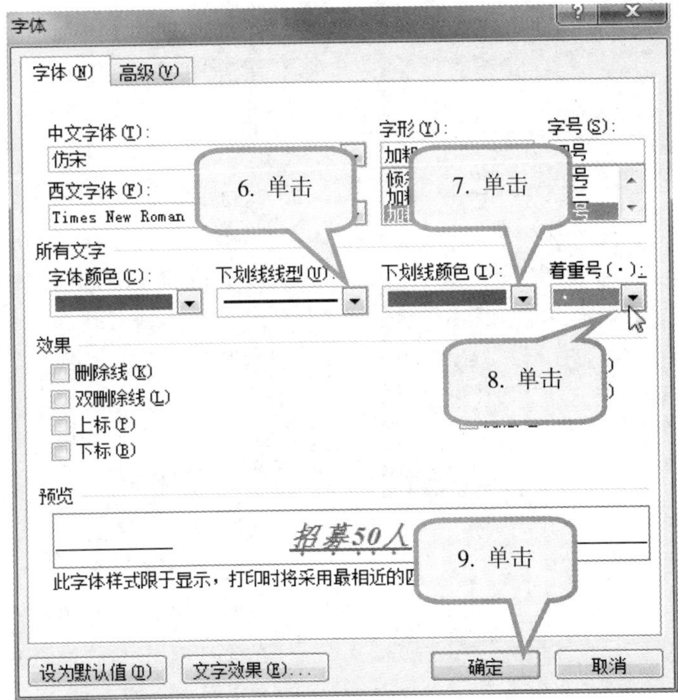

6. 单击“下划线线型”下拉箭头，在下拉列表框中选择“单实线”。
7. 单击“下划线颜色”下拉箭头，在下拉列表框中选择“紫色”。
8. 单击“着重号”下拉箭头，在下拉列表框中选择“点”。
9. 单击“确定”按钮。

»☞ 添加文本效果

在 Word 2010 中，新增了“文本效果”功能，可对文本添加多种特殊效果，使文本更加丰富、生动。

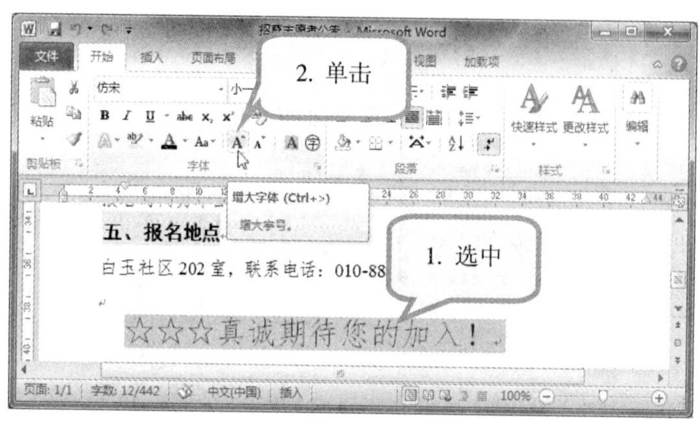

1. 用鼠标拖动，选中要添加文本效果的文本内容。

2. 单击“开始”选项卡→“字体”组→“增大字体”按钮，增大字号，直到满意为止。

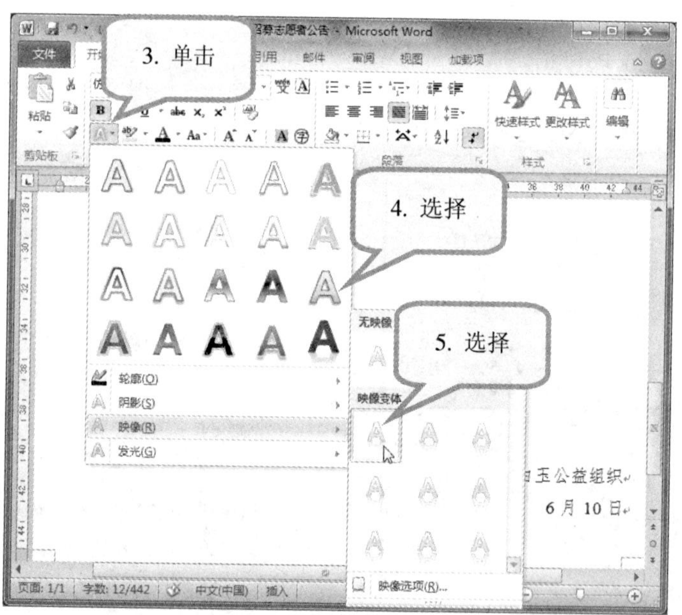

3. 单击“文本效果”按钮。

4. 在打开的下拉列表中，选择第 3 行第 5 列的选项。

5. 保持文本的选中状态，单击“文本效果”按钮，在下拉列表中选择“映像”→“紧密映像，接触”项。

如果单击“映像选项”命令，可打开“设置文本效果格式”对话框的“映像”选项卡，在此可对文本效果进行更具体的设置。

»☞ 设置字符间距

设置文本效果后，还可以对文本进行字符间距的设置，以使其更加一目了然，便于阅读。

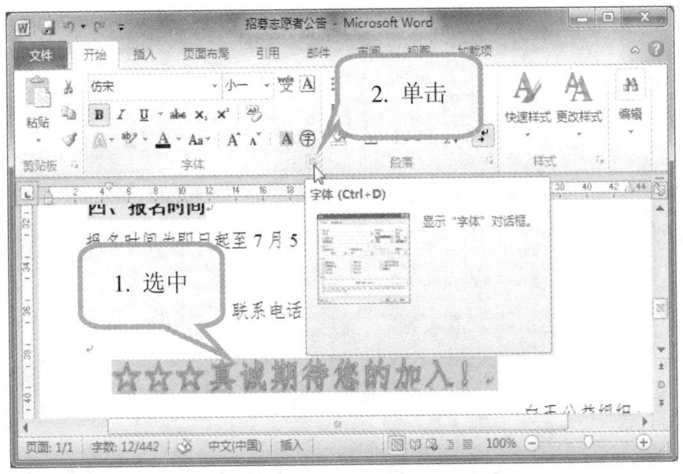

1. 用鼠标拖动，选中要设置字符间距的文本内容。

2. 单击“开始”选项卡→“字体”组→“功能扩展”按钮，将打开“字体”对话框。

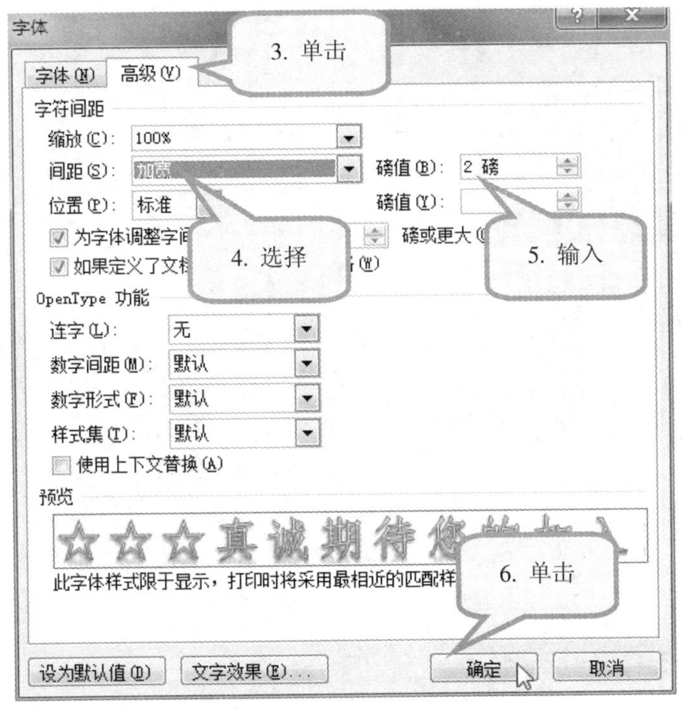

3. 单击“高级”选项卡。

4. 在“字符间距”选区中，选择“间距”下拉列表中的“加宽”项。

5. 在“磅值”中，通过上下箭头设置磅值为“2”，或者直接输入“2”。

6. 单击“确定”按钮。

»☞ 查看编排效果

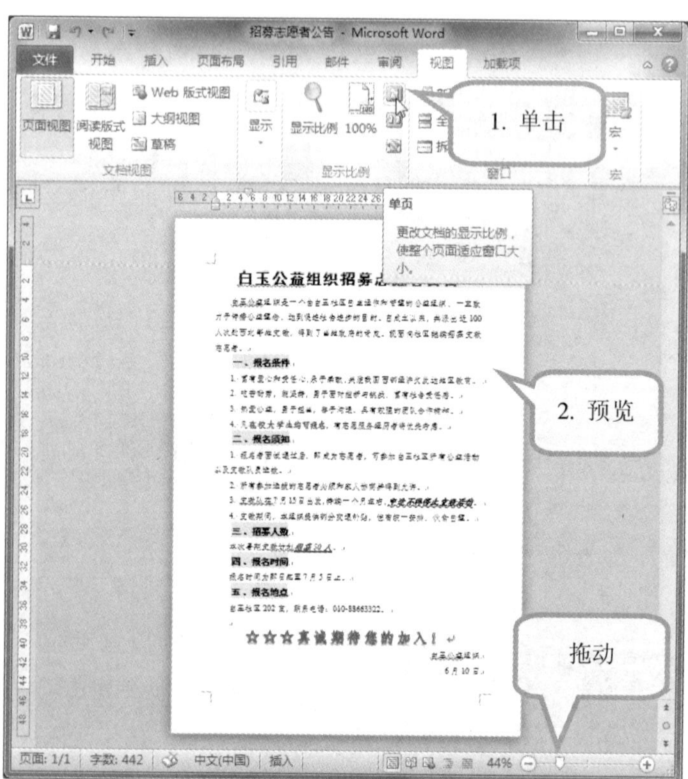

1. 单击“视图”选项卡→“显示比例”组→“单页”项，将在页面上完整显示文档编排的整体效果。

2. 预览文档编排效果。如果发现文档中有不合适的地方，应及时加以更正或修改，直到满意为止。

也可以在状态栏中，拖动显示比例的滑块，使页面完整显示观察整体效果

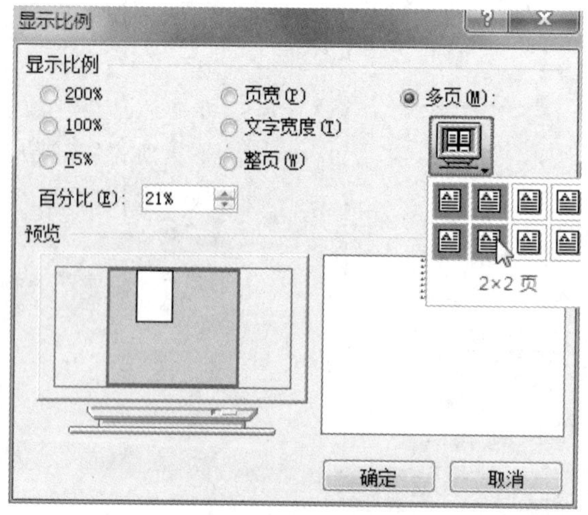

单击“视图”选项卡→“显示比例”组→“显示比例”项，将打开“显示比例”对话框。如果文档页数较多，可以选中“多页”中的某项，单击“确定”按钮后观察排版效果。

»☞ 打印文档

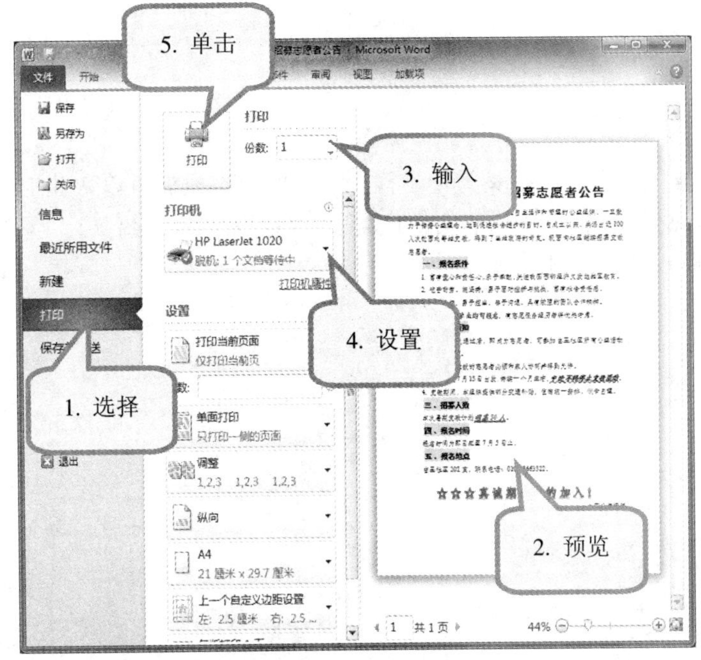

1. 单击“文件”选项卡→“打印”。
2. 预览文档编排效果。如果发现文档中的错误，或有排版不合适的地方，应及时加以更正或修改，以免浪费纸张。
3. 在“份数”数值框中输入要打印的份数。
4. 在“打印机”下拉列表中，选择需要的打印机名称。
5. 单击“打印”按钮。

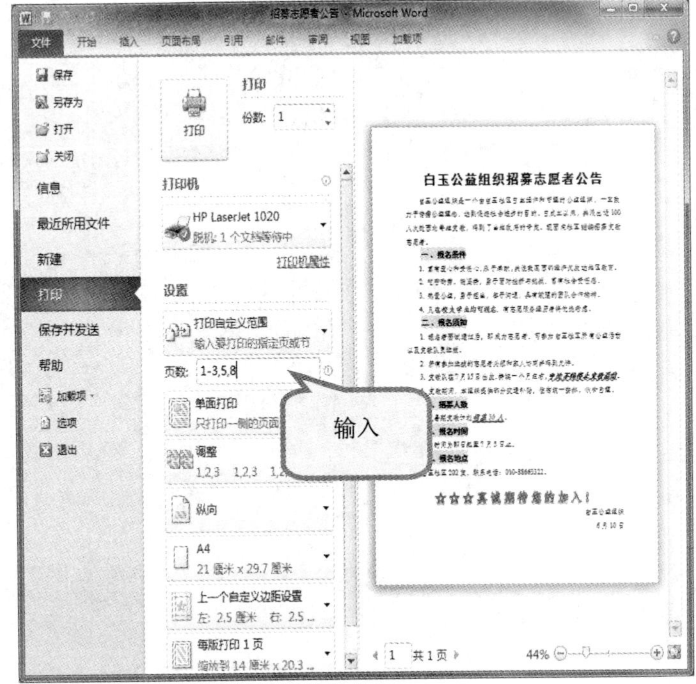

如果文档的内容较多，可以指定要打印的页（打印所有页、打印当前页、打印自定义范围），可以单面打印，也可以双面打印等。

如果打印非连续页，要键入页码并以逗号相隔；对于某个范围的连续页码，可以键入该范围的起始页码和终止页码，并以连字符（减号）相连。例如，若要打印第 1、2、3、5、8 页，可键入“1-3,5,8”。

实例 3　利用样本模板创建求职简历

☞ 学习情境

王平对已有的工作不太满意，想重新找份工作，现在需要撰写一份求职简历。在 Word 2010 中，一些经常用到的文档内容和格式被预定义为样本模板。使用样本模板可以快速地创建基于某种类型和格式的文档，这样就省去了构思文档内容和设置文档格式的麻烦。

本实例中，王平使用了样本模板来快速地创建一份简单的求职简历。

☞ 编排效果

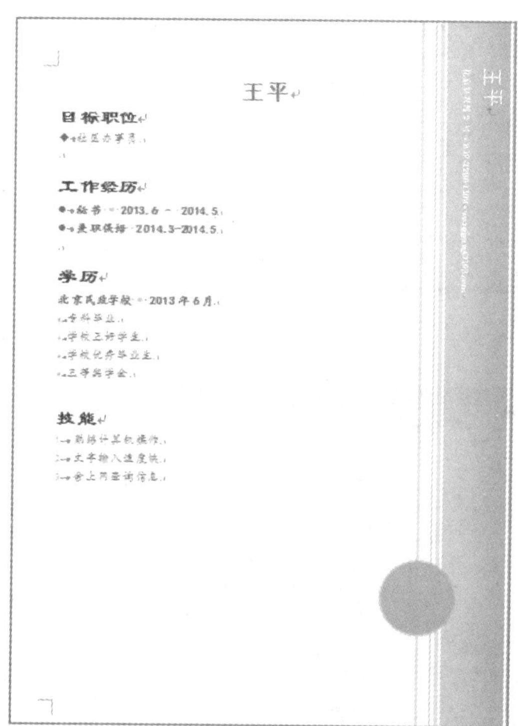

☞ 掌握技能

通过本实例，将学会以下技能：

- 使用样式模板快速创建文档。
- 查找和替换文本。
- 添加 Word 的常用视图。
- 添加项目符号和编号。
- 将文档标记为最终状态。

»☞ 启动 Word 文档

Word 是我们常用的办公软件，通常在 Windows“开始”菜单最近使用的程序区中有 Word 程序，单击 Word 启动即可。

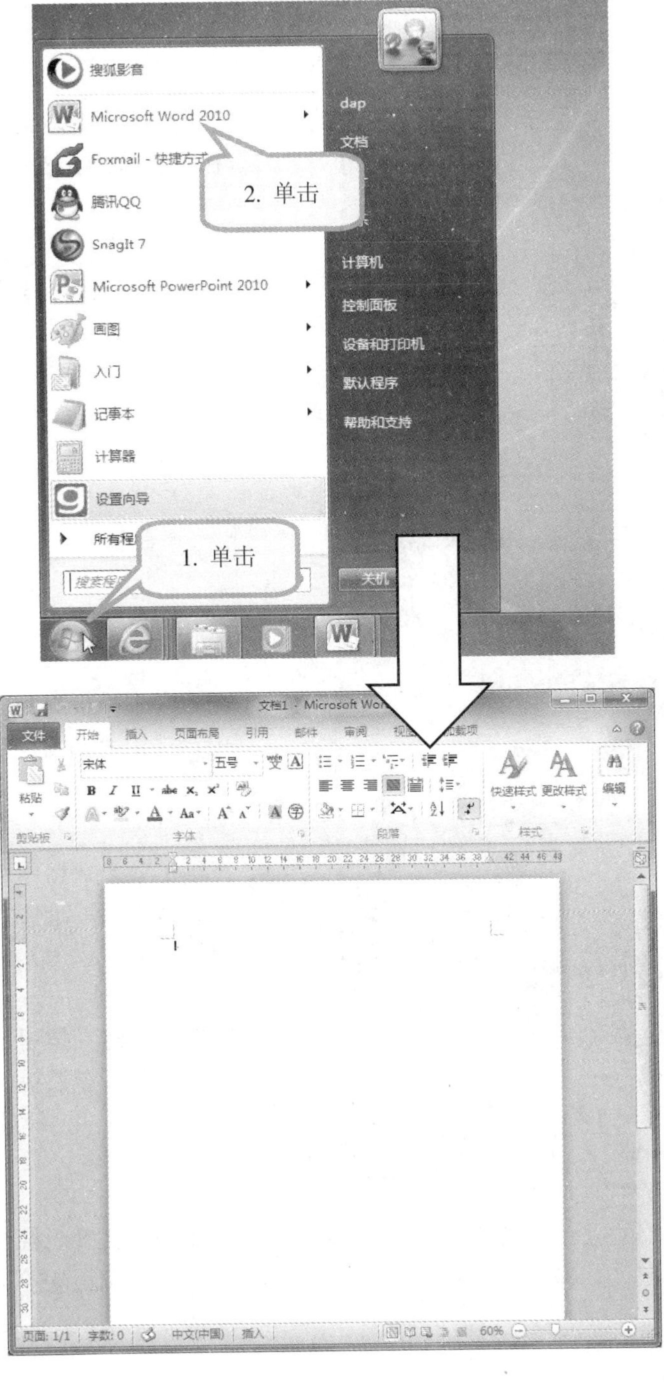

1. 在 Windows 7 桌面，单击任务栏左侧的“开始”按钮。

2. 在弹出的“开始”菜单中，单击“开始”菜单左侧的最近使用的程序区中的“Microsoft Word 2010”。

»☞ 选择样板模板

Word 中的样本比较多，可以根据自己的需要选择一个比较贴切的模板，然后在样本模板中进行修改或替换文本。

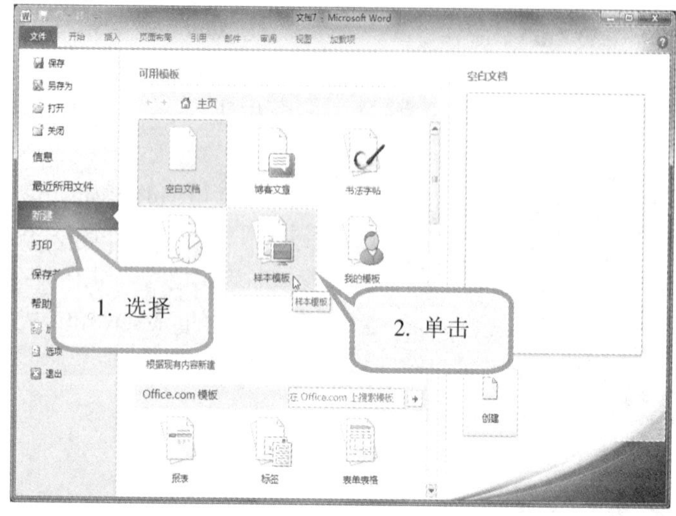

1. 单击“文件”选项卡，在左侧的列表中选择“新建”项。

2. 在“可用模板”列表框中，单击“样本模板”。

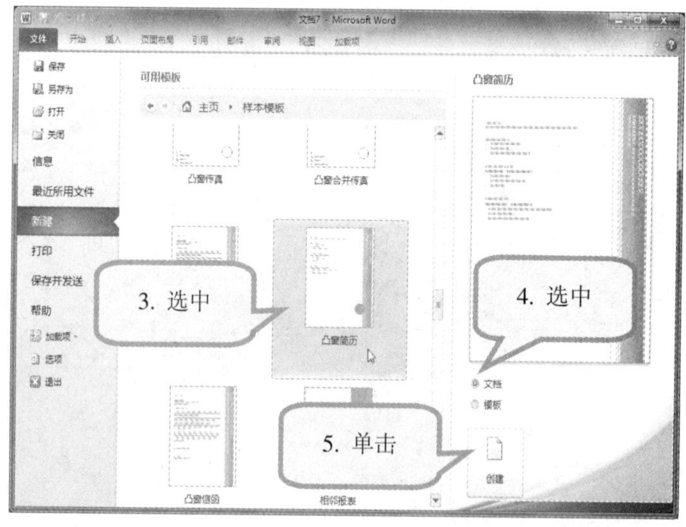

3. 在“样本模板”列表框中，选中“凸窗简历”模板。

4. 在预览效果窗格中观察大致效果后，选中“文档”单选项。

5. 单击“创建”按钮，即可创建基于该模板的新文档。

单击“主页”按钮，可返回到“新建”的主选项下进行重新选择。

»☞ 修改或替换文本内容

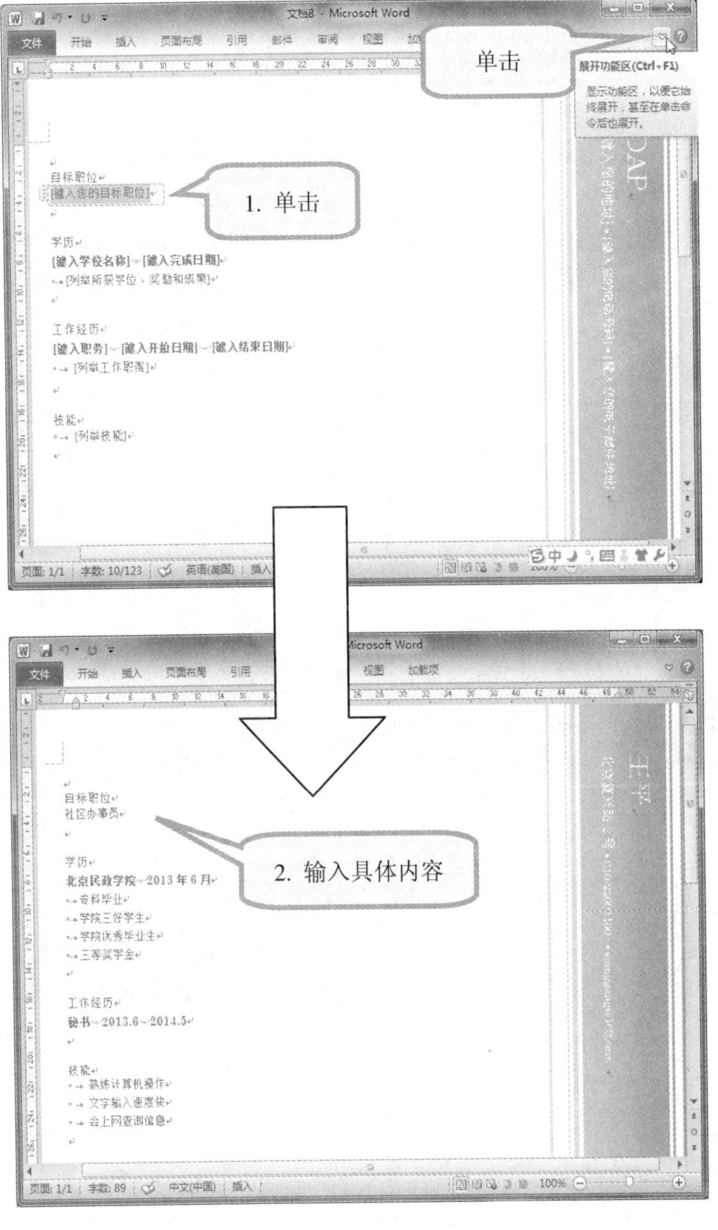

1. 在创建的基于样本模板的新文档中，单击占位符。

2. 按照提示输入自己的具体文本内容。

同样地，替换其他文本内容。

单击“展开功能区”按钮，将展开工具栏。再次单击该按钮，将功能区最小化。

保存文档

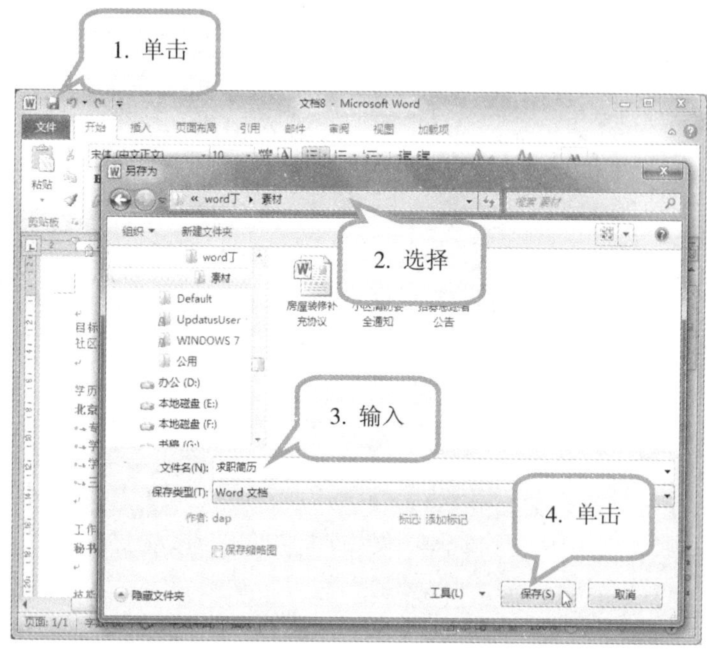

1. 单击快速访问工具栏中的“保存”按钮，将打开“另存为”对话框。

2. 在“另存为”对话框中的地址栏中，选择文档的保存位置。

3. 在“文件名”下拉列表框中，输入文件名，其他设置保持默认。

4. 单击“保存”按钮。

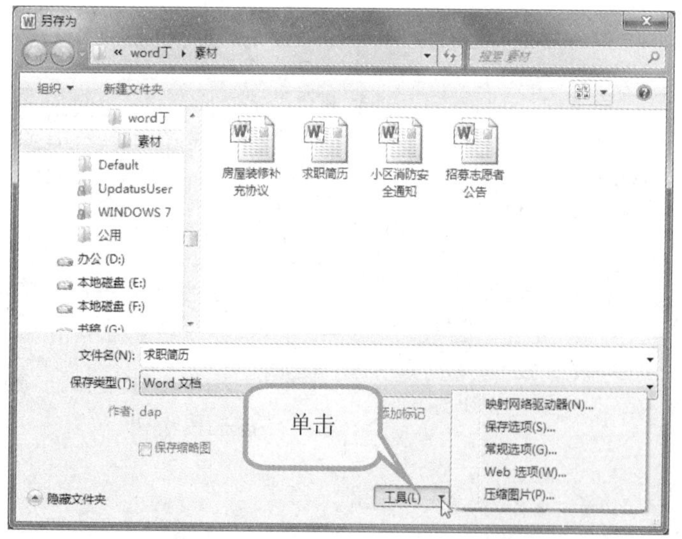

在“另存为”对话框中，单击“工具”按钮，将弹出列表框，通过其中的命令，可以对本文档进行详细的设置。

设置字符格式

使用样本模板创建的文档，可能不完全满足自己的需要，可以根据情况进行格式设置。

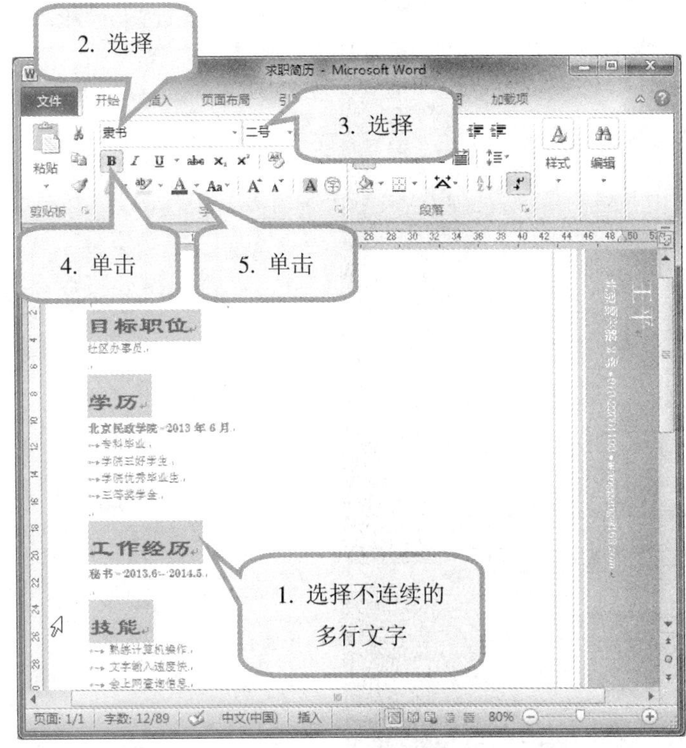

1. 将鼠标指针置于第一段的左侧，在指针变为右向箭头后，按下鼠标左键。再按下“Ctrl”键，同时单击需要选中的其它行，从而选中不连续的多行文本。
2. 单击“开始”选项卡→“字体”组→“字体”下拉箭头，在下拉列表框中选择“隶书”。
3. 在“字号”下拉列表框中，选择“二号”。
4. 单击“加粗”按钮。
5. 在“字体颜色”下拉列表框中，选择“深红”。

6. 将鼠标指针置于第 2 行左侧，在指针变为右向箭头后，按下鼠标左键。再按下“Ctrl”键，同时单击需要选中的其它行。
7. 在“字体”下拉列表框中选择“楷体”。
8. 在“字号”下拉列表框中，选择“四号”。

复制文本

在编辑文档的过程中，如果发现某些文字、句子、段落需要多次重复出现，就要用到“复制”、“粘贴”命令。

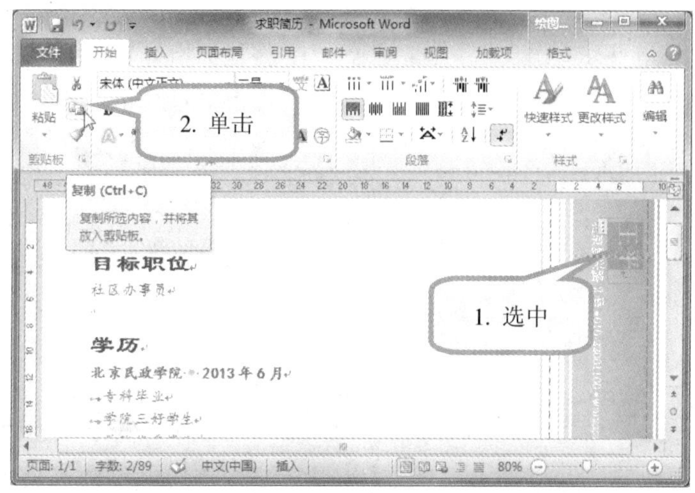

1. 用鼠标拖动选中需要复制的文本内容，如“王平”。
2. 单击“开始”选项卡→“剪贴板”组→“复制”按钮。

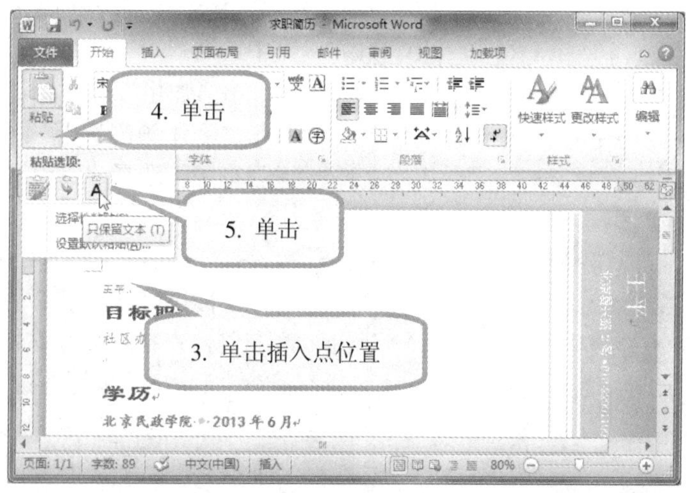

3. 在需要插入的位置单击。
4. 单击“粘贴”按钮的下拉箭头。
5. 在“粘贴选项”中，单击“只保留文本”项。

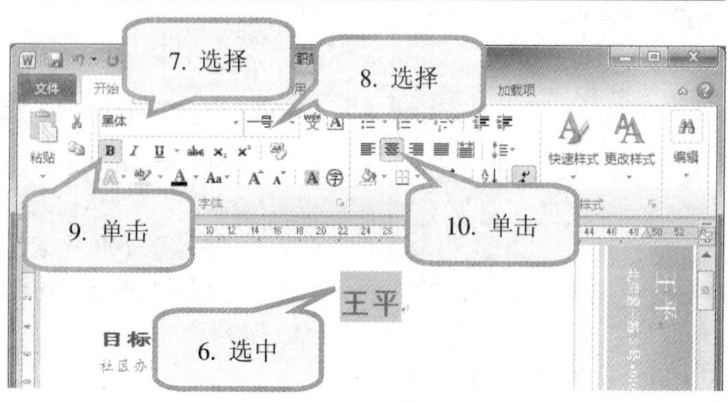

6. 选中文本。
7. 在“字体”下拉列表框中选择“黑体”。
8. 在“字号”下拉列表框中，选择“一号”。
9. 单击“加粗”按钮。
10. 单击“居中”按钮。

»☞ 移动文本

在编辑文档的过程中，如果发现某些文本、句子、段落在文档中所处的位置不合适，可以移动文本。移动文本最常用的方法是通过鼠标光标选取、拖拽。

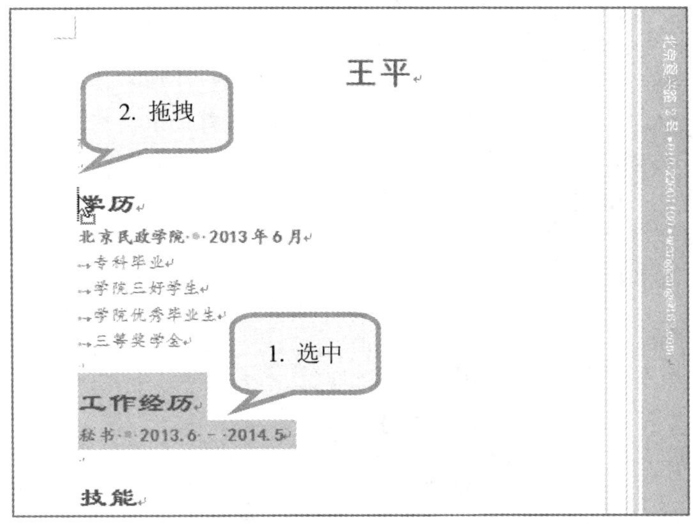

1. 选中需要移动的文本。
2. 将鼠标光标移动到选中内容上，按下鼠标左键拖拽光标到目标位置。

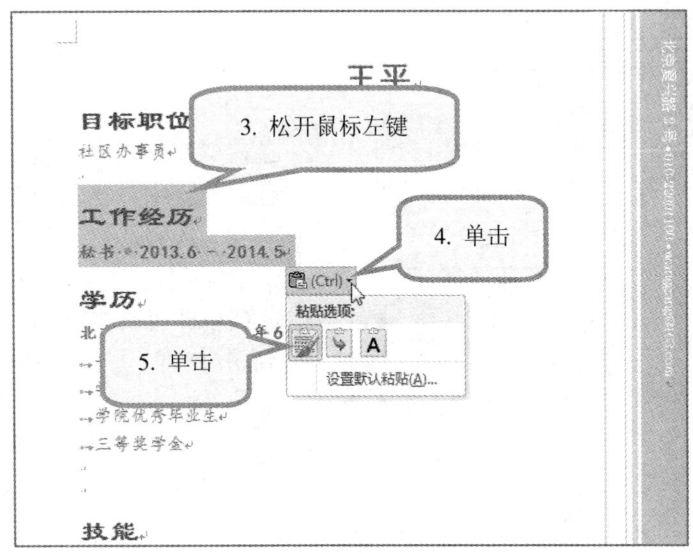

3. 松开鼠标左键，文本移动完成。
4. 单击“粘贴”按钮的下拉箭头。
5. 在“粘贴选项”中，单击“保留源格式”项。

在“粘贴选项”中有3个选项：

- 保留源格式：粘贴后的内容保留原始内容的格式。
- 合并格式：粘贴后的内容保留原始内容的格式，并且合并应用目标位置的格式。
- 只保留文本：粘贴后的内容不具有任何格式设置，只保留文本内容。

»☞ 查找文本

查找文本功能可以帮助我们找到指定的文本及其所在位置，也能核对文档中究竟有没有要查找的文本。

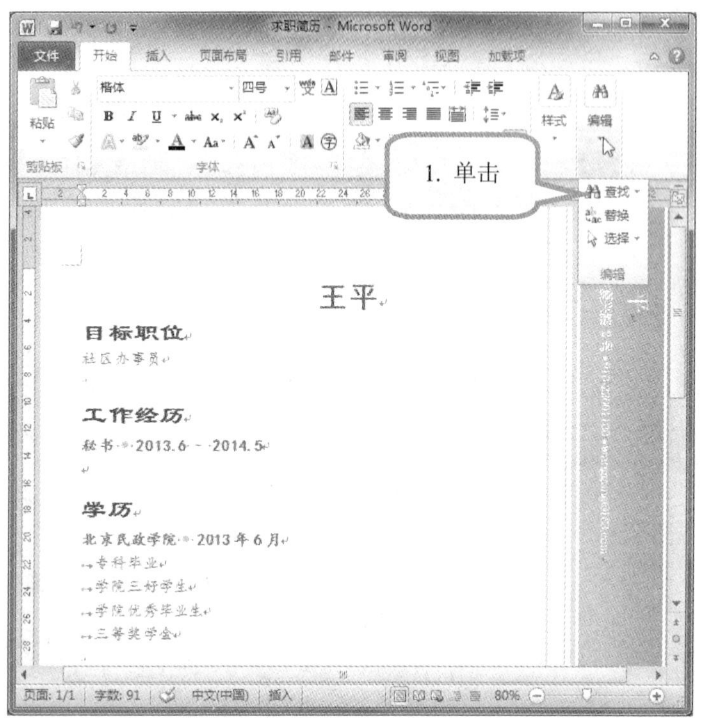

1. 单击“开始”选项卡→“编辑”组→“查找”按钮。

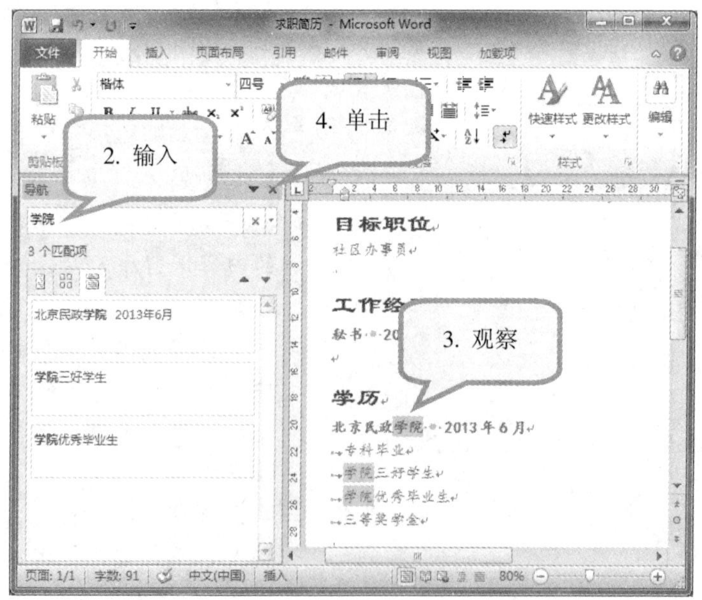

2. 在窗口左侧的“导航”任务窗格中，输入需要查找的内容，如“学院”。

3. 文档中即可高亮显示找到的内容。

4. 单击“导航”窗格的“关闭”按钮。

»☞ 高级查找

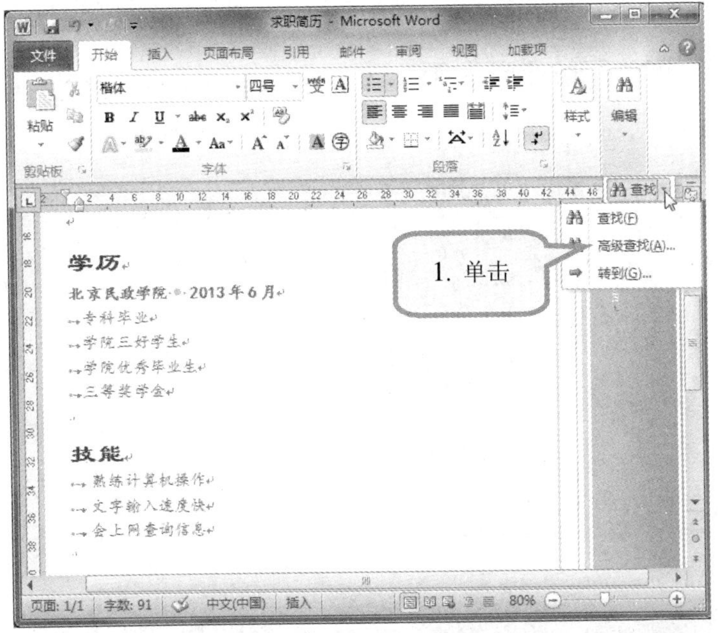

1. 单击“开始”选项卡→“编辑”组→“查找”命令右侧的下拉箭头，在下拉列表框中单击“高级查找”。

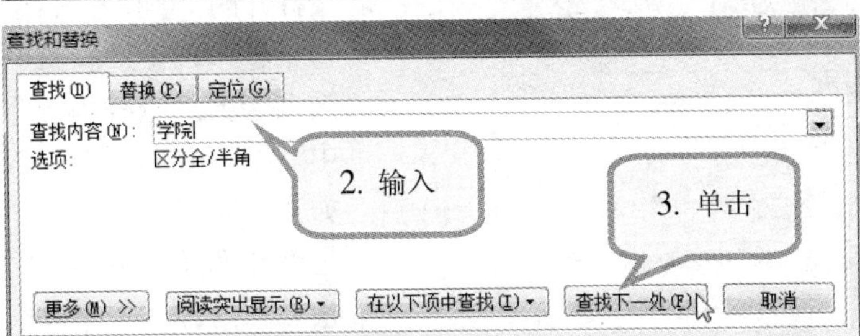

查找和替换
查找(D)　替换(P)　定位(G)
查找内容(N): 学院
选项: 区分全/半角
<< 更少(L)　阅读突出显示(R)　在以下项中查找(I)　查找下一处(F)　取消
搜索选项
搜索: 全部
区分大小写(H)
全字匹配(Y)
使用通配符(U)
同音(英文)(K)
查找单词的所有形式(英文)(W)
区分前缀(X)
区分后缀(T)
区分全/半角(M)
忽略标点符号(S)
忽略空格(A)
查找
格式(O)　特殊格式(E)　不限定格式(T)

2. 在打开的“查找和替换”对话框中，在“查找”选项卡的“查找内容”中，输入要查找的内容，如“学院”。
3. 单击“查找下一处”按钮，即可开始查找，并会把找到的文本以高亮的形式显示出来。若要继续查找，只需再单击“查找下一处”按钮即可。

在“查找和替换”对话框中，单击“更多”按钮，将弹出“搜索选项”，该组中有 10 个复选框，用来限制查找内容的形式。

»☞ 替换文本

替换功能可以用一段文本替换文档中指定的文本。例如，将“学院”替换为“学校”。

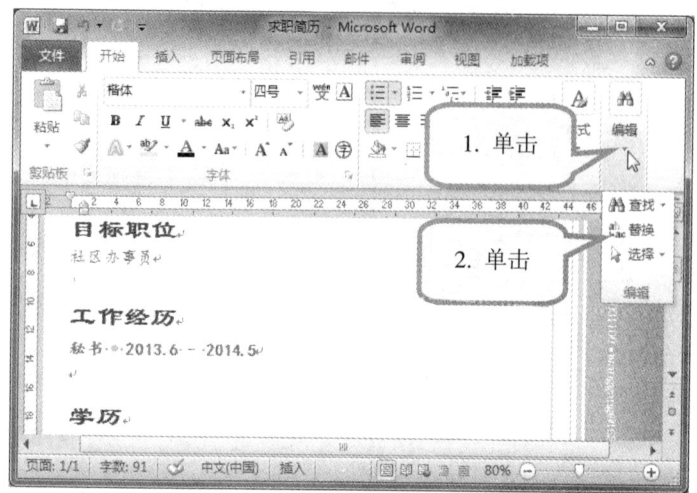

1. 单击“开始”选项卡→“编辑”组的下拉箭头。
2. 在下拉列表框中单击“替换”。

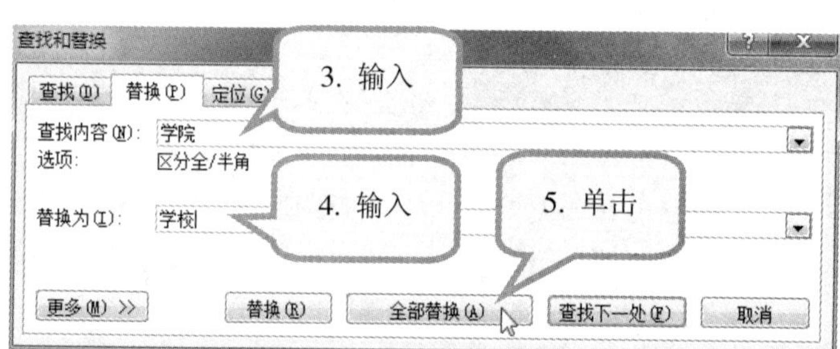

3. 在打开的“查找和替换”对话框中，在“替换”选项卡的“查找内容”中，输入要查找的内容，如“学院”。
4. 在“替换为”中输入替换后的内容，如“学校”。
5. 单击“全部替换”按钮，即可将文档中的全部“学院”替换为“学校”。

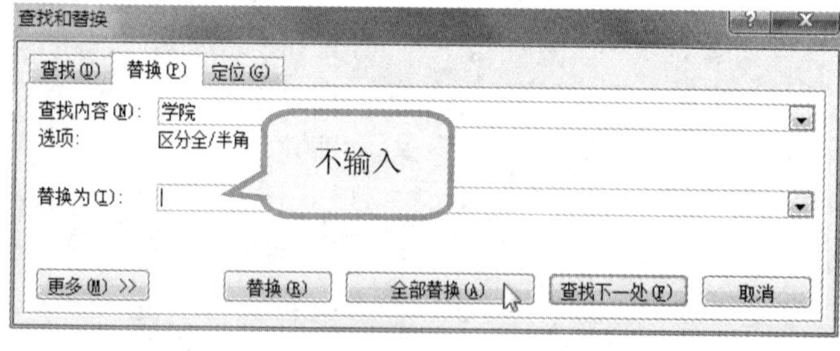

如果决定替换，单击“替换”按钮即可；如果不想替换，可以单击“查找下一处”按钮继续查找。

如果在“替换为”中不输入任何内容，全部替换后相当于删除查找到的文本。

»☞ 文档视图

Word 2010 提供了多种视图模式，包括“页面视图”、“Web 版式视图”、“阅读版式视图”、“大纲视图”和“草稿视图”5 种视图模式。

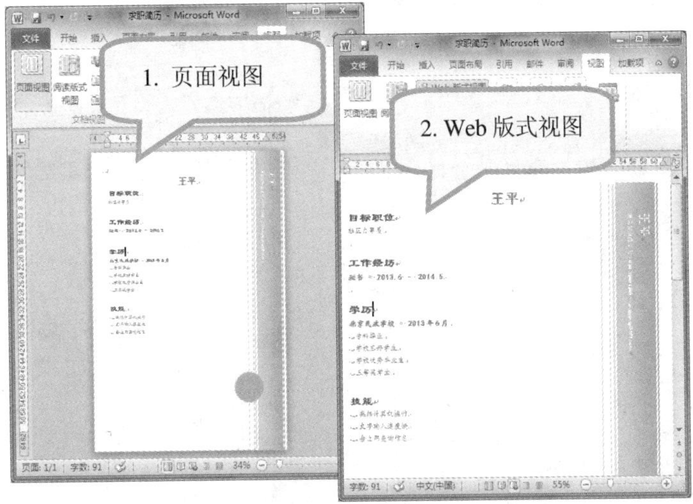

1. “页面视图”可以显示 Word 文档的打印结果外观，主要包括页眉、页脚、图形对象、分栏设置、页面边距等元素，是最接近打印结果的页面视图。
2. “Web 版式视图”以网页的形式显示文档，适用于发送电子邮件和创建网页。

3. “阅读版式视图”以图书的分栏样式显示文档，“文件”按钮、功能区等窗口元素被隐藏起来。

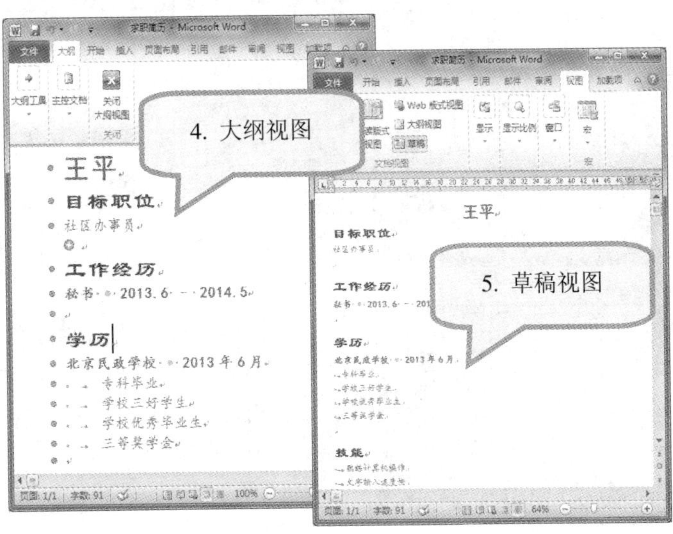

4. “大纲视图”主要用于设置和显示标题的层级结构，并可以方便地折叠和展开各种层级的文档。常用于长文档的快速浏览和设置。
5. “草稿视图”取消了页面边距、分栏、页眉页脚和图片等元素，仅显示标题和正文，是最节省计算机系统硬件资源的视图方式。

»☞ 添加项目符号

项目符号就是在一些段落的前面加上完全相同的符号。

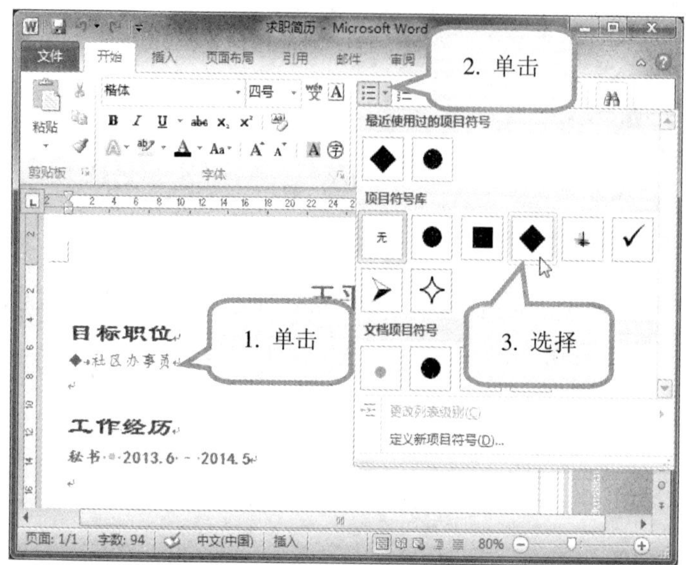

1. 单击要添加项目符号的文本段落。
2. 单击“开始”选项卡→“段落”组→“项目符号”按钮右侧的下拉箭头。
3. 在下拉列表框中，选择某一项目符号，如“菱形”。

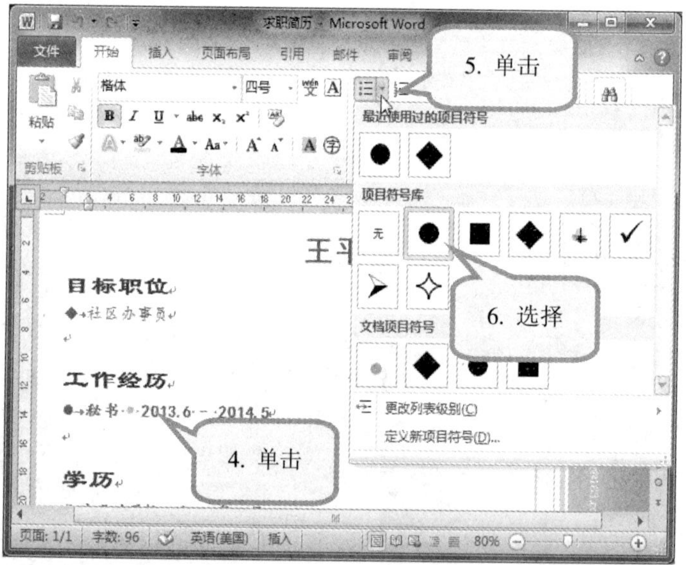

4. 单击另一个要添加项目符号的段落。
5. 单击“项目符号”按钮右侧的下拉箭头。
6. 在下拉列表框中，选择某一项目符号，如“圆形”。
7. 按下“Enter”键换行，将自动在该行上添加项目符号，输入文本内容。

»☞ 定义新项目符号

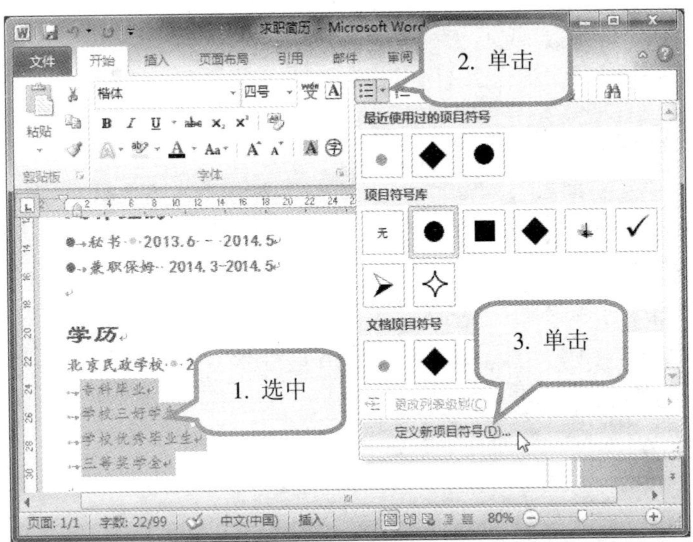

1. 用鼠标选中需要修改项目符号的段落。
2. 单击“开始”选项卡→“段落”组→“项目符号”按钮右侧的下拉箭头。
3. 在下拉列表框中，选择“定义新项目符号”项，将弹出“定义新项目符号”对话框。

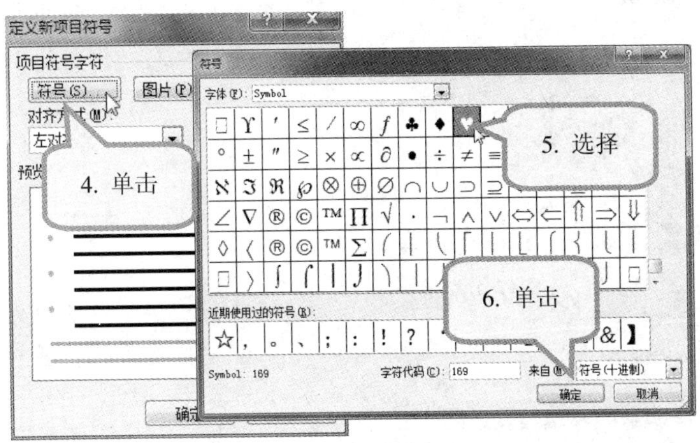

4. 在“定义新项目符号”对话框中，单击“符号”按钮。
5. 在弹出的“符号”对话框中，选择某一个符号作为项目符号，这里选择一个心形符号。
6. 单击“确定”按钮，返回到“定义新项目符号”对话框，此时预览框中的项目符号已经变为心形形状。

7. 单击“确定”按钮返回文档，可以看到修改后的项目符号变为心形。

»☞ 添加编号

编号的作用是按照大小顺序为文档中的行或段落添加编号。

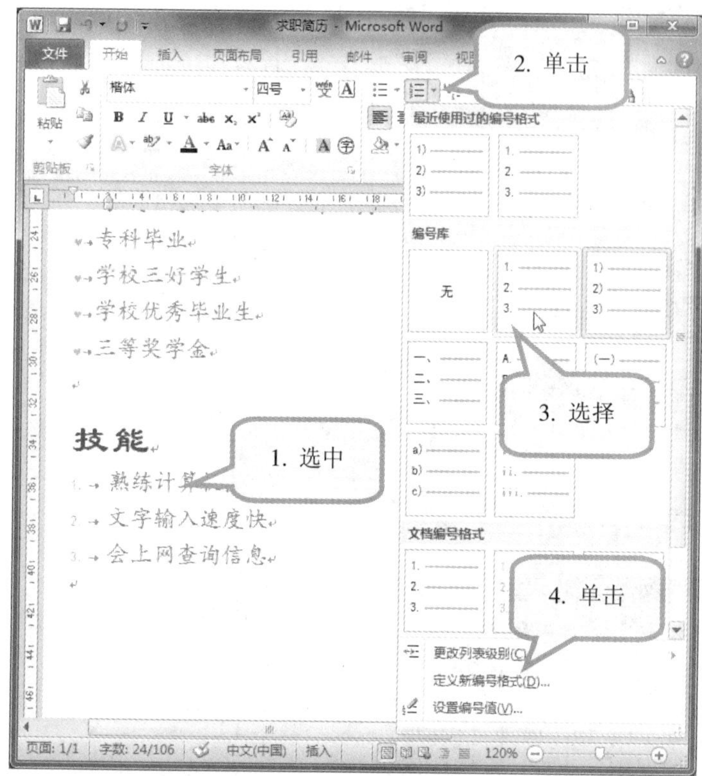

1. 用鼠标选中需要添加编号的段落。

2. 单击“开始”选项卡→“段落”组→“编号”按钮右侧的下拉箭头。

3. 在下拉列表框中，选择某一编号的样式，此时在文档中添加了编号。

4. 单击“定义新编号格式”项，将弹出“定义新编号格式”对话框。

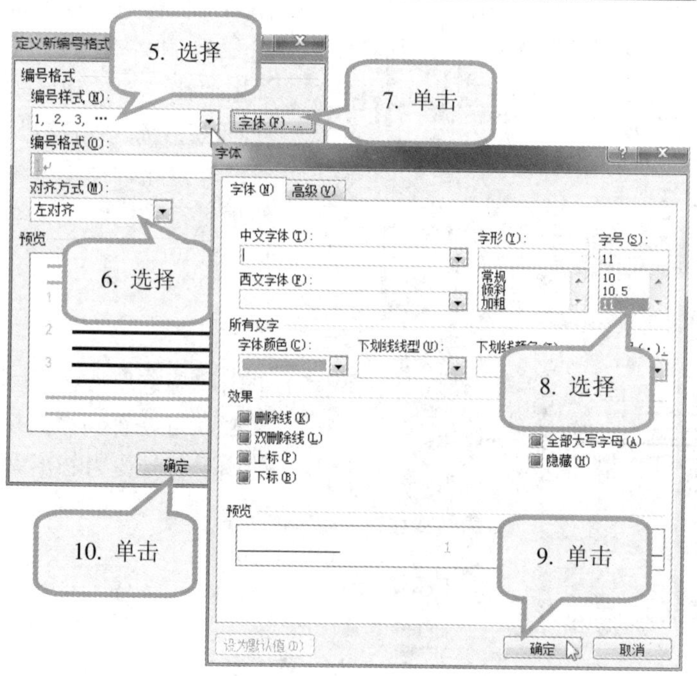

5. 在“编号样式”下拉列表框中，选择某一编号的样式。
6. 在“对齐方式”下拉列表框中，选择对齐方式。
7. 单击“字体”按钮，将弹出“字体”对话框。
8. 在“字号”中选择某一字号。
9. 单击“确定”按钮，返回到“定义新编号格式”对话框。
10. 单击“确定”按钮返回文档。

»☞ 标记为最终状态以保护文档

将文档标记为最终状态，可以让读者知晓文档是最终版本，并将其设置为只读。

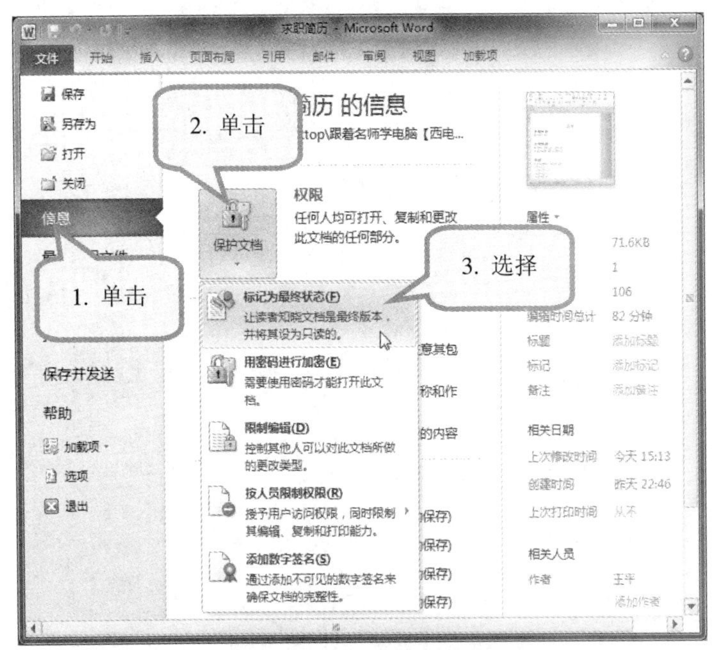

1. 单击“文件”选项卡→“信息”项。

2. 单击“保护文档”按钮。

3. 在下拉列表框中，选择“标记为最终状态”项。

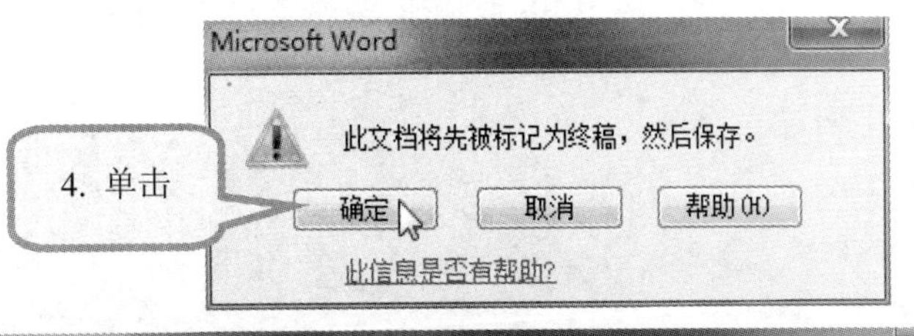

4. 将弹出“Microsoft Word”提示框，显示提示信息“此文档将先被标记为终稿，然后保存”，单击“确定”按钮。

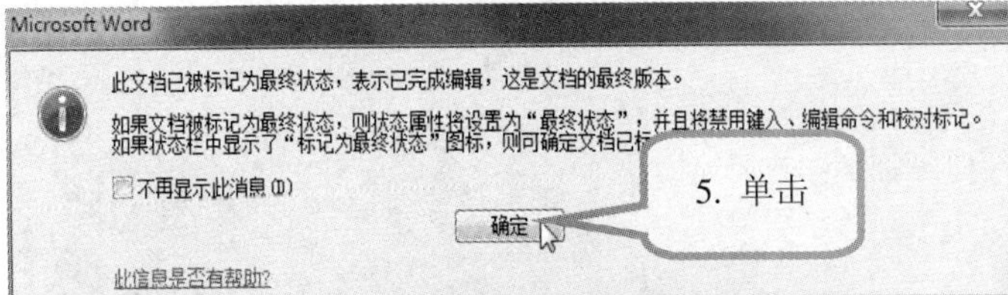

5. 此时将再次提示用户“此文档已被标记为最终状态”，单击“确定”按钮即可。

再次启动文档时，将弹出提示条，此时文档的标题栏上显示“只读”。如果要编辑文档，单击“仍然编辑”按钮即可。

第 2 篇

文档的美化和编排

Word 除了可以编排简单的文档外，还可以编辑排版更复杂的文档，如在文档中插入图片、艺术字、页眉和页脚、表格等。

本篇内容：

实例 4　编排公民道德基本规范

实例 5　制作超市开业宣传海报

实例 6　制作网上购物流程图

实例 7　编排生活常识展板

实例 8　制作学生课表

实例 9　制作家庭菜谱

实例 10　制作销售情况统计表

实例 11　撰写新闻稿

实例 12　制作工作简报

通过以上 9 个实例，您将学会 Word 文档的美化和高级编排工作，包括：

1. 设置首字下沉。
2. 设置页面背景，水印效果。
3. 插入文本框。
4. 文本分栏，应用项目符号、编号。
5. 插入页眉和页脚。
6. 建立文字超链接。
7. 插入剪贴画、图片，并对图片裁剪、缩放、设置版式等。
8. 插入艺术字，并灵活运用艺术字样式和格式。
9. 绘制表格，合并、拆分单元格，设置行高、列宽，设置边框和底纹。
10. 对表格内容排序、计算。
11. 设置标题样式，插入页码，提取目录。
12. 使用绘图工具，图形线型、阴影、三维设置。

实例 4　编排公民道德基本规范

学习情境

为了弘扬中华民族的传统美德，强化公民道德意识，小红按照社区主任要求上网收集了《公民道德基本规范》，现在需要在原稿的基础上整理排版，以便打印发放。

原文如下：

公民道德基本规范

爱国守法。公民应当热爱国家、建设国家、保卫国家，维护国家的尊严，保守国家的机密，敢于同一切危害国家利益和安全的行为作斗争，把对国家的一切义务和责任看成是自己的天职。公民应当维护法律确定的最基本的政治秩序和社会秩序，尽法律所规定的一个公民应尽的义务。

明礼诚信。无论在何种场合，无论从事什么样的活动，公民彼此都应该讲文明、讲礼貌、讲诚实、讲信用。它是公民道德人格中的基本要素之一。在经济活动中要诚信，杜绝假冒伪劣、坑蒙拐骗；在日常生活中也要信守诺言，忠诚待人。

团结友善。每一个公民，不论民族、年龄、职业，都是中华人民共和国这个大家庭中的一员。公民之间应该彼此团结，相互友爱，建立起一种和睦亲爱的关系。现实中，对他人友善的人也必然会得到他人的友善。要做到团结友善，就必须怀着友好的愿望，抱着彼此平等的心理相互对待，就必须对己严、对人宽，就必须将心比心。

勤俭自强。作为一个公民，有劳动的权利和劳动的义务，应当懂得没有勤奋就不会有社会财富的道理，推崇勤劳，反对懒惰和游手好闲。公民应当自强不息，不断进取，保持一种健康向上的精神风貌，凡事尽量依靠自己而不依赖他人。

敬业奉献。每一个公民都要从事一定的职业，职业是公民与社会联系的重要方式和途径。对待职业或事业要严肃认真，一丝不苟，精益求精，为国家、为社会、为他人做出有益的贡献。

☞ 编排效果

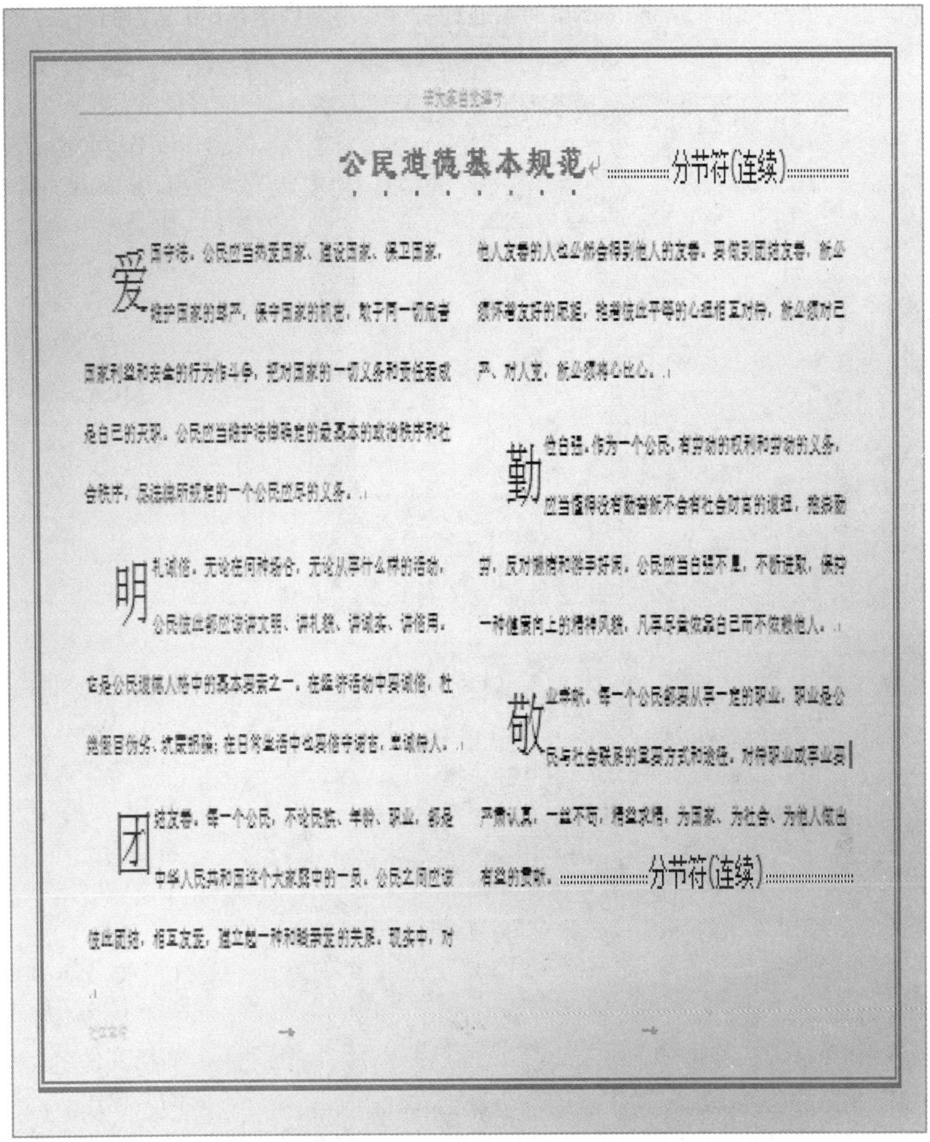

讲大家自觉遵守

公民道德基本规范 ……分节符(连续)……

爱国守法。公民应当热爱国家、建设国家、保卫国家，维护国家的财产，保守国家的机密，敢于同一切危害国家利益和安全的行为作斗争，把对国家的一切义务和责任看成是自己的天职。公民应当维护法律确定的最基本的政治秩序和社会秩序，尽法律所规定的一个公民应尽的义务。

明礼诚信。无论在何种场合，无论从事什么样的活动，公民彼此都应该讲文明、讲礼貌、讲诚实、讲信用。它是公民调节人际中的基本要求之一。在经济活动中要诚信，杜绝假冒伪劣、坑蒙拐骗；在日常生活中也要信守诺言，坦诚待人。

团结友善。每一个公民，不论民族、年龄、职业，都是中华人民共和国这个大家庭中的一员。公民之间应该彼此团结，相互友爱，建立起一种和睦亲爱的关系。现实中，对他人友善的人也必然会得到他人的友善。要做到团结友善，就必须怀着友好的愿望，抱着彼此平等的心态相互对待，就必须对己严、对人宽，就必须将心比心。

勤俭自强。作为一个公民，有劳动的权利和劳动的义务，应当懂得没有勤俭就不会有社会财富的观点，抱持勤劳，反对懒惰和游手好闲。公民应当自强不息，不断进取，保持一种健康向上的精神风貌，凡事尽量依靠自己而不依赖他人。

敬业奉献。每一个公民都要从事一定的职业，职业是公民与社会联系的主要方式和途径。对待职业或事业要严肃认真，一丝不苟，精益求精，为国家、为社会、为他人做出有益的贡献。……分节符(连续)……

☞ 掌握技能

通过本实例，将学会以下技能：

- 页面设置。设置行距、首字下沉、分栏。
- 设置字符格式、段落格式。
- 设置页眉和页脚。
- 设置页面背景、页面边框。

»☞ 启动 Word 文档

本实例我们采用在 Windows 桌面上通过右键菜单来创建 Word 文档的方法。

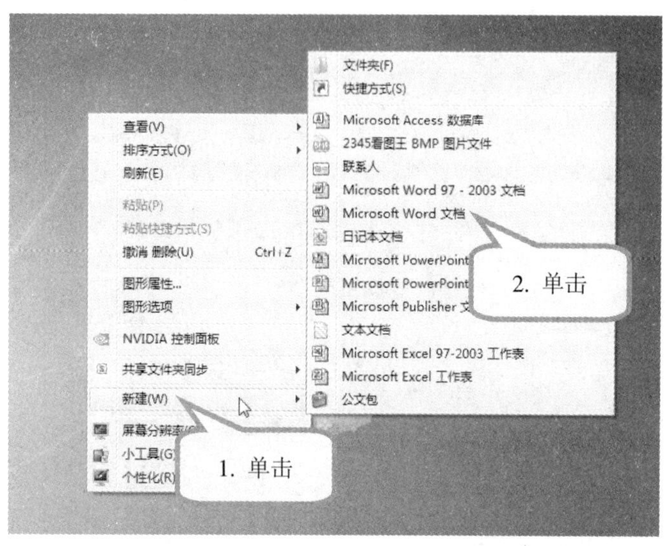

1. 在 Windows 7 桌面上，右键单击空白处，在快捷菜单中单击“新建”项。

2. 在二级菜单中，单击“ Microsoft Word 文档”项。

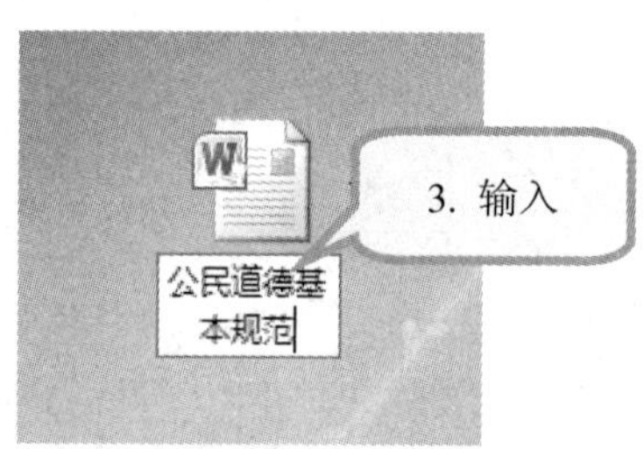

3. 此时，在桌面上新建了一个 Word 文档，文件名暂为“新建 Microsoft Word 文档”，直接输入需要的文档名，如“公民道德基本规范”。

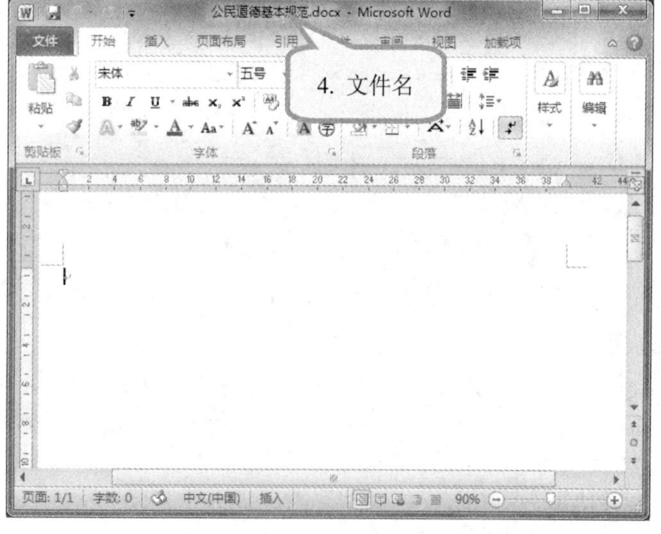

4. 双击新文件图标，即可打开该 Word 文档，该文档文件名为刚刚修改的名称。

»☞ 页面设置

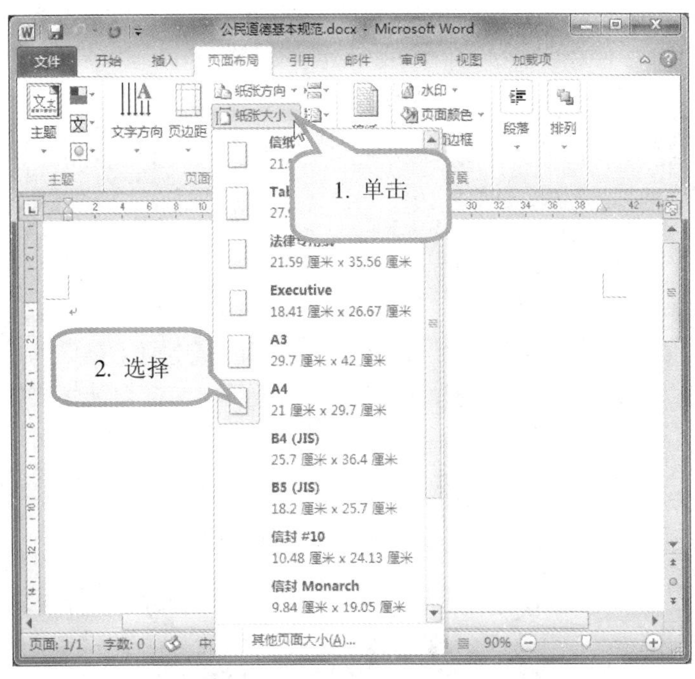

1. 在“页面布局”选项卡→“页面设置”组中，单击“纸张大小”。

2. 在下拉列表框中，选择纸张大小为 A4。

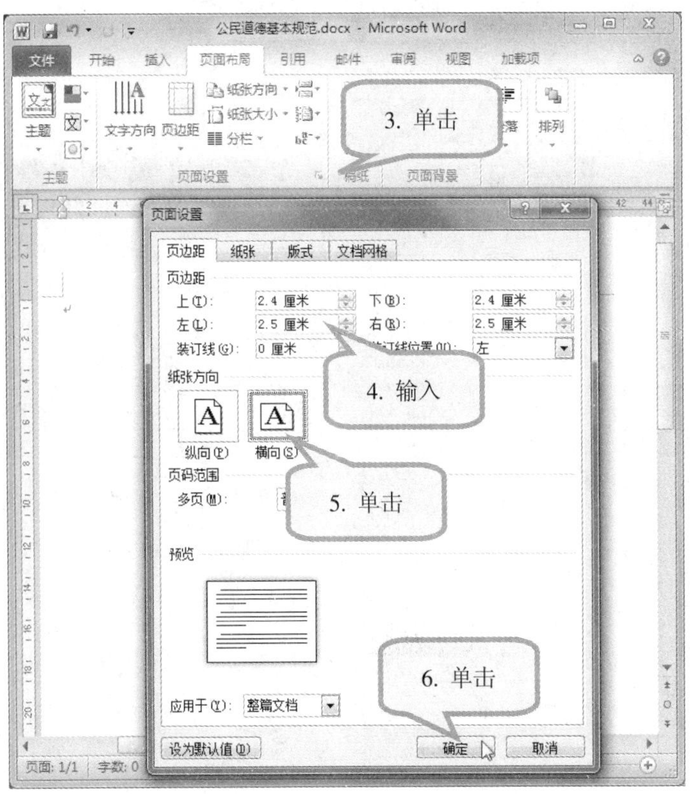

3. 单击“页面布局”选项卡→“页面设置”组→“功能扩展”按钮，将打开“页面设置”对话框。

4. 在“页边距”选项卡中，设置上、下页边距为 2.4 厘米，左、右页边距为 2.5 厘米。

5. 在“纸张方向”下单击“横向”。

6. 单击“确定”按钮。

☞ 复制文本内容

由于本实例中要求的内容，可以在网上查找。我们首先在网上查找相关信息后，利用复制功能，将文本粘贴到 Word 中。

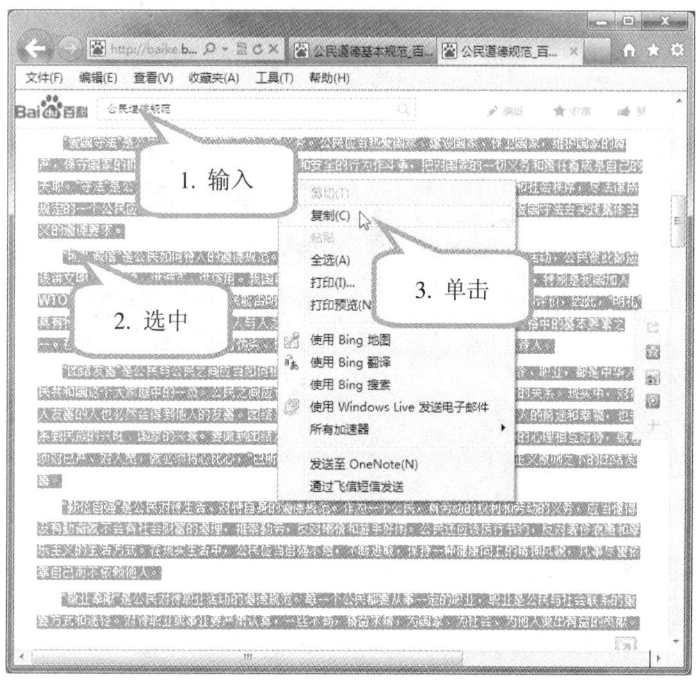

1. 打开百度网页，输入关键字，将查找到相关信息。

2. 将鼠标指针移至需要选择的文本前，按住鼠标左键不放并拖动到需要选择的文本末尾处，松开鼠标，选中需要的文本内容。

3. 右键单击选中的文字，在快捷菜单中单击“复制”命令。

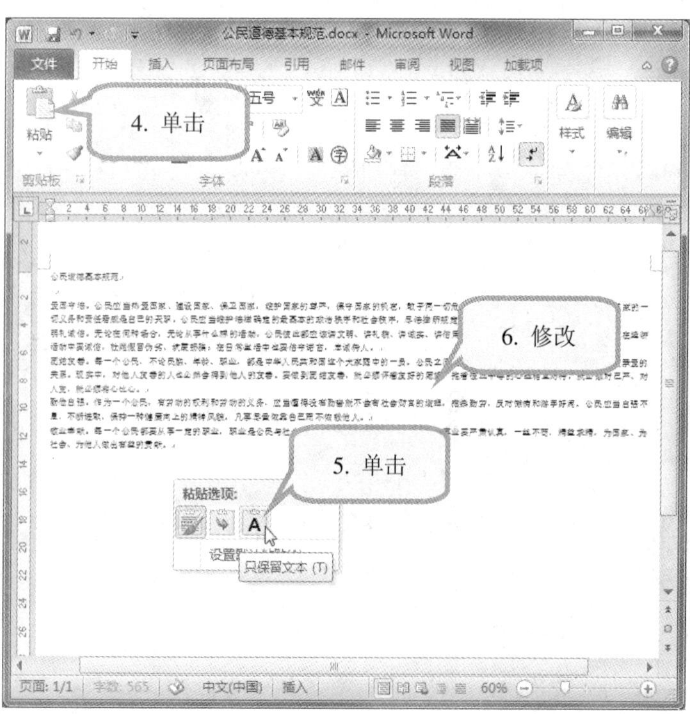

4. 单击 Word 文档窗口，单击“开始”选项卡→“剪贴板”组→“粘贴”，此时文本内容被复制到 Word 中。

5. 单击“粘贴选项”中的“只保留文本”按钮。

6. 阅读文本内容，进行适当删减和修改。

»☞ 设置标题文本

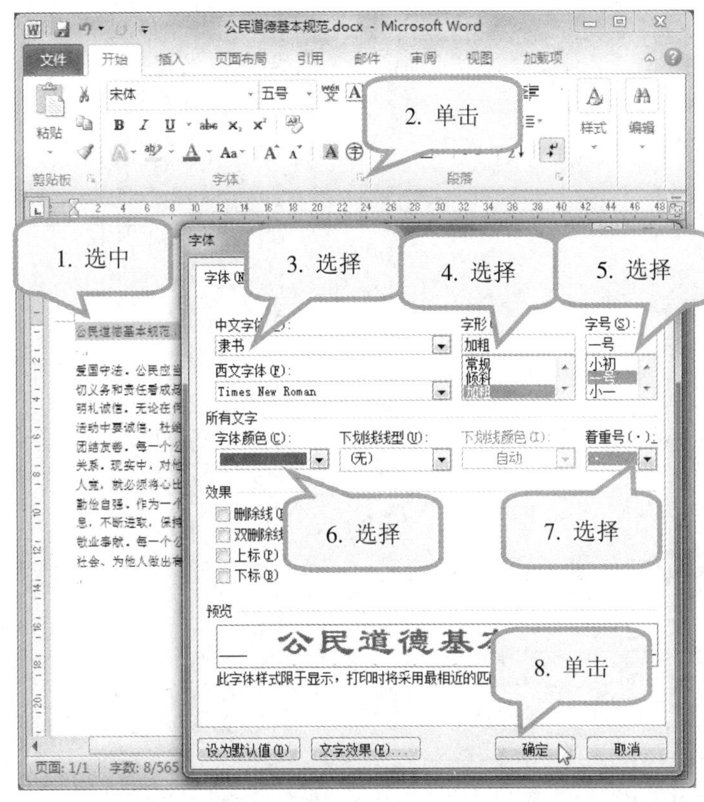

1. 单击标题行左侧的空白处，选中标题行。
2. 在“开始”选项卡→“字体”组→“功能扩展”按钮，将打开“字体”对话框。
3. 在“中文字体”下拉列表框中选择“隶书”。
4. 在“字形”下拉列表框中，选择“加粗”。
5. 在“字号”下拉列表中，选择“一号”。
6. 在“字体颜色”中，选择“红色”。
7. 在“着重号”中，选择“点”。
8. 单击“确定”按钮。

9. 在“开始”选项卡→“段落”组中，单击“居中”按钮。

»☞ 设置正文文本格式

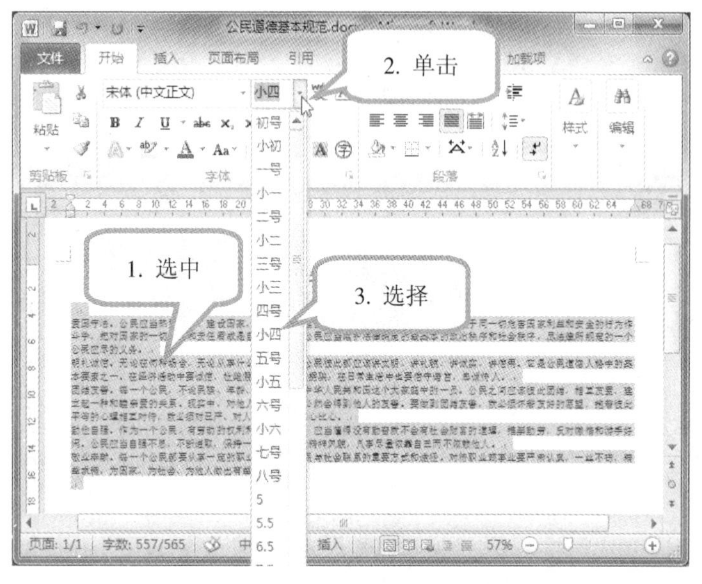

1. 将插入点置于正文开始处，拖动鼠标至文档结尾，从而选择全部正文。

2. 在“开始”选项卡→“字体”组中，单击“字号”框右端的箭头。

3. 在“字号”下拉列表中，选择“小四”。

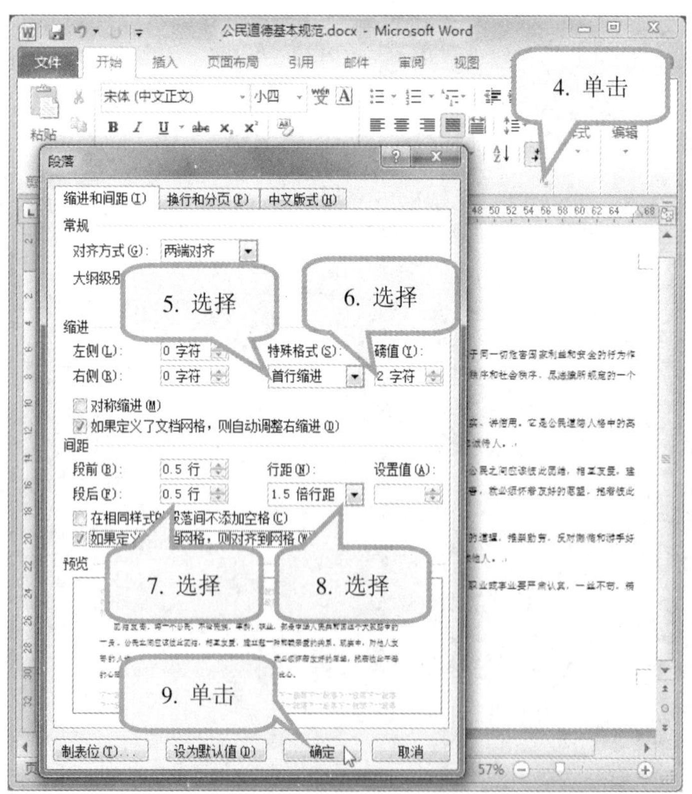

4. 单击“开始”选项卡→“段落”组→“功能扩展”按钮，将打开“段落”对话框。

5. 在“特殊格式”框中，选择“首行缩进”。

6. 在“磅值”中，选择“2 字符”。

7. 在“段前”、“段后”中，均选择“0.5 行”。

8. 在“行距”框中，选择“1.5 倍行距”。

9. 单击“确定”按钮。

»☞ 设置首字下沉

首字下沉是将文章段落开头的第一个或者前几个字符放大数倍，并以下沉或者悬挂的方式显示，以改变文档的版面样式。首字下沉通常用于文档的开头，人们经常可以从报刊等出版物上见到这种排版方式。

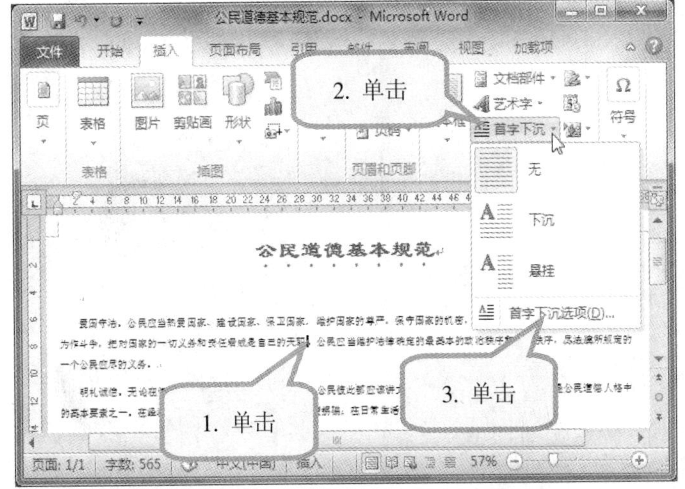

1. 将光标置于第一段中的任意位置。

2. 在“插入”选项卡→“文本”组中，单击“首字下沉”按钮。

3. 在下拉列表框中，单击“首字下沉选项”，将打开“首字下沉”对话框。

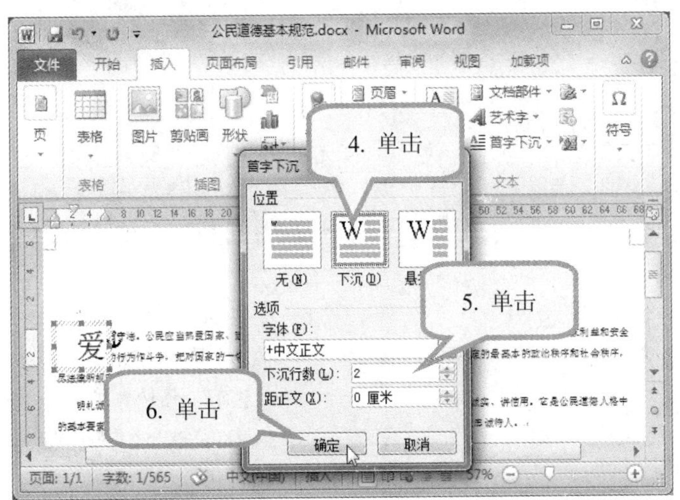

4. 在“位置”中选择“下沉”。

5. 在“下沉行数”中选中“2”。

6. 单击“确定”按钮。

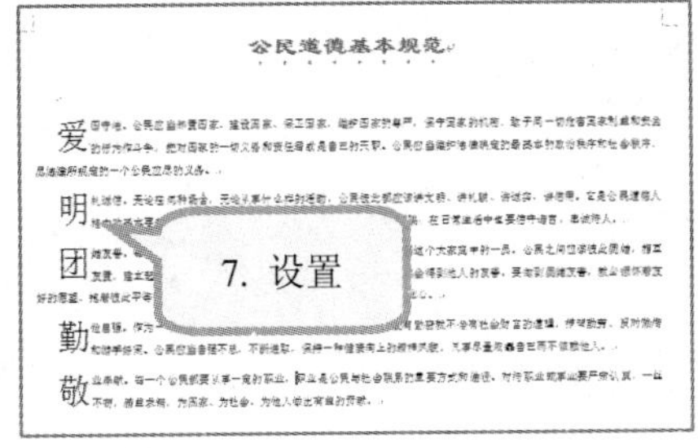

7. 同样地，设置第 2、3、4、5 段的首字下沉。

»☞ 设置分栏

利用 Word 的分栏排版功能，可以在文档中建立不同数量和不同版式的栏。将版面分成多栏，不仅便于文本的阅读，而且会让版面显得更加生动活泼。

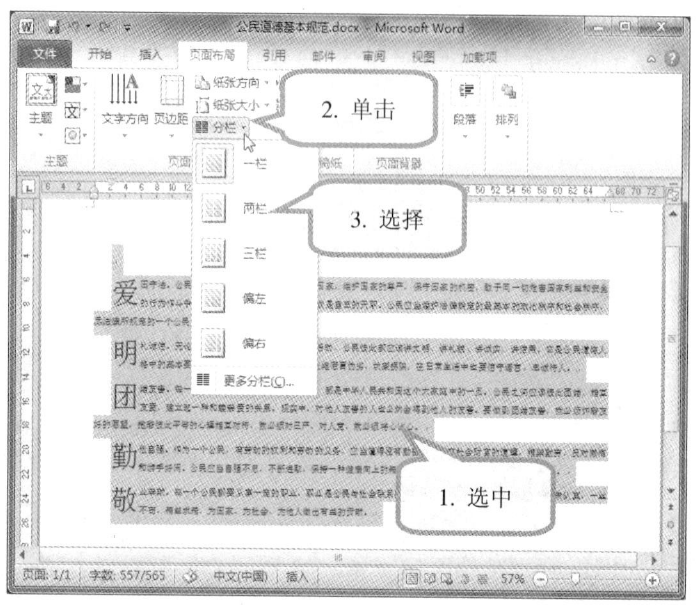

1. 选中第 1～5 段，注意不要选中最后一段后面的段落标记符号。
2. 在“页面布局”选项卡→“页面设置”组中，单击“分栏”按钮。
3. 在“分栏”下拉列表中，选中“两栏”。
4. 观察这时的效果和分节符的位置。

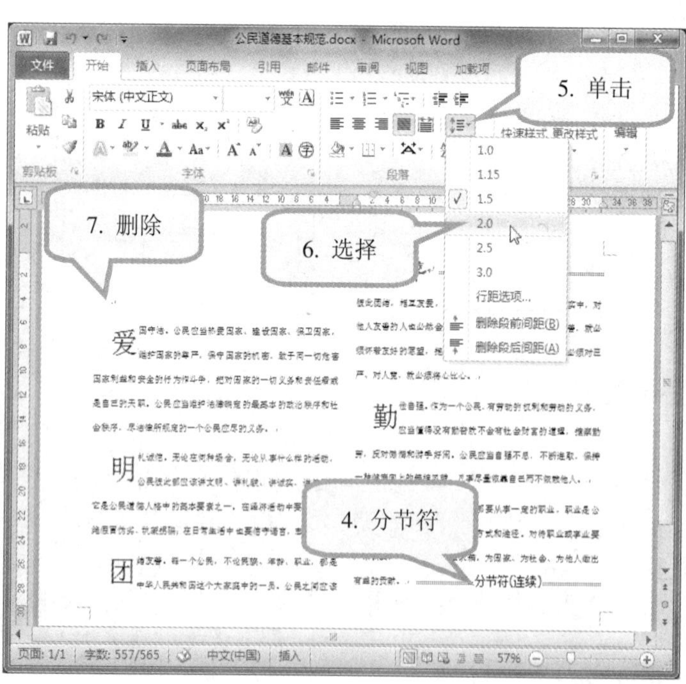

5. 单击“开始”选项卡→“段落”组→“行和段落间距”下拉箭头。
6. 在“行和段落间距”下拉列表框中，选择“2.0”，以使文本正文内容在一个页面中比较恰当地分布。
7. 删除第一段前的回车符号。

»☞ 插入页眉

页眉和页脚是文档中每个页面的顶部、底部和两侧页边距中的区域。可以在页眉和页脚中插入或更改文本或图形。例如，可以添加页码、时间和日期、公司徽标、文档标题、文件名或作者姓名。

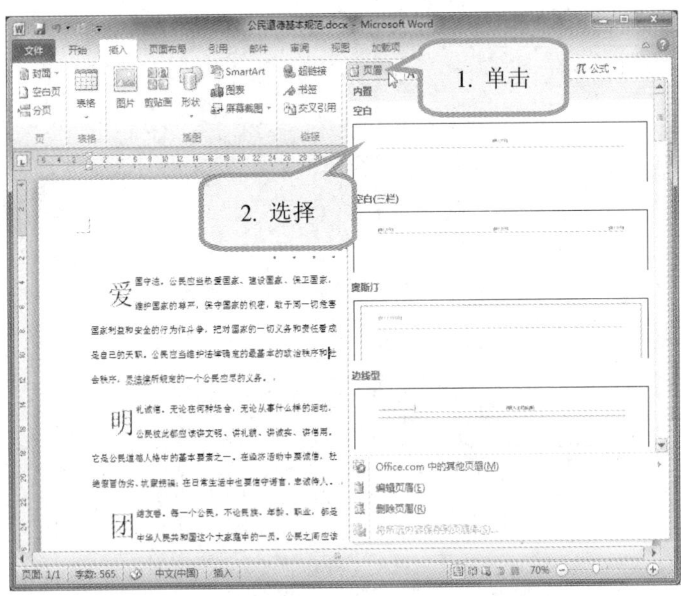

1. 在“插入”选项卡→“页眉和页脚”组中，单击“页眉”。

2. 从“页眉”下拉列表框中，选择“空白页眉”。

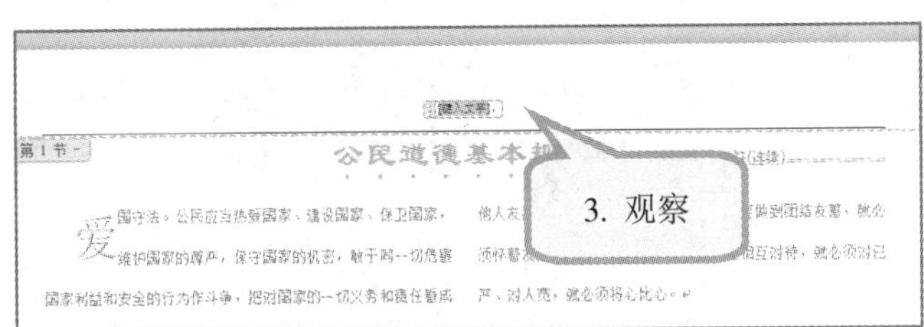

3. 此时可以看到，在页眉处显示出“键入文字”字样。

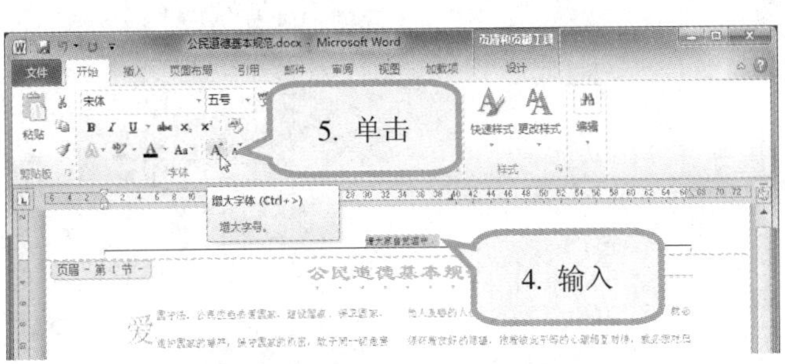

4. 在“键入文字”处输入文字，如“请大家自觉遵守”。

5. 选中输入的文字，单击“开始”选项卡→“字体”组→“增大字体”按钮，设置为合适的大小。

插入页脚

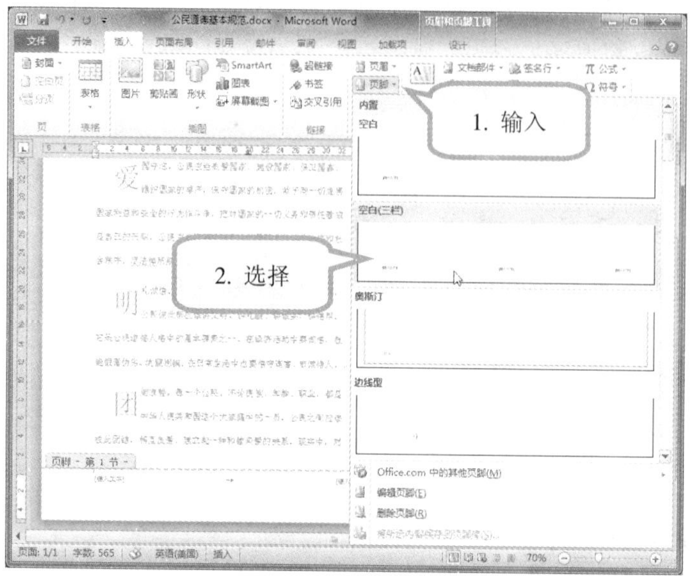

1. 在“插入”选项卡→“页眉和页脚”组中，单击“页脚”。

2. 从“页脚”下拉列表框中，选择“空白三栏”。

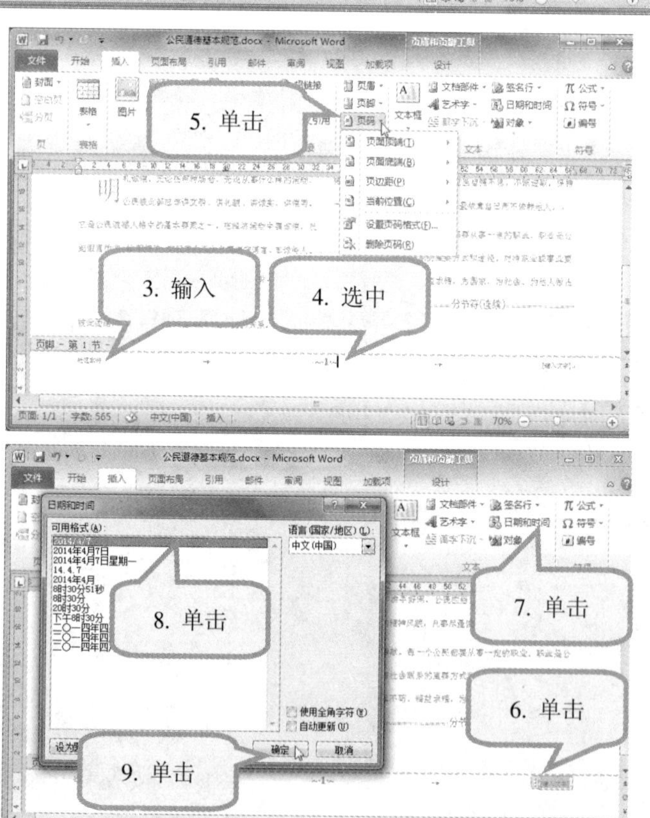

3. 在“键入文字”处输入文字，如“社区宣传”。
4. 选中页脚中间的项目。
5. 单击“插入”选项卡→“页眉和页脚”组→“页码”→“当前位置”→“颚化符”，即可插入页码。

6. 选中页脚最右边的项目。
7. 单击“插入”选项卡→“文本”组→“日期和时间”项。
8. 在“日期和时间”对话框中，选择一个格式。
9. 单击“确定”按钮。

»☞ 设置页面背景

在 Word 中，可以改变整个页面的背景颜色，或者对整个页面进行渐变、纹理、图案和图片填充。

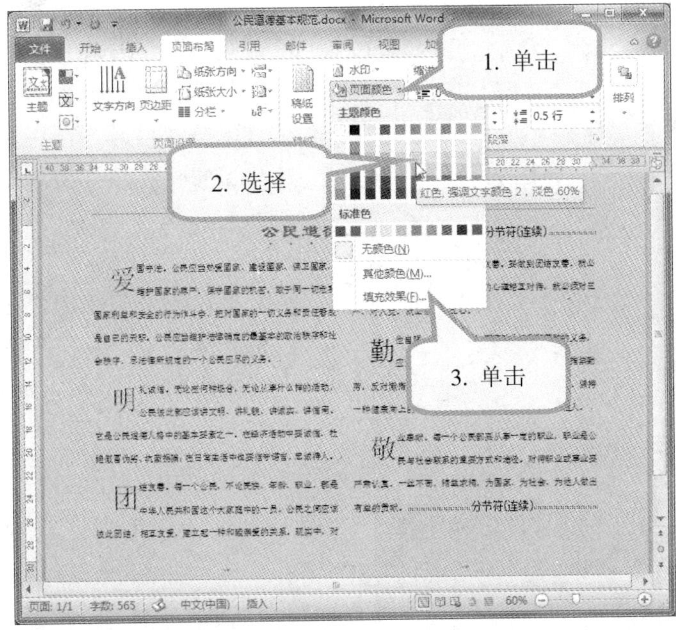

1. 单击“页面布局”选项卡→“页面背景”组→“页面颜色”项。

2. 在“主题颜色”或“标准颜色”下方，选择所需颜色。

3. 单击“填充效果”项，将打开“填充效果”对话框。

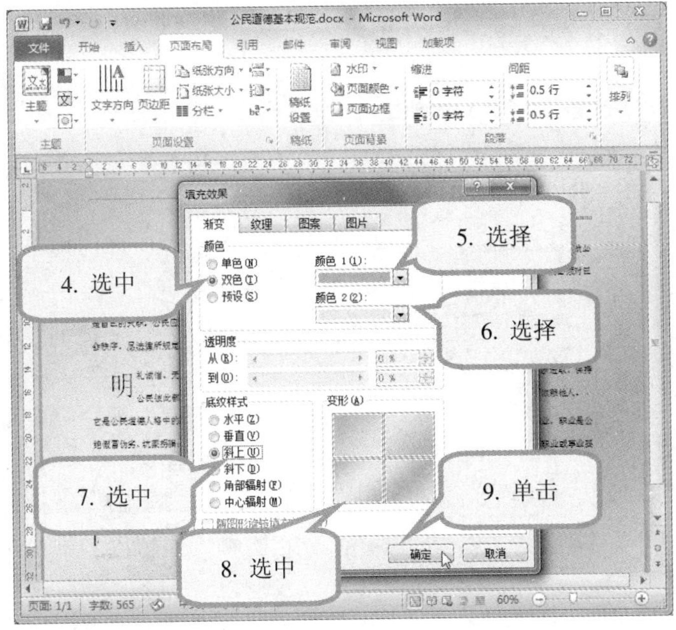

4. 在“渐变”选项卡中，选中“双色”。
5. 在“颜色 1”中，选择一种颜色。
6. 在“颜色 2”中，选择一种颜色。
7. 在“底纹样式”中，选中“斜上”。
8. 在“变形”中，选中一种变形形式。
9. 单击“确定”按钮。

»☞ 设置页面边框

设置页面边框可以为文档增加美观的效果，特别是要设置一篇精美的文档时，添加页面边框是一个很好的办法。

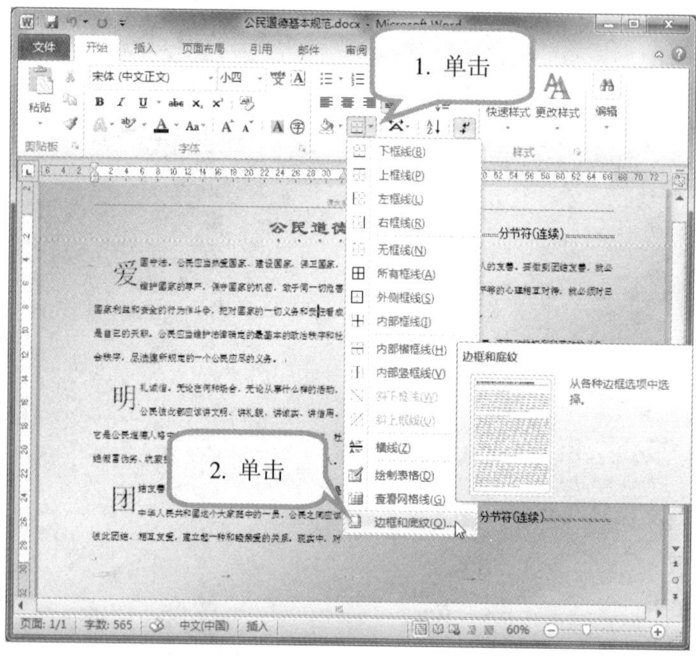

1. 将插入点置于文档的任意位置，在“开始”选项卡→“段落”组中，单击“下框线”旁边的箭头。
2. 从下拉列表中单击“边框和底纹”项，将弹出“边框和底纹”对话框。

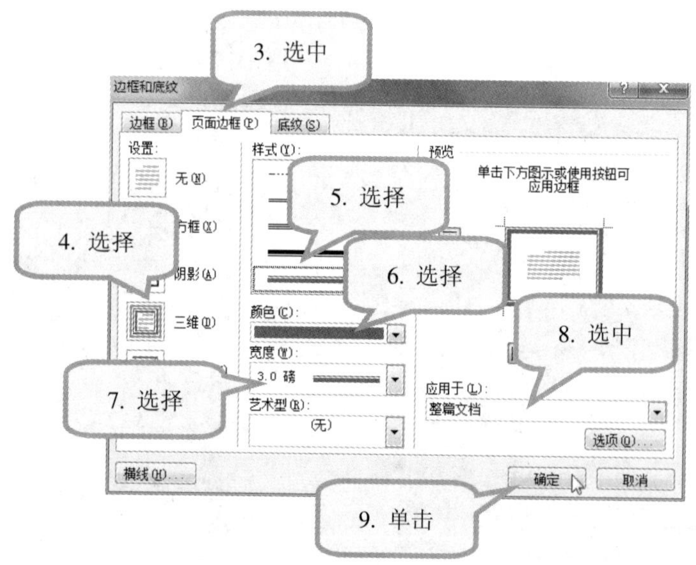

3. 选中“页面边框”选项卡。
4. 在“设置”栏中，选择“三维”。
5. 在“样式”列表框中，选择花边。
6. 在“颜色”下拉列表框中选择“蓝色”。
7. 在“宽度”下拉列表框中，选择“3 磅”。
8. 在“应用范围”下拉列表框中，选中“整篇文档”。
9. 单击“确定”按钮完成边框的设置。

实例 5　制作超市开业宣传海报

☞ 学习情境

由于本小区比较偏远，杜梅看到小区居民购买生活用品很不方便，就打算在小区开一家超市。经过筹备，超市终于即将开业。为了增强宣传效果，杜梅决定动手制作宣传海报。

☞ 编排效果

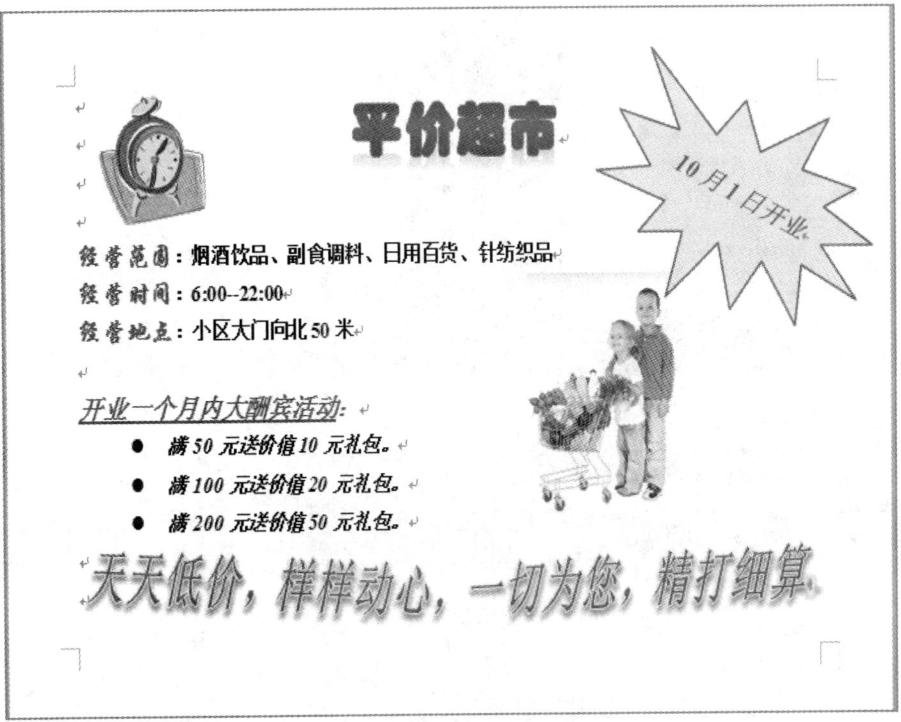

☞ 掌握技能

通过本实例，将学会以下技能：

- 使用格式刷
- 插入艺术字。
- 插入自选图形。
- 插入剪贴画、图片。
- 图片裁剪。
- 设置图片位置、图片大小及图片与图形的相对位置。

»☞ 启动 Word 2010

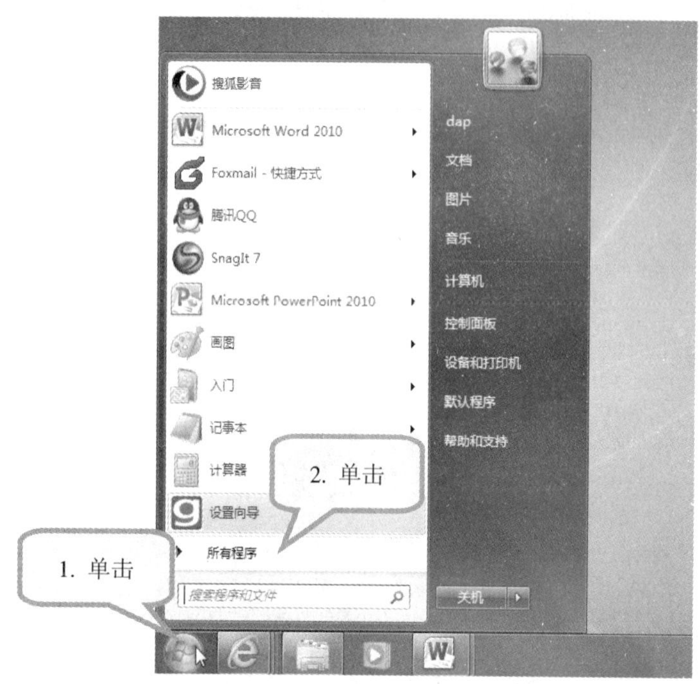

1. 在 Windows 7 桌面，单击任务栏左侧的“开始”按钮。

2. 在弹出的“开始”菜单中，单击“所有程序”项。

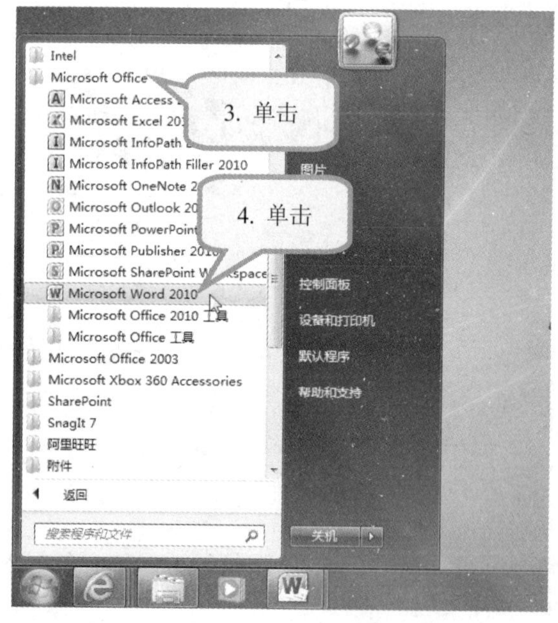

3. 在“所有程序”组中，单击“Microsoft Office”，打开下拉列表。

4. 单击“Microsoft Word 2010”项。

如果桌面上有 Word 2010 的快捷方式图标，可双击启动。

»☞ 页面设置

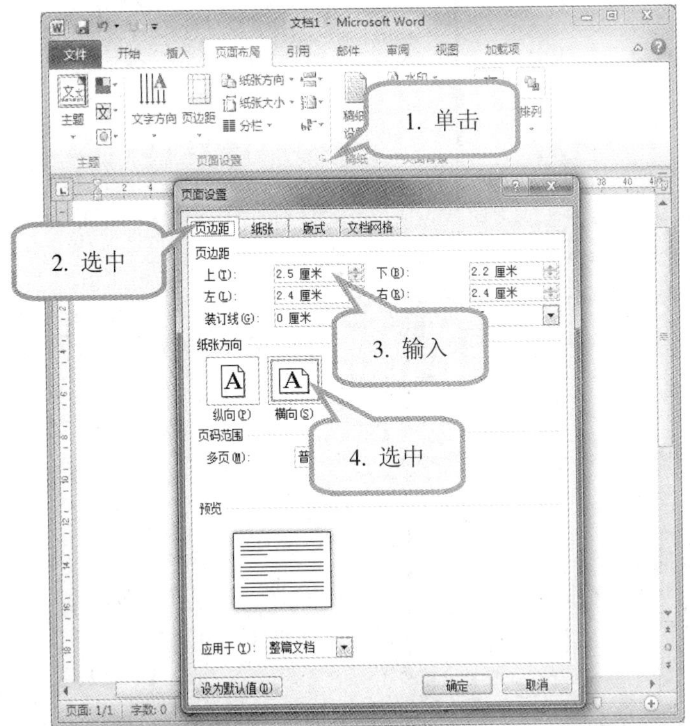

1. 单击“页面布局”选项卡→“页面设置”组→“功能扩展”按钮，将打开“页面设置”对话框。

2. 选中“页边距”选项卡。

3. 设置上页边距为 2.5 厘米，下页边距为 2.2 厘米，左、右页边距为 2.4 厘米。

4. 在“纸张方向”下，选中“横向”。

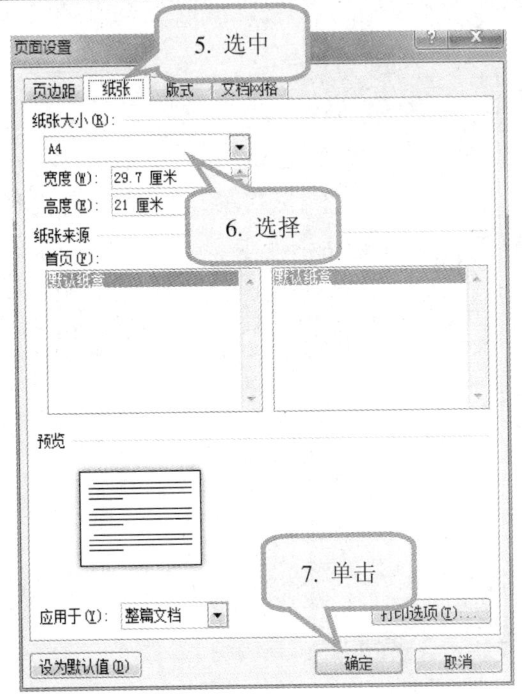

5. 选中“纸张”选项卡。

6. 在“纸张大小”中，选择“A4”。

7. 单击“确定”按钮。

»☞ 输入文本内容

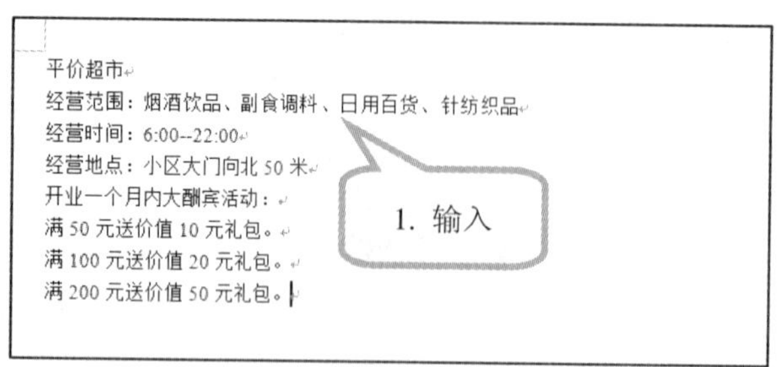

1. 输入文本内容。

2. 全部选中文本内容。

3. 单击“开始”选项卡→“字体”组→“加粗”按钮。

4. 在“字号”下列列表中，选择“小二”。

5. 选中后 4 行内容。

6. 单击“开始”选项卡→“字体”组→“倾斜”按钮。

»☞ 使用格式刷

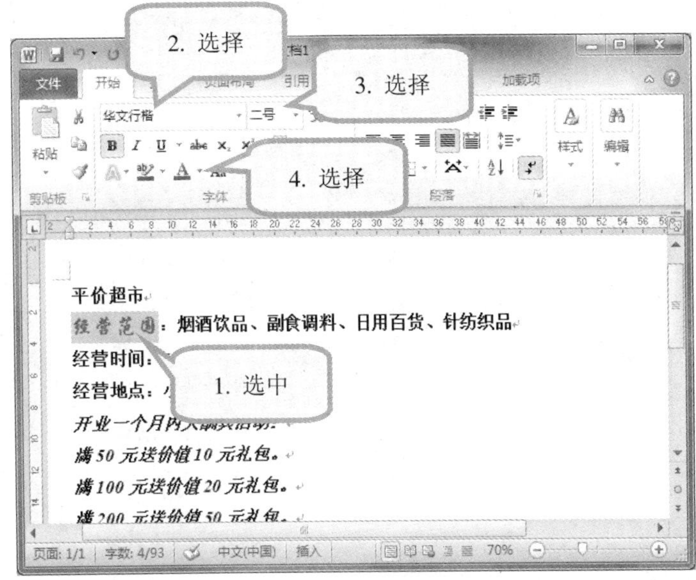

1. 选中“经营范围”。

2. 在“开始”选项卡→“字体”组中，选择“字体”中的“华文行楷”。

3. 在“字号”中，选择“二号”。

4. 在“字体颜色”中，选择“红色”。

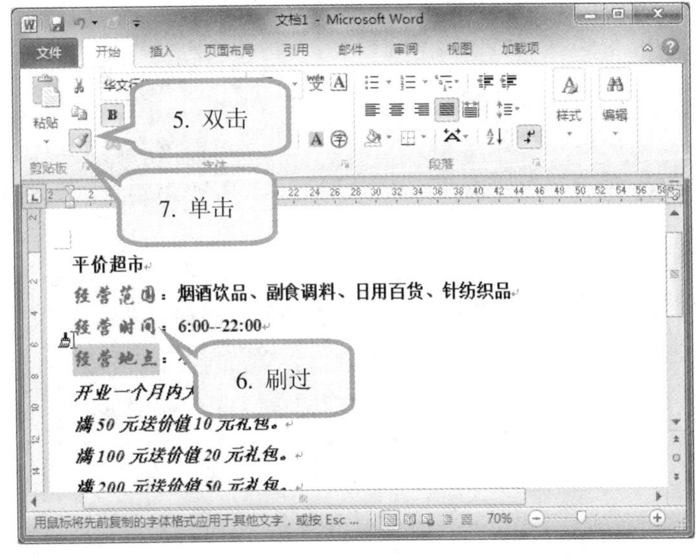

5. 双击“剪贴板”组中的“格式刷”按钮，此时鼠标指针变为刷子形状。

6. 将刷子形状的鼠标光标，拖过“经营时间”、“经营地点”。

7. 再次单击“格式刷”按钮。

设置项目编号

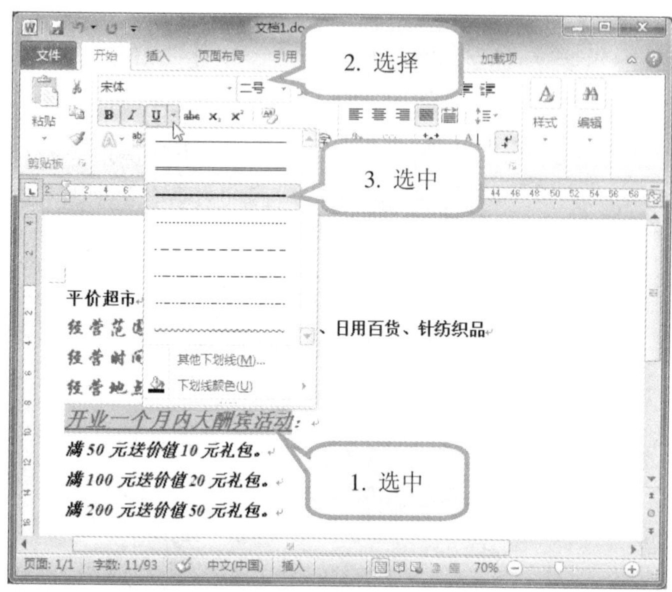

1. 选中“开业一个月内大酬宾活动”。

2. 在“开始”选项卡→“字体”组中，选择“字号”中的“二号”。

3. 单击“下划线”下拉箭头，在下拉列表中选中“粗线”。

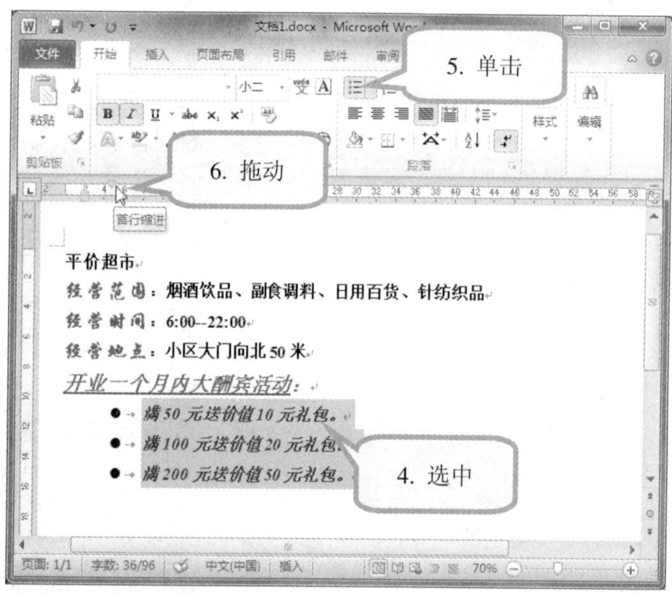

4. 选中最后 3 行文字。

5. 单击“段落”组中的“项目符号”按钮。

6. 将鼠标指针移动到标尺上，拖动“首行缩进”滑块到合适的位置。

»☞ 将标题设置为艺术字

艺术字是指文档中具有特殊效果的文字。艺术字不是普通的文字，而是图形对象，可以像处理图形那样对其进行处理。

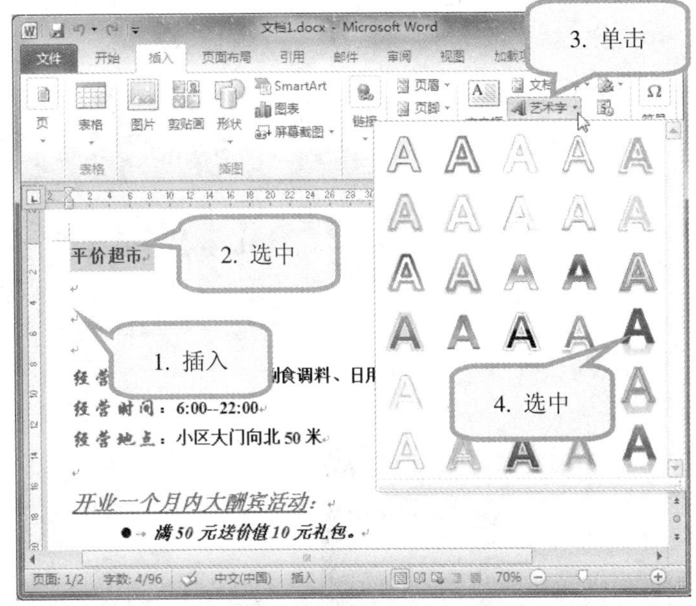

1. 在文档中适当地插入一些空行。

2. 选中“平价超市”标题。

3. 在“插入”选项卡→“文本”组中，单击“艺术字”。

4. 在打开的“艺术字”列表框中，选择一种样式，此时选中的文本上被添加上了文本框。

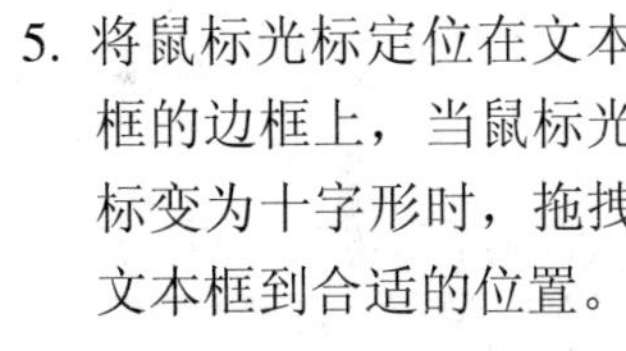

5. 将鼠标光标定位在文本框的边框上，当鼠标光标变为十字形时，拖拽文本框到合适的位置。

6. 在“开始”选项卡→“字体”组中，选择“字体”为“华文琥珀”。

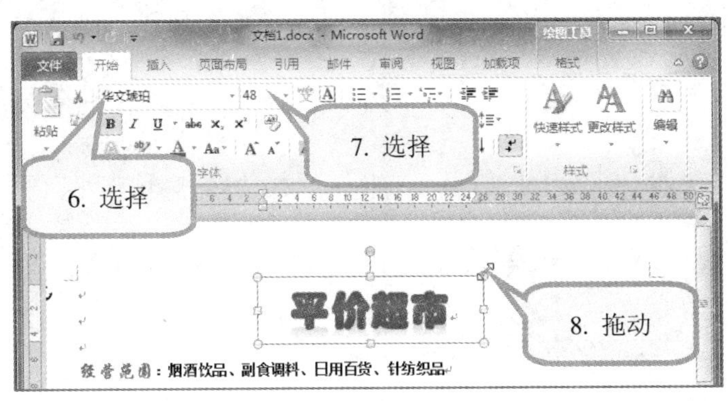

7. 在“字号”中选择“48”。

8. 将鼠标光标定位在文本框的四个角的任一角上，当鼠标光标变为斜向箭头时，拖拽调整文本框的大小。

添加艺术字

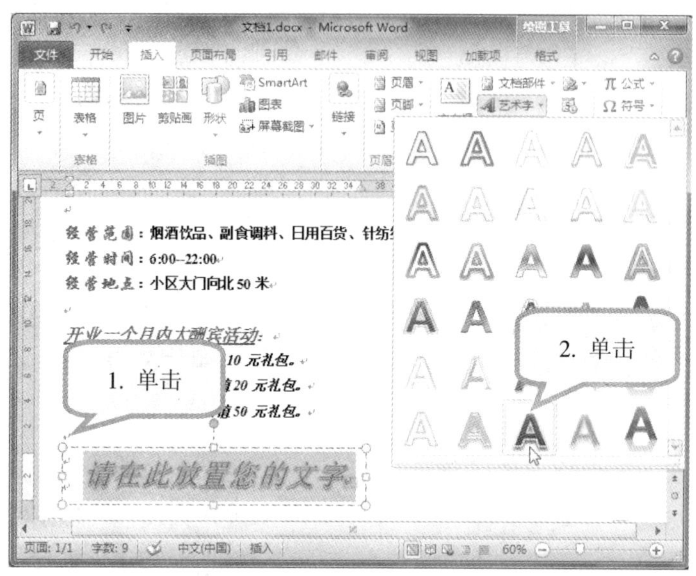

1. 单击文档尾部，将插入点置于文档尾。

2. 在“插入”选项卡→“文本”组中，单击“艺术字”，在列表框中选择一种样式，此时文档中出现带有“请在此放置您的文字”字样的文本框。

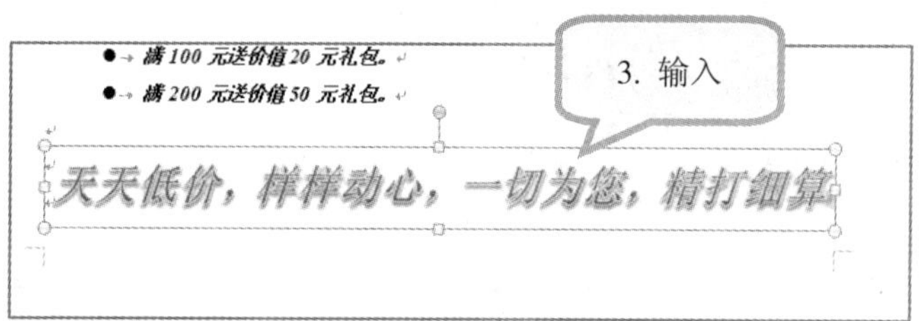

3. 删除文本框中的内容，输入“天天低价，样样动心，一切为您，精打细算”，并在任意位置单击完成艺术字的插入。

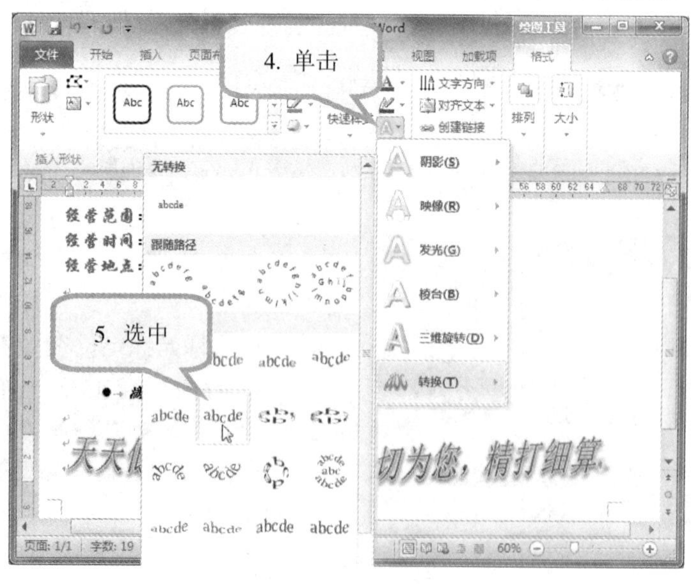

4. 将鼠标光标定位在文本框的边框上。在“绘图工具”→“格式”→“艺术字样式”组中，单击“文字效果”下拉箭头。

5. 在下拉列表中，选中“转换”→“正 V 形”。

»☞ 插入自选图形

在 Word 中提供了“格式”选项卡，在“格式”选项卡的“插入形状”中，可以插入自选的图形。

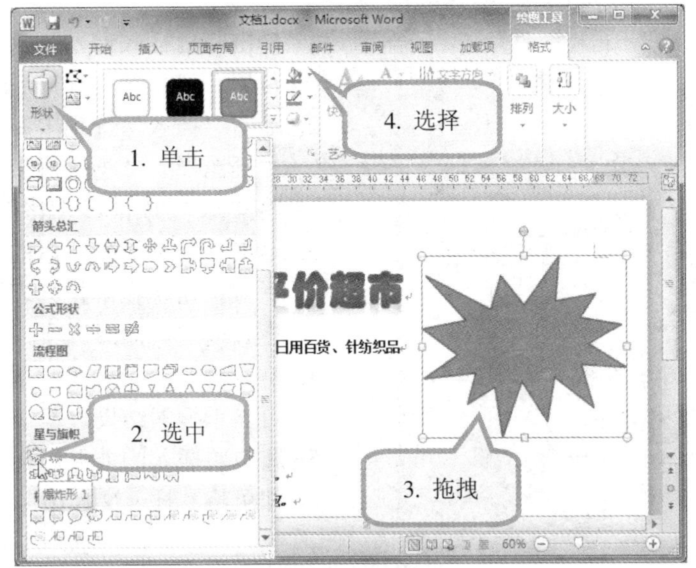

1. 在“格式”选项卡→“插入形状”组中，单击形状“下拉箭头。
2. 在下拉列表中，选中某一图形，如“爆炸形 1”。
3. 在文档中拖拽绘制图形。
4. 在“形状样式”组中，单击“形状填充”按钮，从下拉列表中选择“黄色”。

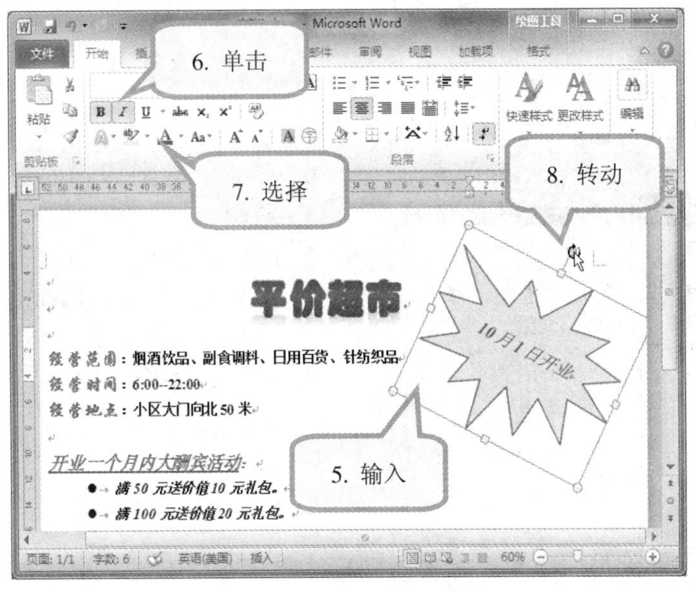

5. 在自选图形中，输入“10 月 1 日开业”字样，并选中这些文字。
6. 单击“开始”选项卡→“字体”组→“加粗”和“倾斜”按钮。
7. 在“字体颜色”中选择“红色”。
8. 用鼠标拖动自选图形的绿色旋转按钮，产生旋转效果。

»☞ 插入剪贴画

在 Word 中插入一些图片可以使文档更加生动形象，插入的图片可以是剪贴画、照片或图画。Word 不仅可以接受以多种格式保存的图形，而且提供了图片处理工具。

1. 单击需要插入剪贴画的位置。
2. 单击“插入”选项卡→“插图”组→“剪贴画”，将弹出“剪贴画”窗格。
3. 单击“结果类型”后的下拉按钮，在下拉列表中只选中“插图”项。
4. 单击“搜索”按钮，即可显示搜索结果。
5. 选中要插入的剪贴画，即可将其插入文档中。

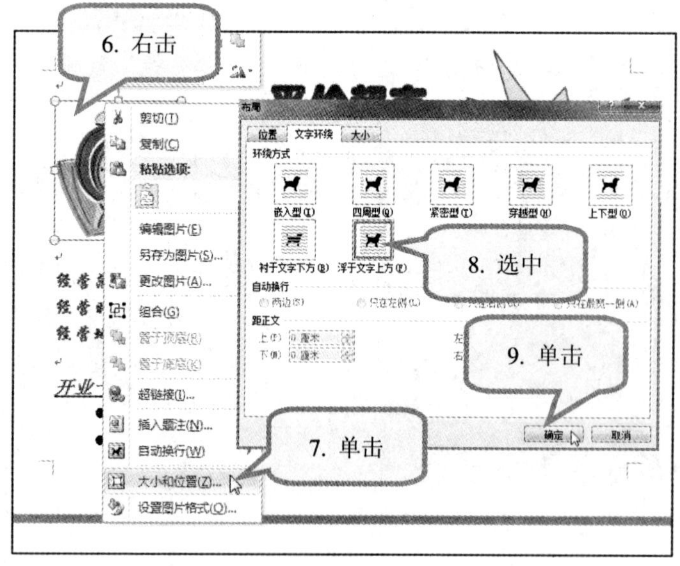

6. 右键单击刚插入的剪贴画。
7. 在快捷菜单中，单击“大小和位置”项，将弹出“布局”对话框。
8. 在“文字环绕”选项卡中，选中“浮于文字上方”。
9. 单击“确定”按钮。

»☞ 插入图片

在 Word 文档中，可以插入保存在计算机硬盘或者网络其他节点中的图片。

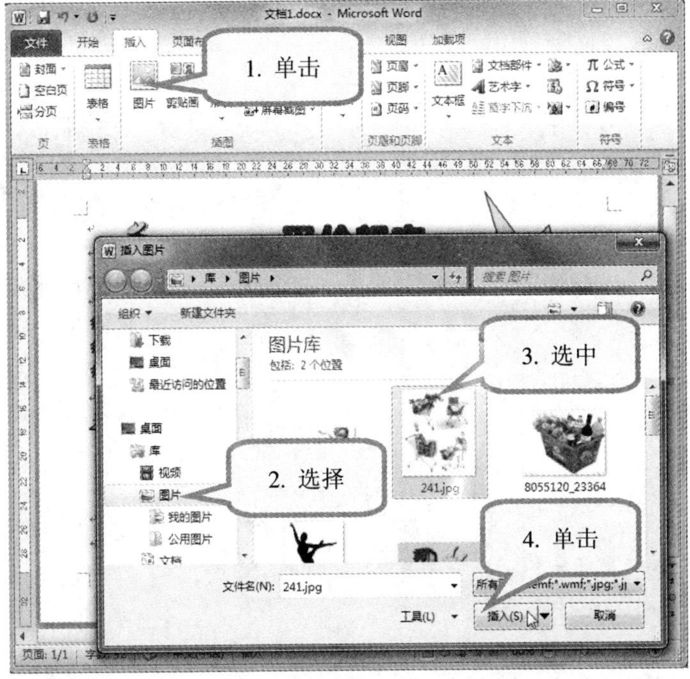

1. 单击“插入”选项卡→“插图”组→“图片”按钮。
2. 在打开的“插入图片”对话框中，在左侧选择图片所在的位置。
3. 在右侧区域，选中一张图片。
4. 单击“插入”按钮，即可将图片插入文档中。

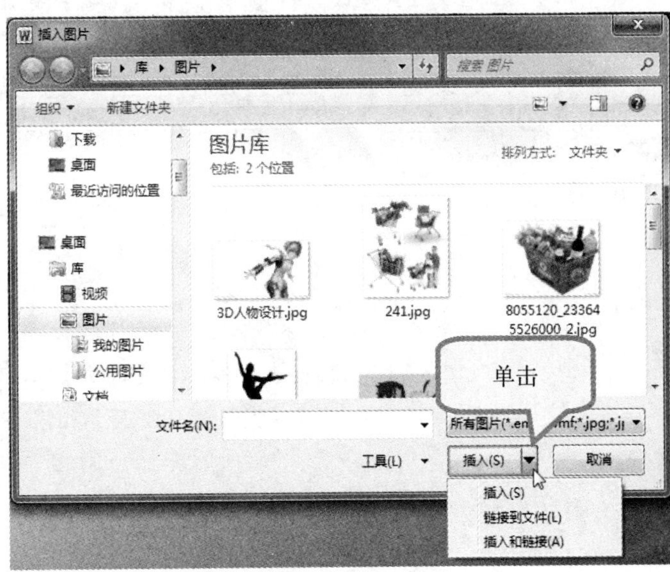

在“插入图片”对话框中，在“插入”按钮下拉列表中有 3 个选项：

- 插入：与直接单击“插入”按钮效果相同，应用此方式后的图片将保存在文档中。
- 链接到文件：图片插入后，将在文档中建立图片链接，此时在文档中可以看到图片的显示效果，一旦对图片进行了修改，Word 中的图片会自动更新。
- 插入和链接：图片不但插入并且会保存在文档中，同时也与源文件建立了链接关系。

»☞ 图片裁剪

使用裁剪，可以删除或屏蔽不希望显示的图片区域。

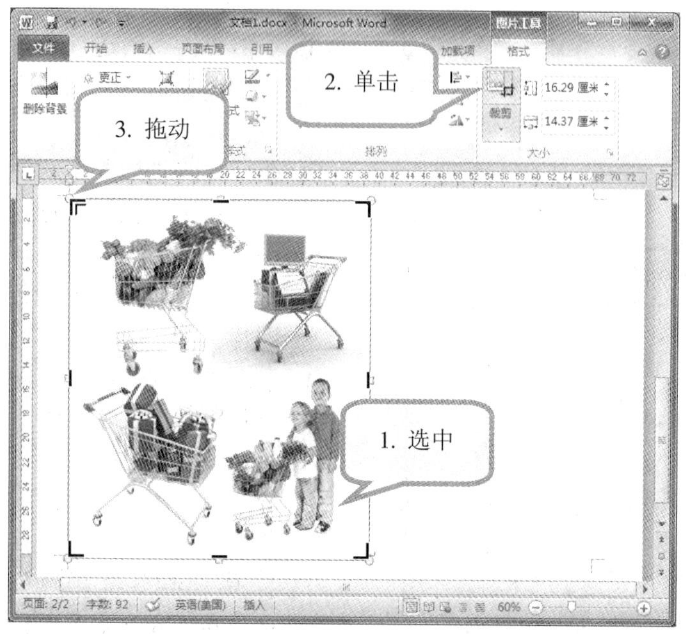

1. 选中要裁剪的图片。
2. 单击“图片工具”→“格式”选项卡→“大小”组→“裁剪”按钮。
3. 将裁剪指针置于裁剪控点上，此时鼠标指针将变为┣、┳、┻或┫等。将鼠标指针放在裁剪控点上，向里拖动。

4. 到合适位置后，松开鼠标。
5. 完成后按“Esc”键，或再次单击“裁剪”按钮。

若要裁剪某一侧，将该侧的中心裁剪控点向里拖动。

若要同时均匀地裁剪两侧，按下“Ctrl”键的同时将任一侧的中心裁剪控点向里拖动。

若要同时均匀地裁剪全部四侧，按下“Ctrl”键的同时将一个角部裁剪控点向里拖动。

»☞ 设置图片位置

插入到 Word 中的图片有两种方式：嵌入型和浮动型。

嵌入型图片在 Word 文档中，其性质与文字相同，是随行和段落排版的。插入的图片，在默认情况下以嵌入式方式放置。

浮动型图片是插入绘图层的图形，可在页面上任意放置，可使其位于文字或其他对象的上方或下方。浮动式图片保持其相对于页面的位置，并随分布在其周围的文字在该位置浮动。

1. 选中图片。

2. 在“图片工具”→“格式”选项卡→“排列”组中，单击“位置”，将显示下拉列表。

3. 选择一种“文字环绕”方式，观察效果。

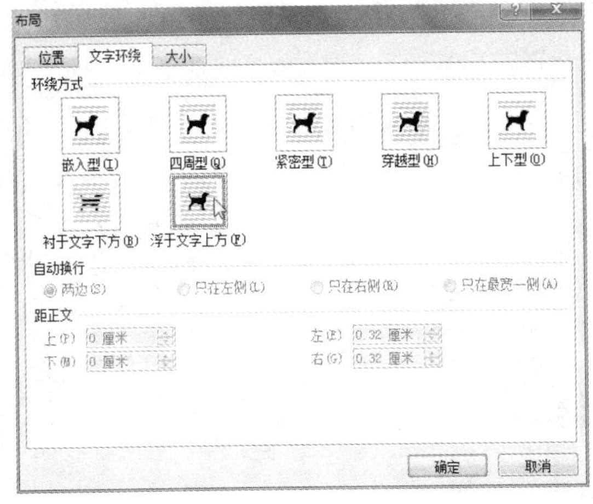

单击“其他布局选项”，将显示“布局”对话框的“文字环绕”选项卡，可在此选择其他环绕方式。

»☞ 调整图片大小

对于插入到 Word 文档中的图片，可以在 Word 文档中调整它。

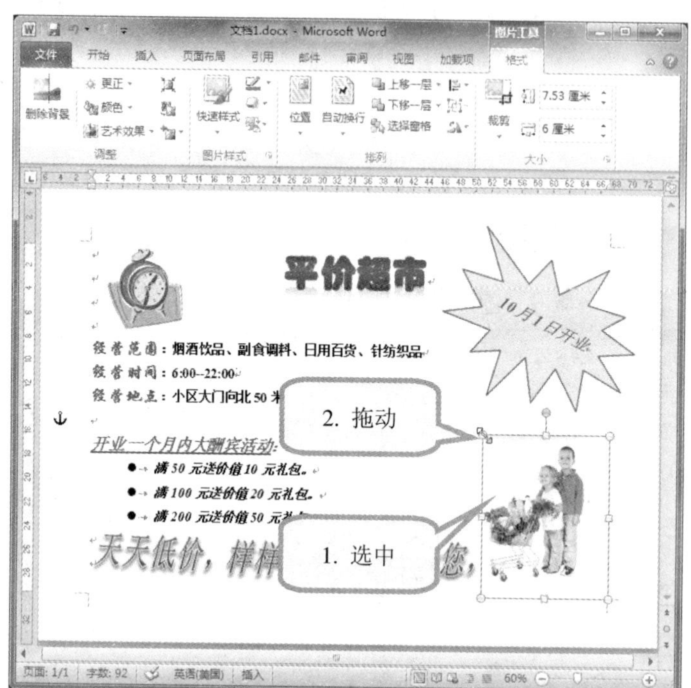

1. 选中图片。

2. 将鼠标指针置于其中的一个控点上，鼠标指针变为↕、⇔、⤡或⤢。如果要按比例缩放图片，则拖动四个角上的控制点；如果要改变高度或宽度，则拖动上、下或左、右边的控制点。当图片大小合适后，松开鼠标。

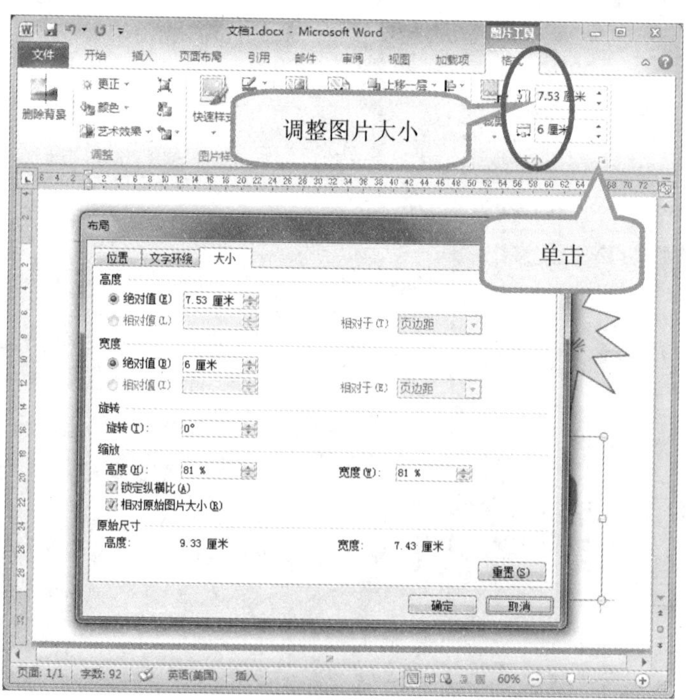

也可以在“图片工具”→“格式”选项卡→“大小”组中，单击“高度”高度或“宽度”宽度调整图片的大小。

单击“大小”组→“功能扩展”按钮，将弹出“设置图片格式”对话框的“大小”选项卡。选中“锁定纵横比”可保持图片不变形；调整“缩放”下的“高度”或“宽度”，可以精确缩放图片。

»☞ 调整图片与自选图形的相对位置

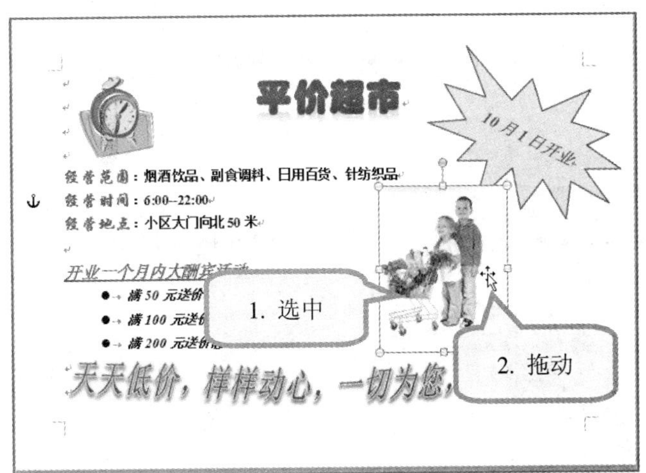

1. 选中插入的图片。

2. 拖动放到合适的位置。

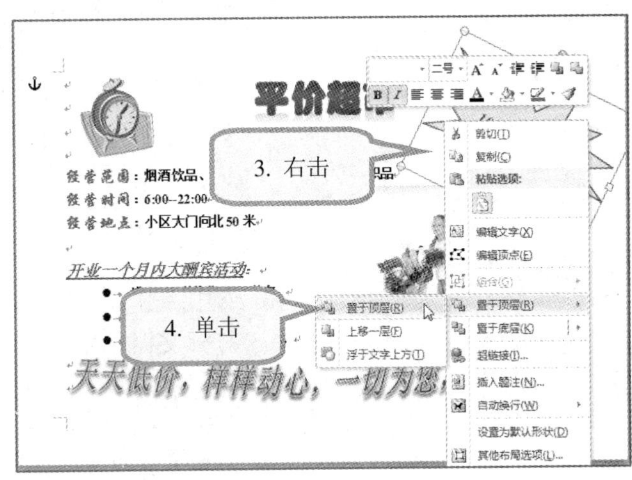

3. 右击自选图形。

4. 在快捷菜单中，单击“置于顶层”→“置于顶层”项。

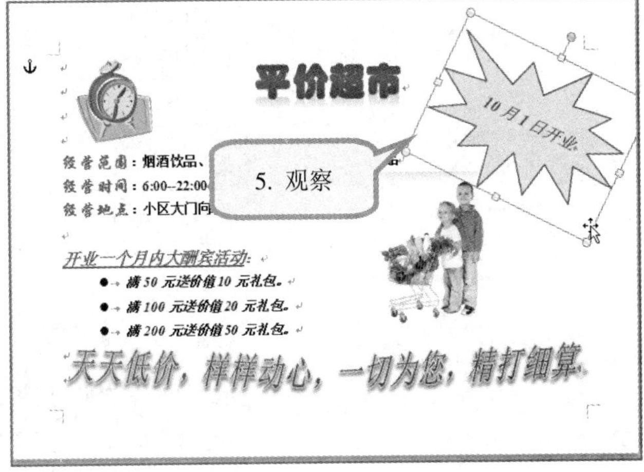

5. 观察自选图形与图片的相对位置。

»☞ 保存为只读文档

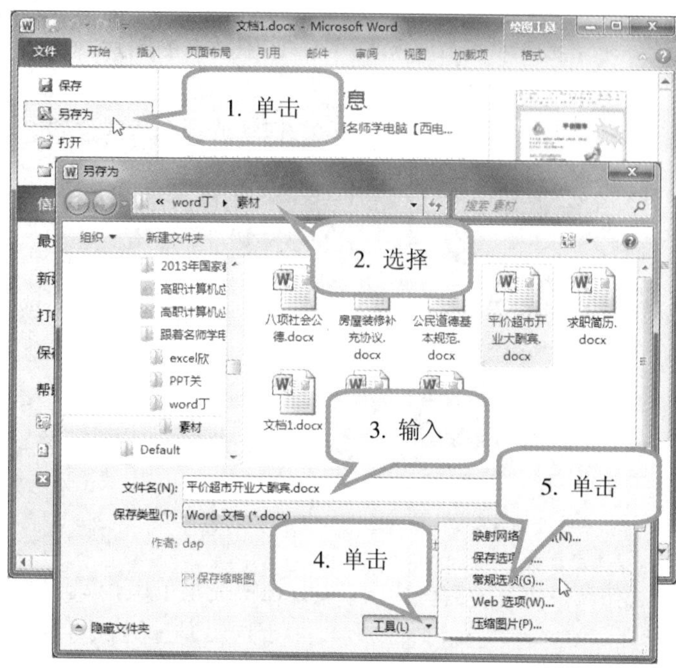

1. 单击“文件”选项卡→“另存为”，将弹出“另存为”对话框。

2. 在地址栏中，选择保存的位置。

3. 在“文件名”中输入文件的名称。

4. 单击“工具”下拉箭头。

5. 在下拉列表中，单击“常规选项”，将弹出“常规选项”对话框。

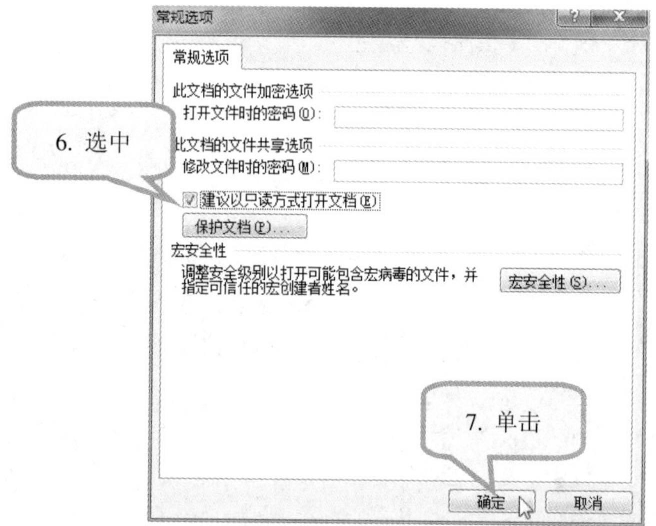

6. 选中“建议以只读方式打开文档”项。

7. 单击“确定”按钮，返回到“另存为”对话框，然后再次单击“保存”按钮即可。

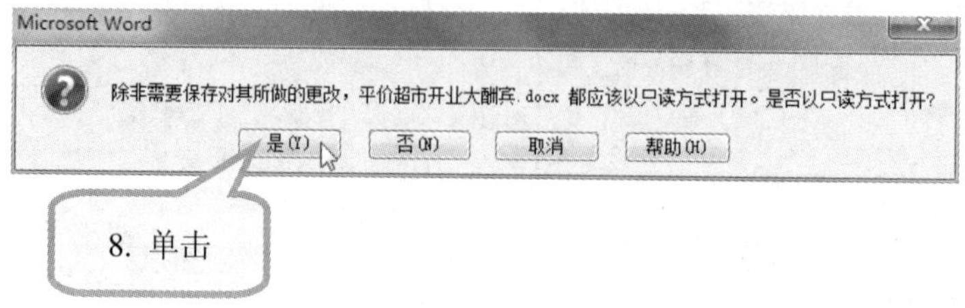

8. 以后当再次启动该文档时，将弹出提示框，提示“是否以只读方式打开？”，单击“是”按钮，启动 Word 文档，此时该文档处于只读状态。

实例 6　制作网上购物流程图

☞ 学习情境

张娟经常在网上购物，邻居看到张娟在网上购买的商品既便宜又能送货上门，很是羡慕，就向张娟询问网上购物的方法。张娟决定把网上购物的流程用 Word 做个图示来给他们讲解。

☞ 编排效果

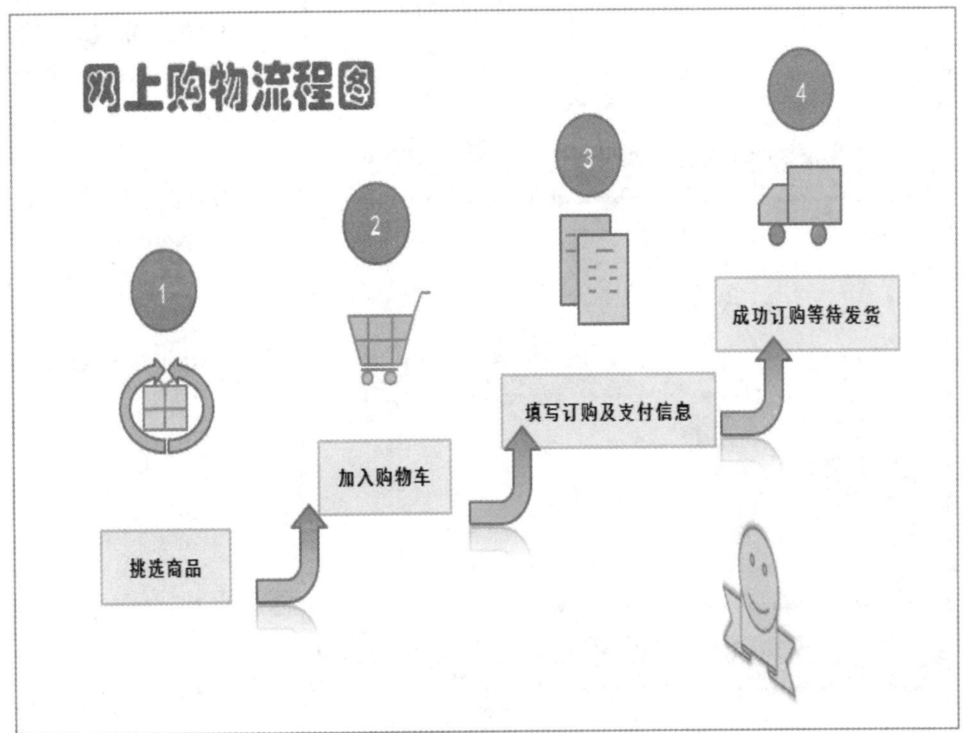

☞ 掌握技能

通过本实例，将学会以下技能：

- 绘制自选图形。
- 调整自选图形的位置、大小。
- 组合自选图形。
- 设置自选图形的对齐方式。
- 设置图形的叠放位置及三维效果。

»☞ 新建 Word 文档

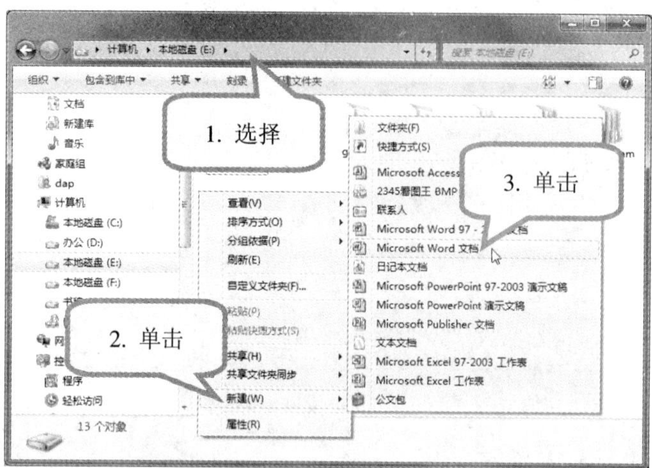

1. 打开 Windows 资源管理器，在地址栏中选择文档要保存的位置。

2. 在右侧窗格中，右键单击空白处，在弹出的快捷菜单中，单击“新建”。

3. 在“新建”列表中，单击“Microsoft Word 文档”项。

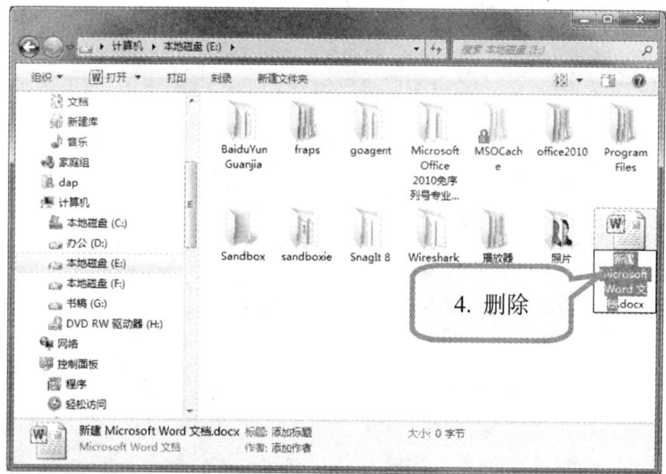

4. 此时在该位置将出现 Word 图标，文件名为“新建 Microsoft Word 文档”，按键盘上的 Delete 键删除。

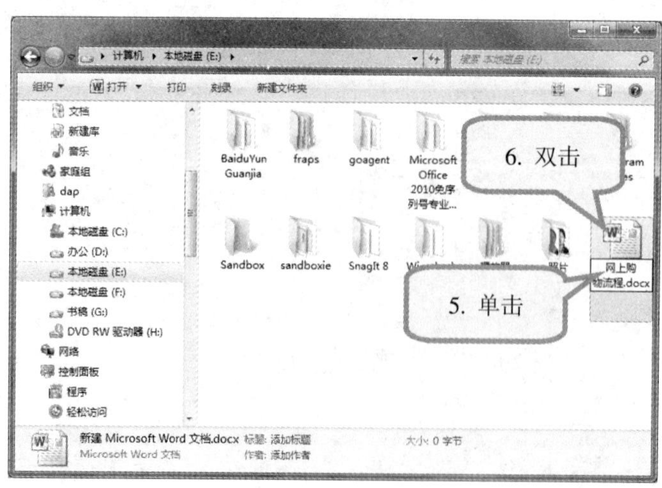

5. 输入文件名“网上购物流程”。

6. 双击 Word 图标将打开新文档。

»☞ 页面设置

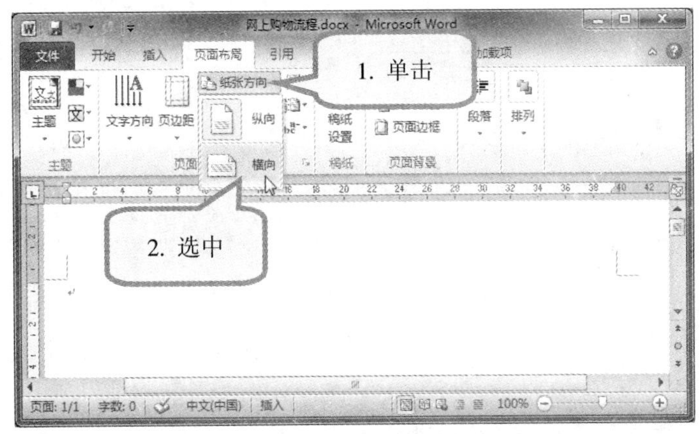

1. 在“页面布局”选项卡→“页面设置”组，单击“纸张方向”。

2. 在下拉列表中，选中“横向”。

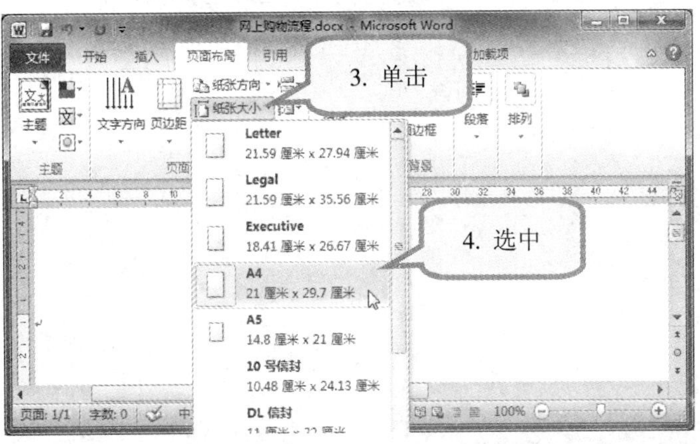

3. 单击“纸张大小”按钮。

4. 在下拉列表中，选中“A4”。

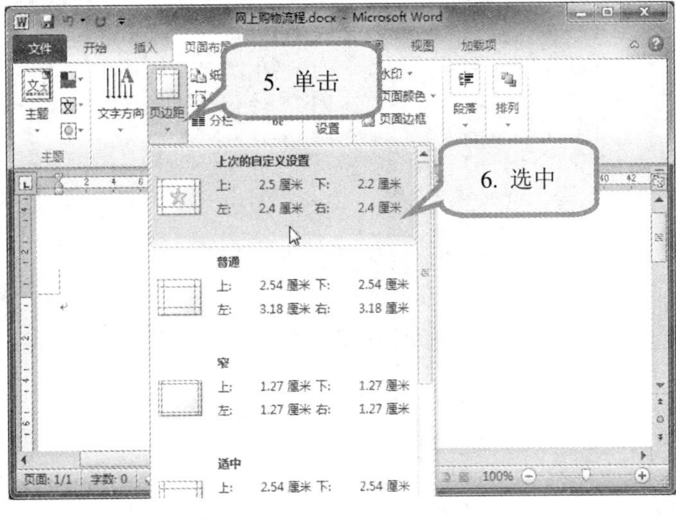

5. 单击“页边距”按钮。

6. 在下拉列表中，选中“上次的自定义设置”项。

»☞ 设置标题

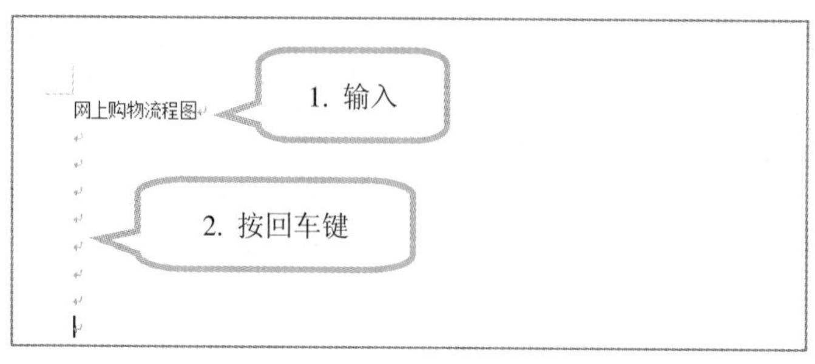

1. 输入标题文字“网上购物流程图”。

2. 按多次回车（Enter）键。

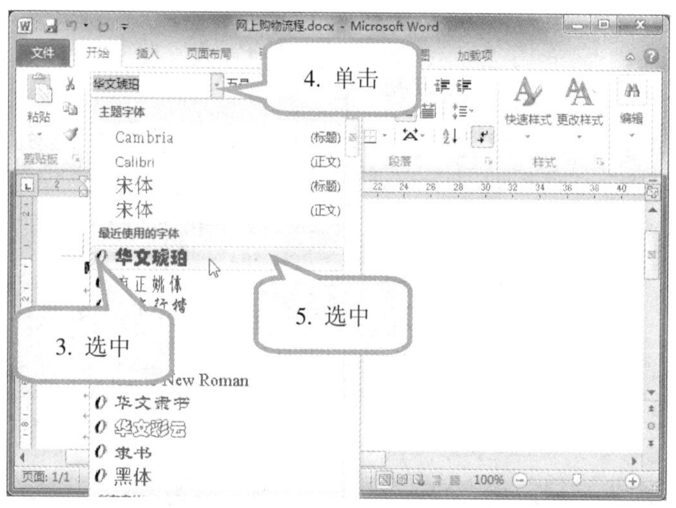

3. 选中标题文本内容。

4. 单击“开始”选项卡→“字体”组→“字体”下拉按钮。

5. 在“字体”下拉列表中，选中“华文琥珀”项。

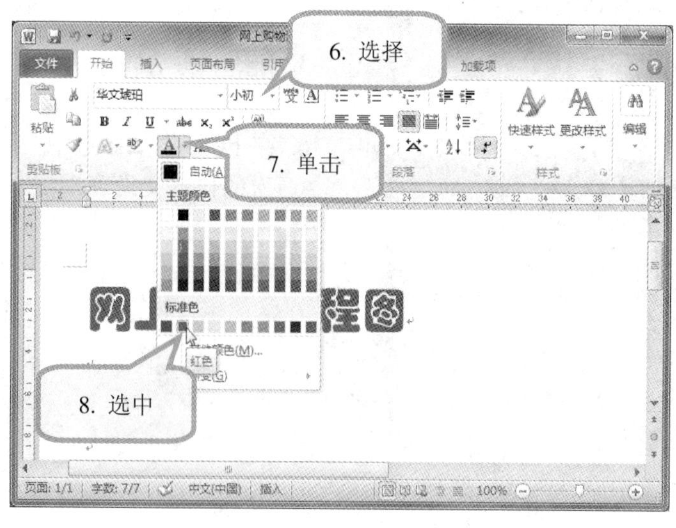

6. 在“字号”下拉列表中，选择“小初”。

7. 单击“字体颜色”下拉箭头。

8. 选中“红色”。

»☞ 设计带圈文字

虽然 Word 提供了带圈字符功能，但是由于本文档中的图形较多，为便于布局，我们利用插入自选图形的方式进行设计。

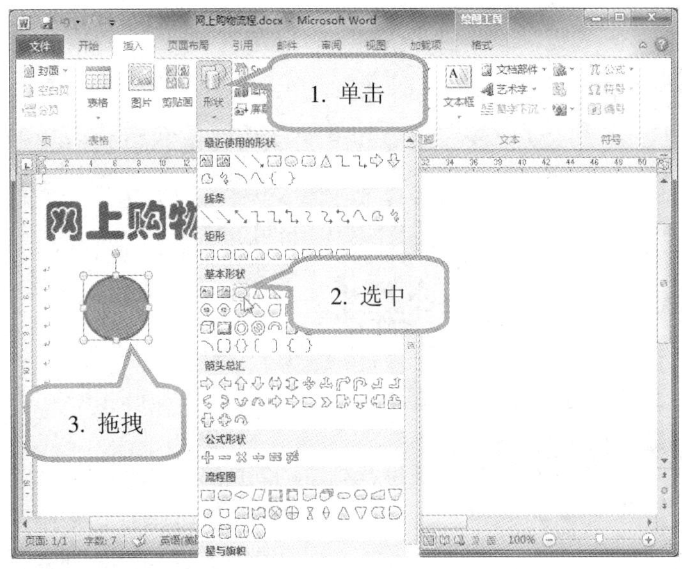

1. 在“插入”选项卡→“插图”组中，单击“形状”下拉箭头。
2. 在下拉列表中，选中“基本形状”中的“椭圆”。
3. 在文档中，按下 Shift 键拖拽绘制出正圆形。

如果选中“椭圆”后，直接在文档中拖拽，将画出椭圆。

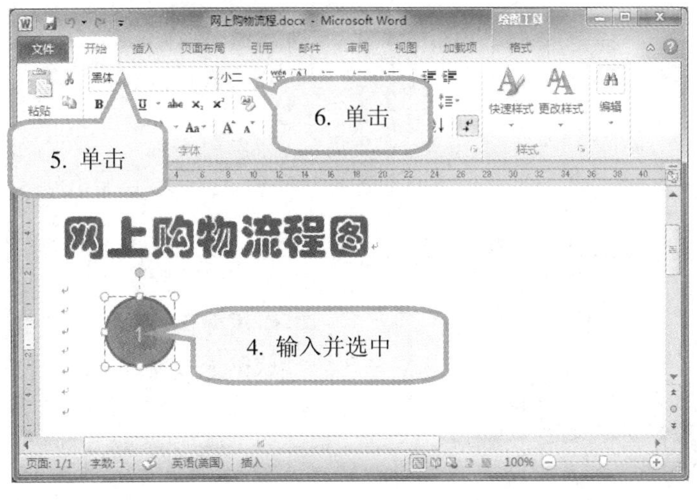

4. 直接输入“1”字样，并选中文字。
5. 在“字体”中，选中“黑体”。
6. 在“字号”中，选中“小二”。

»☞ 复制带圈文字

我们可以利用复制、粘贴功能，将已经制作好的带圈文字进行复制，来节省时间。

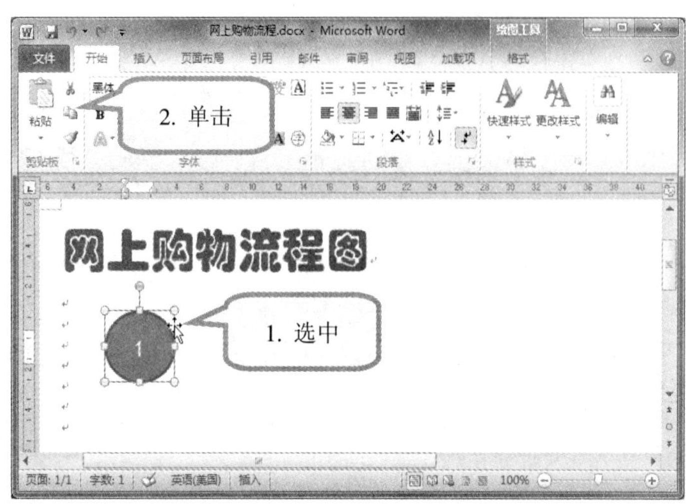

1. 单击设计好的带圈文字的边沿，选中该图形。

2. 在“开始”选项卡→“剪贴板”组中，单击“复制”按钮。

3. 单击 3 次“粘贴”按钮，此时，可以看到文档中多出了 3 个带圈图形。

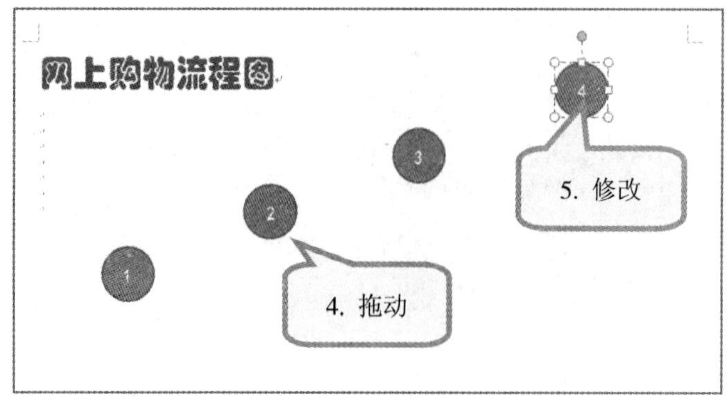

4. 用鼠标拖动图形，分别放置于合适位置。
5. 分别选中图形中的文字，修改为“2”、“3”、“4”。

此时的位置是大致位置，以后可以根据情况随时进行调整。

»☞ 插入文本框

文本框是一种可移动、可调大小的放置文字或图形的容器。文本框可以像图形一样放置在页面中的任何位置，还可以设置样式、边框、阴影等格式，文本框主要用于设计复杂版面。

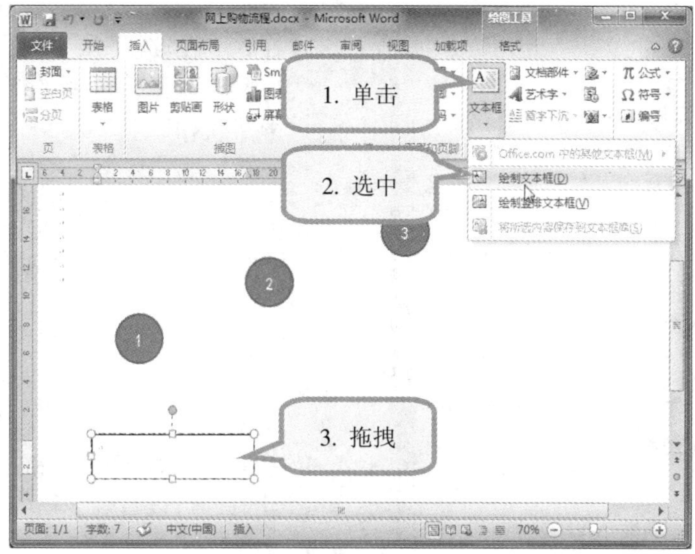

1. 在“插入”选项卡→“文本”组中，单击“文本框”，显示文本框列表。

2. 选中列表中的“绘制文本框”项，此时鼠标指针变为十字形。

3. 在文档中需要插入文本框的位置单击，或拖拽画出所需大小的文本框。

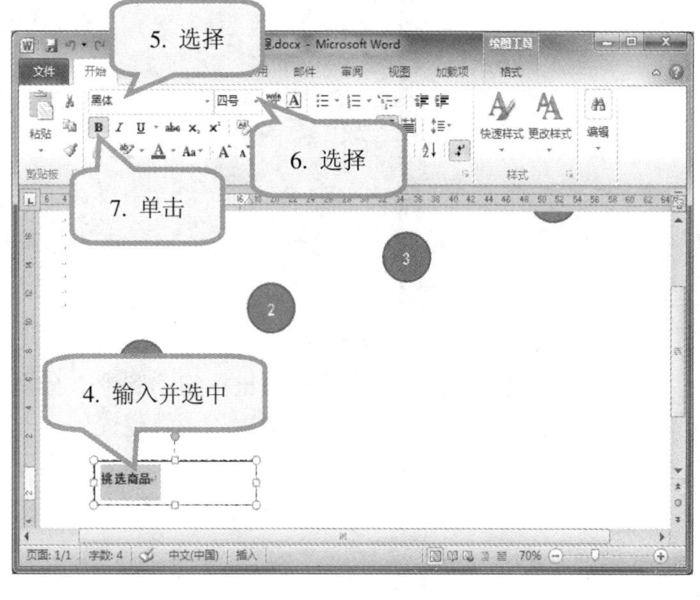

4. 在文本框内单击，然后输入文本，并选中文本内容。

5. 在“字体”中，选中“黑体”。

6. 在“字号”中，选中“四号”。

7. 单击“加粗”按钮。

»☞ 复制文本框

利用复制功能，将已经制作好的文本框进行复制。

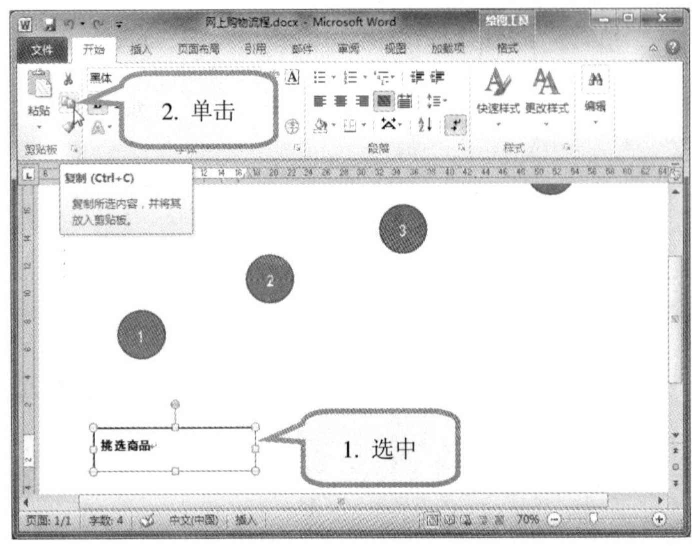

1. 单击设计好的文本框的边框，选中该文本框。

2. 在“开始”选项卡→“剪贴板”组中，单击“复制”按钮。

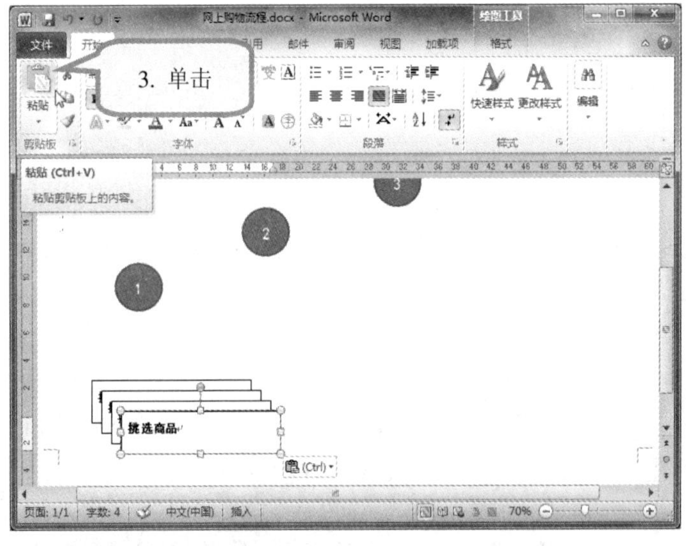

3. 单击 3 次“粘贴”按钮，此时，可以看到文档中多出了 3 个文本框。

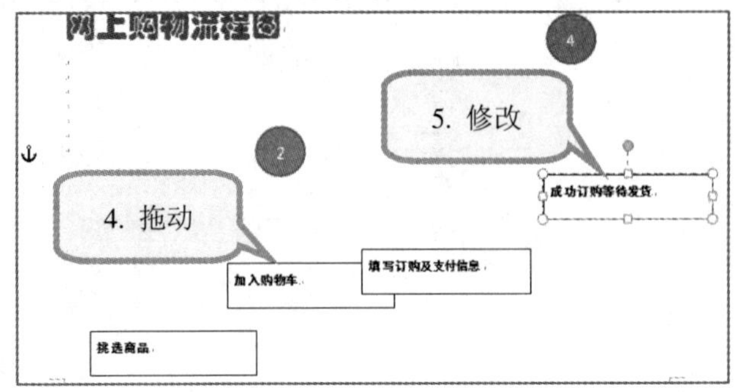

4. 用鼠标拖动图形，分别放置于大致位置。

5. 分别选中图形中的文字，修改其中的文字内容。

»☞ 更改文本框的边框和填充色

可以把文本框看成特殊的图片，可以像图片一样来操作，如选定、移动、调整大小、设置或取消边框、填充等。

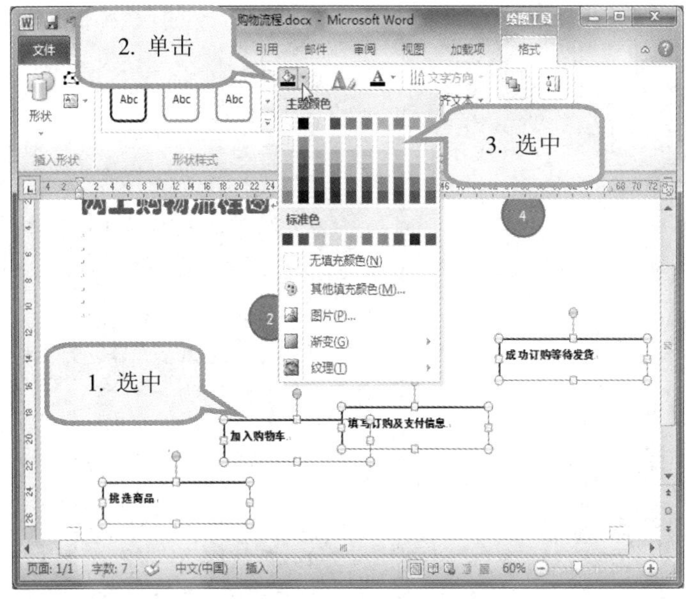

1. 按下 Shift 键，分别单击要更改的文本框的边框，选中这些文本框。
2. 在“绘图工具”→“格式”选项卡→“形状样式”组中，单击“形状填充”下拉箭头。
3. 在下拉列表中，选中所需填充的颜色。

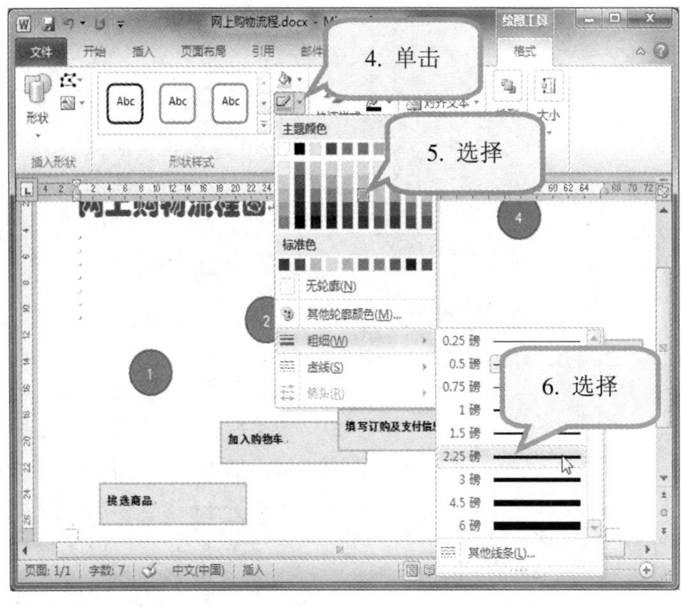

4. 单击“形状轮廓”下拉箭头。
5. 选择文本框的边框线条颜色。
6. 选择“粗细”中的“2.25 磅”。

若要更改文本框的边框的效果，可以单击“形状效果”，然后选择所需的效果。

若要删除文本框的边框，可以选择“形状轮廓”中的“无轮廓”。

»☞ 设置文本对齐方式和文本框大小

文本框中的文本对齐方式有两种，一种是在文本框中垂直居中，另一种是水平居中。

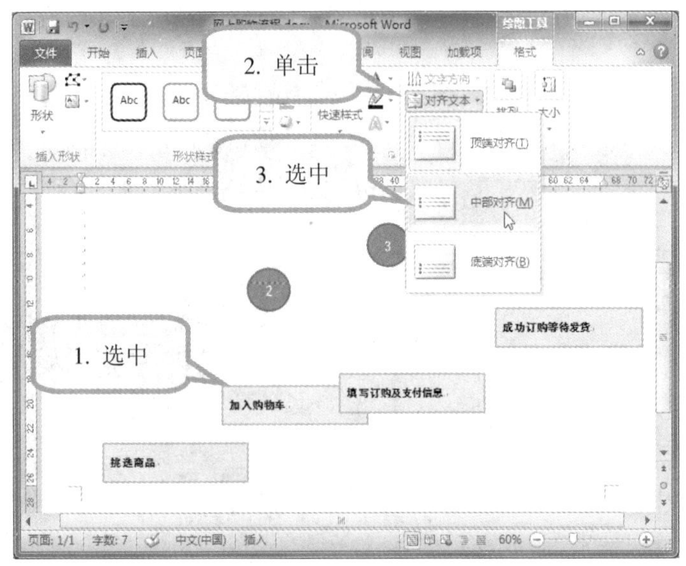

1. 按下 Shift 键，分别单击要更改的文本框的边框，选中这些文本框。
2. 在“绘图工具”→“格式”选项卡→“文本”组中，单击“对齐文本”下拉箭头。
3. 在下拉列表中，选中“中部对齐”。

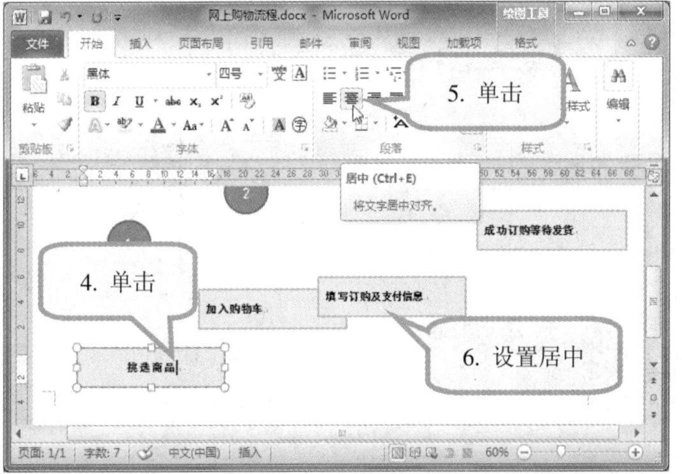

4. 将鼠标置于第一个文本框中，单击将插入点置于段落中。
5. 单击“开始”选项卡→“段落”组→“居中”按钮。
6. 同样地，设置其他文本框中的文本居中。

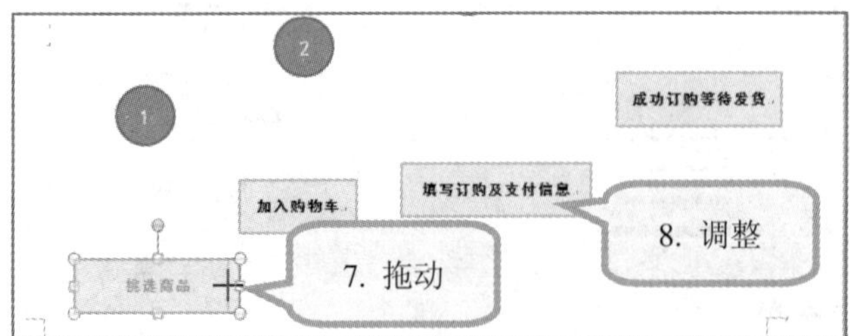

7. 选中第一个文本框，将鼠标置于左边或右边的边框上，向里面拖动，将文本框调整到合适大小。
8. 同样地，调整其他文本框的大小。

»☞ 绘制“挑选商品”自选图形

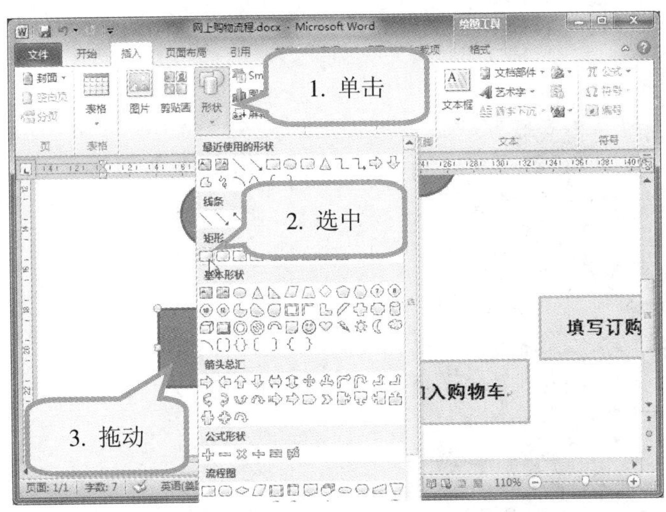

1. 在“插入”选项卡→“插图”组中，单击“形状”下拉箭头。
2. 在列表中，选中“矩形”。
3. 将鼠标置于合适的位置，拖动画出一个矩形。

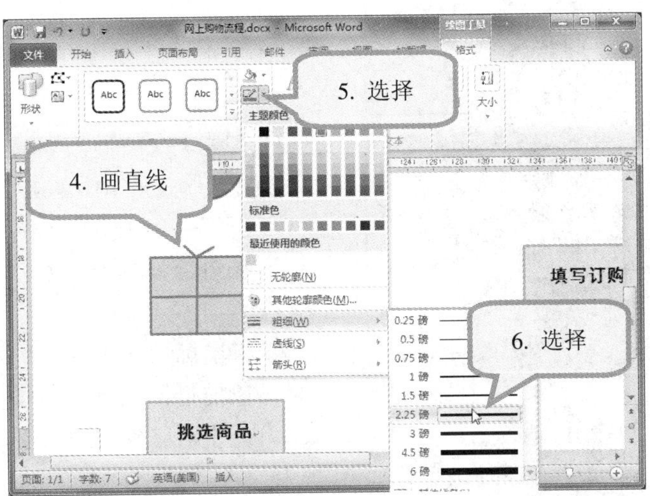

4. 单击“形状”中的“直线”按钮，在矩形中分别画出横线、竖线、斜线。
5. 按下Shift键的同时选中各元素，在“形状填充”下拉列表中选中需填充的颜色。
6. 单击“形状轮廓”下拉箭头，选择文本框的边框线条颜色，单击“粗细”中的“2.25 磅”。

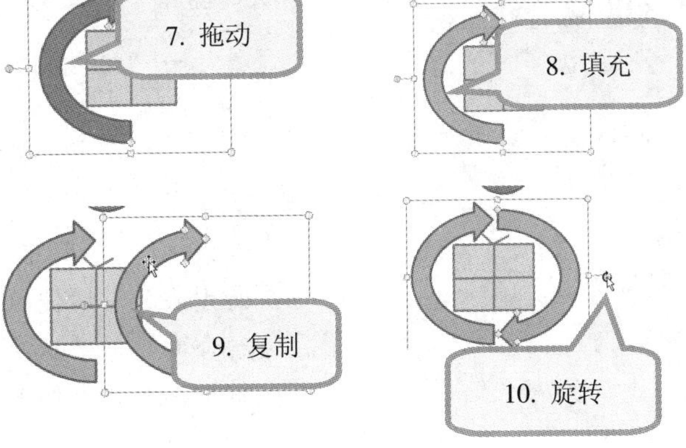

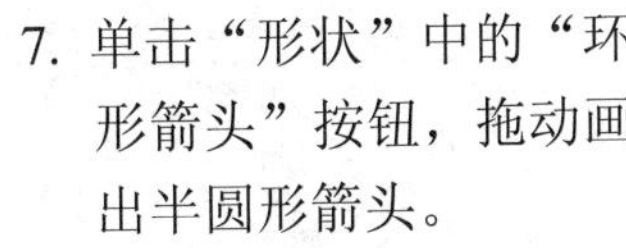

7. 单击“形状”中的“环形箭头”按钮，拖动画出半圆形箭头。
8. 填充颜色，调整位置。
9. 按下 Ctrl 键拖动环形箭头，复制出另一个半圆形箭头。
10. 拖动“旋转”按钮，调整到合适位置。

»☞ 组合自选图形

组合对象是将多个对象组合在一起，以便将它们作为一个对象来进行移动、缩放等。

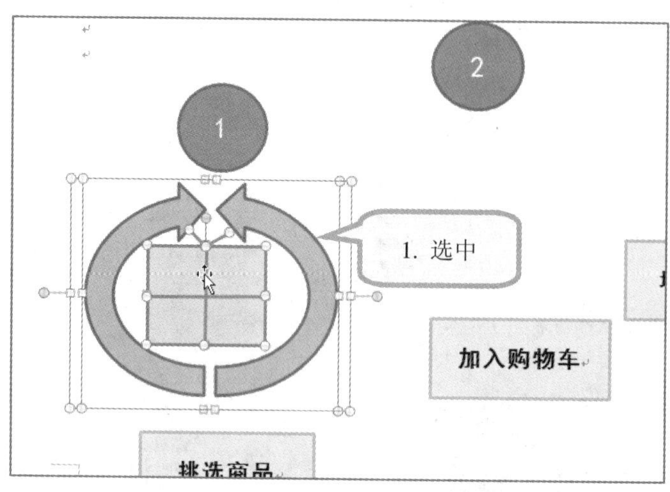

1. 按下 Shift 键不放，单击需组合的各个对象，如矩形、直线、环形箭头等。

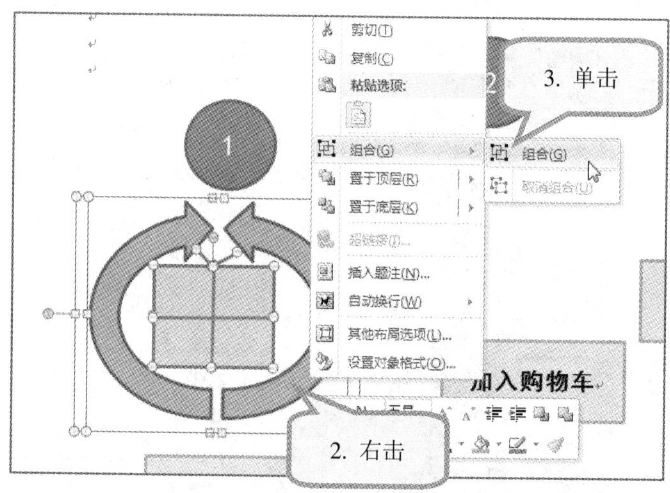

2. 右键单击图形。
3. 在快捷菜单中，单击“组合”→“组合”，将各对象组合为一个对象。

4. 将鼠标放在组合后的对象的控制点上，拖动以缩小对象到合适大小。

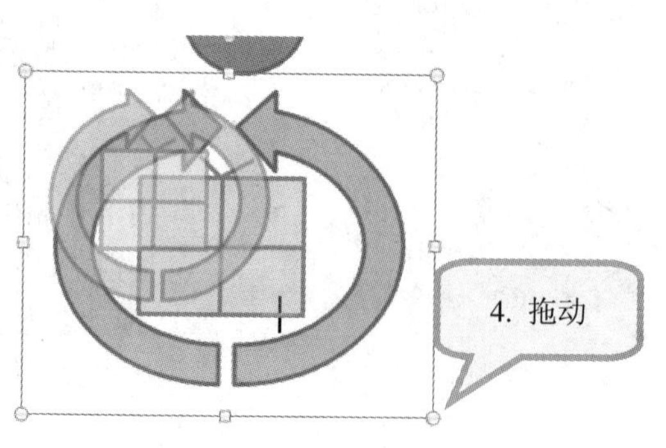

也可以在“绘图工具”→“格式”选项卡→“排列”组中，单击“组合”→“组合”项。

取消对象组合方式的方法为：右键单击已组合的对象，从快捷菜单中，单击“组合”→“取消组合”。

»☞ 绘制“购物车”自选图形

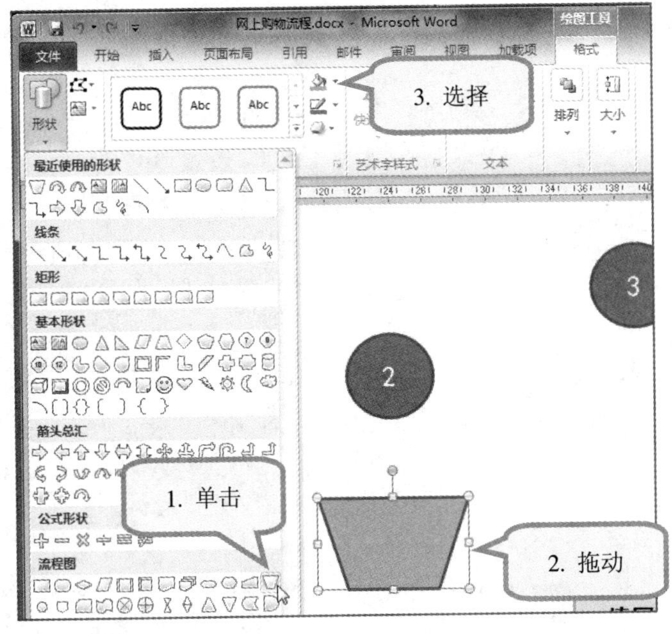

1. 在“绘图工具”→“格式”选项卡→“插入形状”组中，单击“形状”→“流程图”。

2. 将鼠标置于合适的位置，拖动画出一个倒梯形。

3. 在“形状填充”下拉列表中选中需填充的颜色。

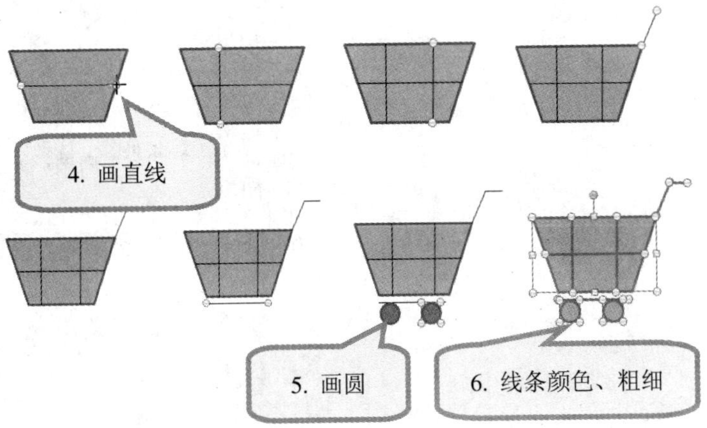

4. 单击“形状”中的“直线”按钮，分别在合适的位置画出横线、竖线、斜线。
5. 单击“形状”中的“椭圆”按钮，按下 Shift 键，在合适的位置分别画出两个圆形。
6. 按下 Shift 键的同时选中各对象，在“形状填充”中选中需填充的颜色，在“形状轮廓”中设置线条颜色和粗细。

7. 右键单击图形，在快捷菜单中，单击“组合”→“组合”，将各对象组合为一个对象。拖动缩小对象到合适大小。

»☞ 绘制“填写订购信息”自选图形

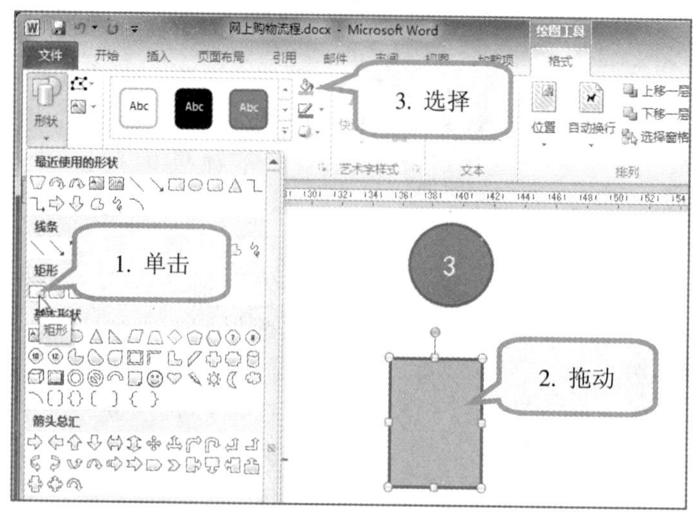

1. 在“绘图工具”→“格式”选项卡→“插入形状”组中，单击“形状”→“矩形”。

2. 将鼠标置于合适的位置，拖动画出一个矩形。

3. 在“形状填充”下拉列表中选中需填充的颜色。

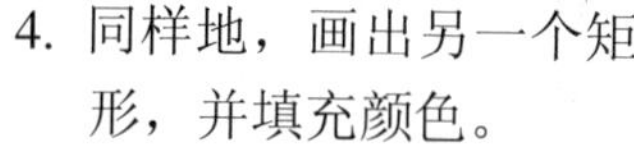

4. 同样地，画出另一个矩形，并填充颜色。

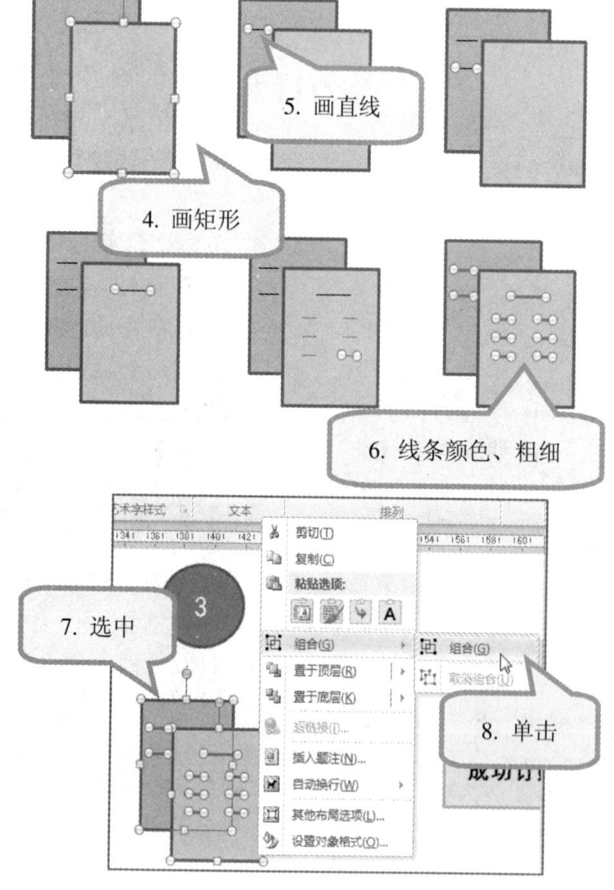

5. 单击“形状”中的“直线”按钮，分别在合适的位置画出若干个横线。

6. 按下 Shift 键的同时选中各直线，在“形状轮廓”中设置线条颜色和粗细。

7. 按下 Shift 键的同时，单击选中各对象。

8. 右键单击选中的各对象，在快捷菜单中，单击“组合”→“组合”，将各对象组合为一个对象。拖动缩小对象到合适大小。

»☞ 绘制“等待发货”自选图形

1. 在“绘图工具”→“格式”选项卡→“插入形状”组中，单击“形状”→“剪去单角的矩形”。
2. 将鼠标置于合适的位置，拖动画出一个图形。
3. 拖动黄色的调整控点，适当调整图形。
4. 在“形状填充”下拉列表中选中需填充的颜色。

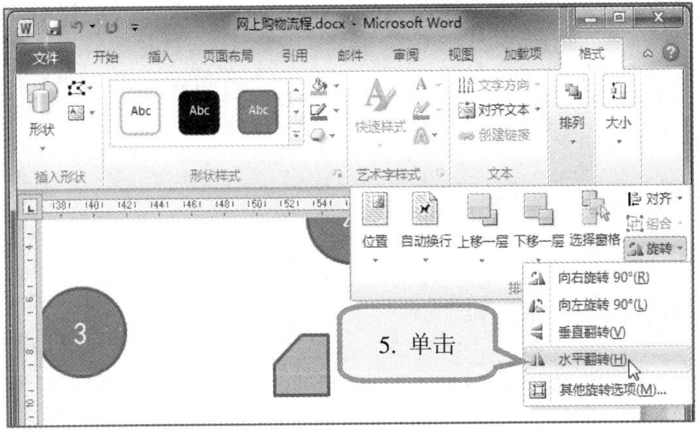

5. 单击“排列”组→“旋转”→“水平翻转”项，使刚插入的图形翻转。

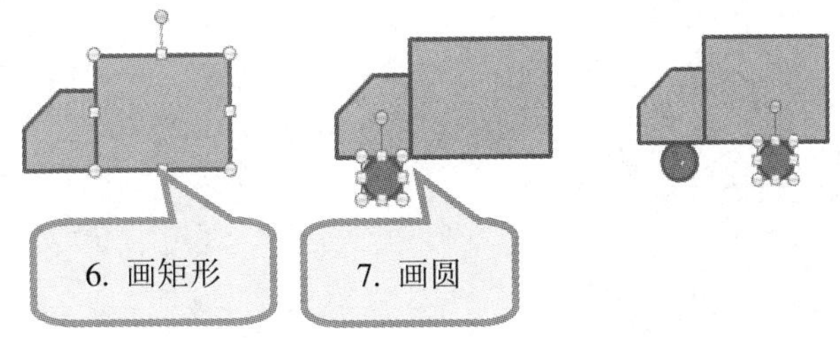

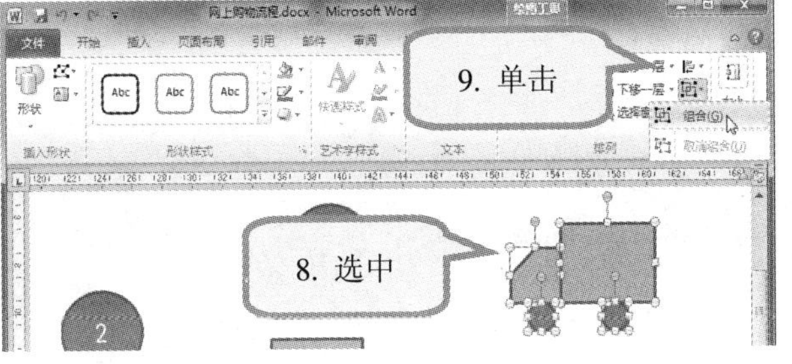

6. 单击“形状”中的“矩形”按钮，在合适的位置画出一个矩形。
7. 单击“形状”→“椭圆”按钮，按下 Shift 键，在合适的位置分别画出两个圆形。
8. 按下 Shift 键的同时，单击选中各对象。
9. 在“格式”选项卡→“排列”组中，单击“组合”→“组合”，将各对象组合为一个对象。

»☞ 对齐图形

当文档中有多个图形时，为了使这些图形更有条理，经常需要对这些图形进行对齐和排列分布。

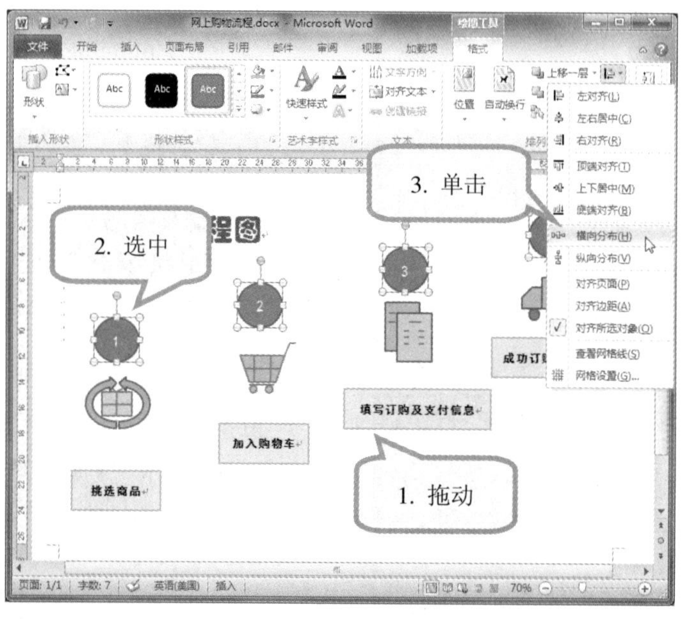

1. 整体浏览各图形对象的位置，拖动进行粗略调整。

2. 选中要精确对齐的图形。

3. 在“绘图工具”→“格式”选项卡→“排列”组中，单击“对齐”→“横向对齐”和“纵向对齐”。

4. 同样地，设置其他图形对象的精确对齐。

»☞ 绘制“箭头”自选图形

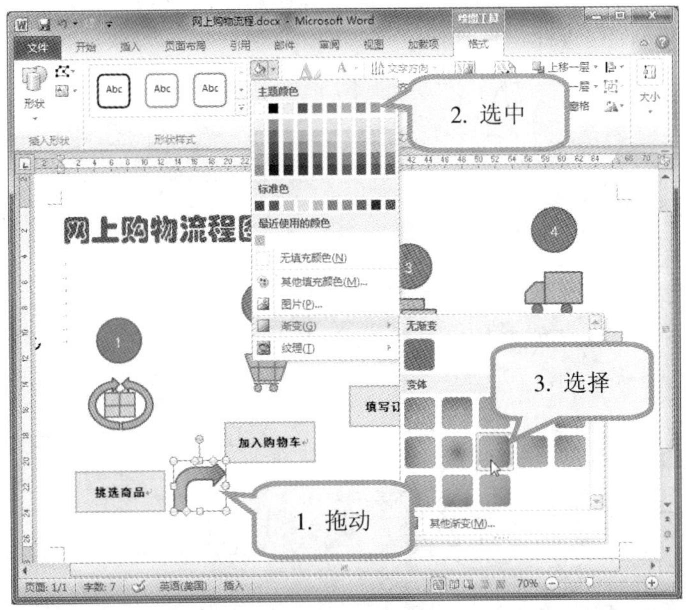

1. 在“绘图工具”→“格式”选项卡→“插入形状”组中，单击“形状”→“圆角右箭头”按钮，在合适的位置画出一个箭头。

2. 在“形状填充”下拉列表中，选中需填充的颜色。

3. 在“渐变”中选择一种颜色渐变样式。

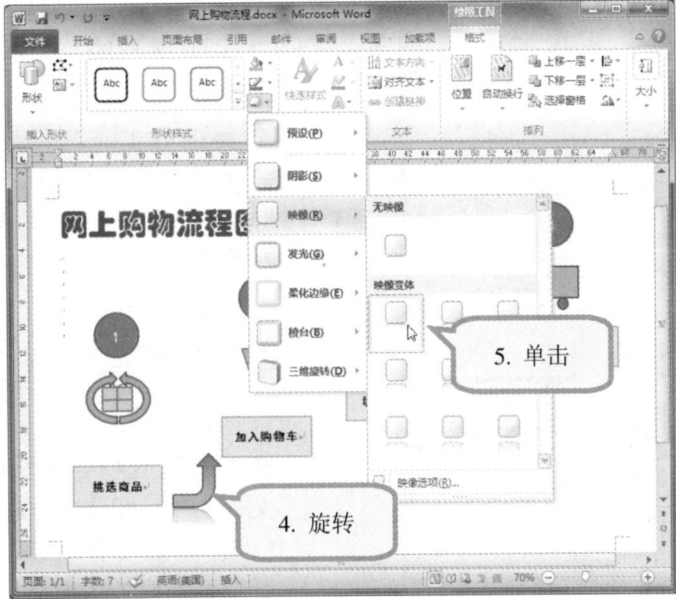

4. 拖动旋转按钮，调整箭头方向。

5. 单击“形状效果”→“映像”→“映像变体”中某一样式。

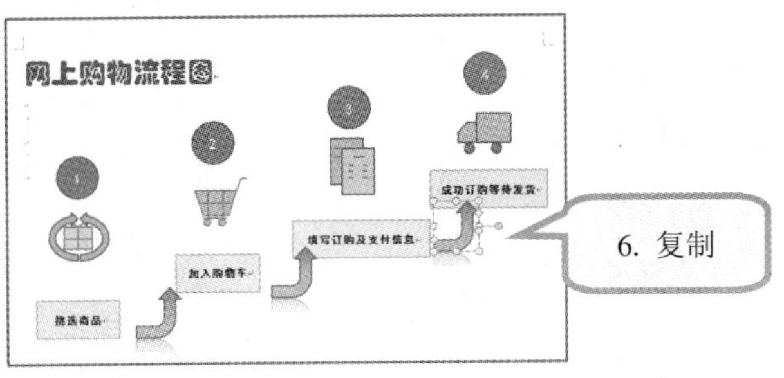

6. 复制设置好的箭头到合适的位置。

»☞ 叠放对象

给文档添加图形时，有时需要进行叠放。叠放对象（图片、图形）时，可看到叠放的顺序，即上面的对象部分地掩盖了下面的对象。

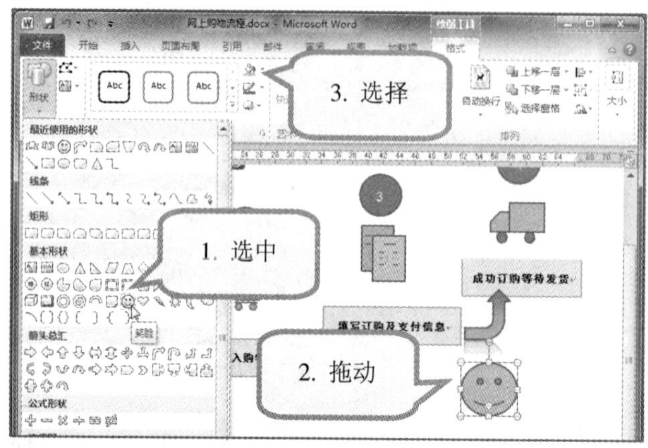

1. 在“绘图工具”→“格式”选项卡→“插入形状”组中，单击“形状”→“笑脸”。

2. 在合适位置画出图形。

3. 在“形状填充”下拉列表中，选择需填充的颜色。

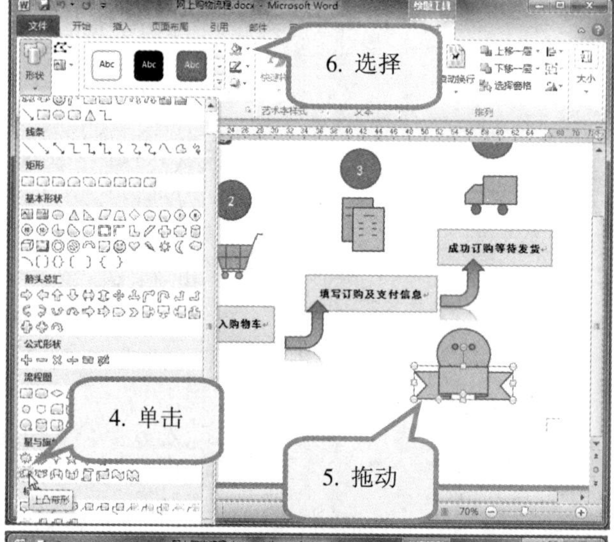

4. 单击“形状”→“上凸带形”。

5. 在上个图形的附近位置画出一个图形，使这个图形与上个图形有部分重叠。此时，后画的图形遮挡了前面画的图形。

6. 在“形状填充”下拉列表中，选择需要颜色。

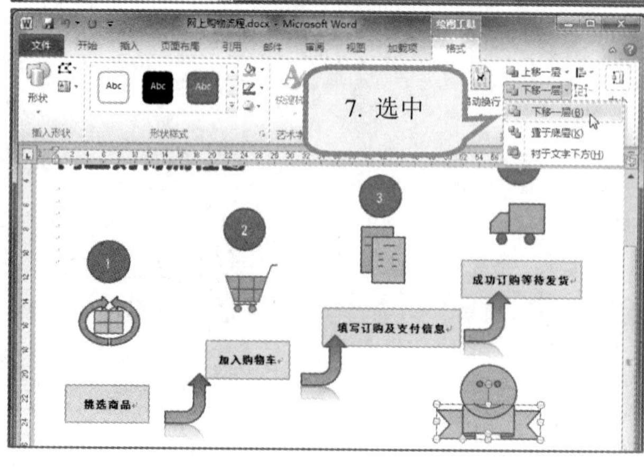

7. 在“格式”选项卡→“排列”组中，单击“下移一层”→“下移一层”。此时，后画的图形位于前面画的图形的下方。

叠放图形对象只能是浮动型，不能是嵌入型。

»☞ 设置图形三维效果

为了使绘制的图形更加美观，可以通过设置图形效果，给图形填充颜色、绘制边框、添加阴影和三维效果等。

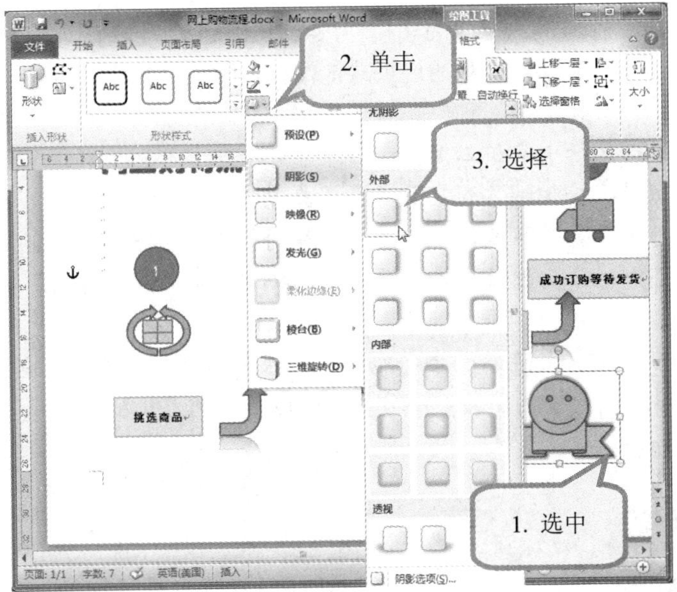

1. 选中图形。

2. 在“绘图工具”→“格式”选项卡→“形状样式”组中，单击“形状效果”按钮。

3. 在“阴影”中，选择一个样式。此时，该阴影样式自动应用在选中的图形上。

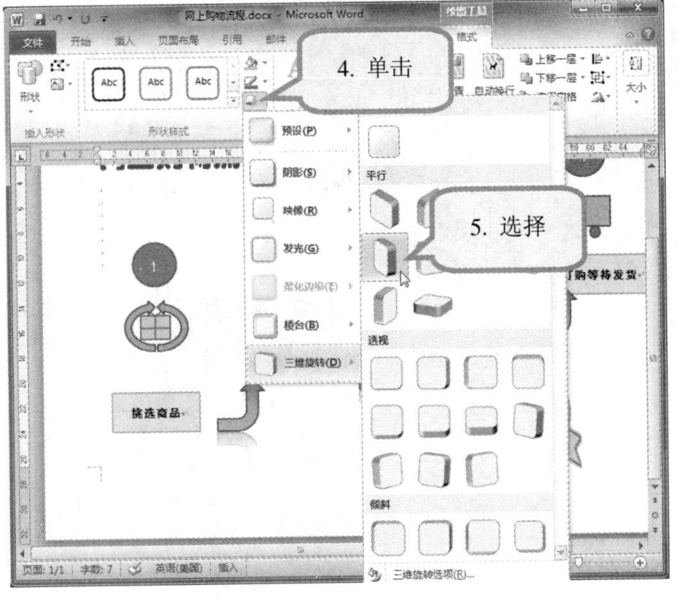

4. 再次单击“形状效果”按钮。

5. 在“三维旋转”中，选择一个旋转样式。

实例 7　编排生活常识展板

☞ 学习情境

李欣的电脑中保存了一些家庭生活小常识方面的文档，内容非常实用，但是比较凌乱而且排版效果不好。现在他想整理排版成比较美观的展板式的文档，发送给好友们共享。

原文如下：

生活小常识二则

怎样合理布置家居收纳，让空间实用又美观

收纳是大多数人在空间规划时最在意的环节，尤其是小面积的住宅。小户型的收纳重在延伸空间，不可错过任何一处可以用来存储或展示的地方。选择实用的收纳型家具，带你一起挑战小户型收纳的极限。

1. 身兼数职的厨房吧台不仅可以划分相连的两个功能区，它的内部同样有用武之地。打造成多格的储物柜以存放生活用品，为室内平添了一处额外的收纳空间。

2. 楼梯下的空间浪费了实在可惜，这样的小面积最合适改造成储藏室。若是台阶式的小错层设计，将其改良成抽屉以增加存储空间，也有异曲同工的妙用。

3. 小浴室的收纳问题令人感到头疼，我们总是在想尽一切办法提高各部分的利用率。其实你可以策划一些具有创意的储物方法，比如将水龙头壁挂安装，靠墙延伸出若干长度的洗面台，为屋主提供一个平面放置洗浴用品。

儿童饮食的六大禁忌

一、忌骂食：孩子心情郁闷，导致肠、胃活动和消化腺体的分泌受到抑制，引起消化不良和吸收不好。

二、忌暴食：易造成积食，增加肠、胃、肾的负担，可能给这些脏器带来疾病。

三、忌过多零食：影响正常发育，易患某种营养缺乏症。

四、忌多盐：吃得过咸，轻则易咳嗽，重则易患高血压病，不利于儿童生长发育。

五、忌味精：小儿若经常摄入过多的味精，日积月累会导致锌缺乏。

六、忌西式快餐：经常吃营养不均衡的西式快餐，容易患哮喘病。

编排效果

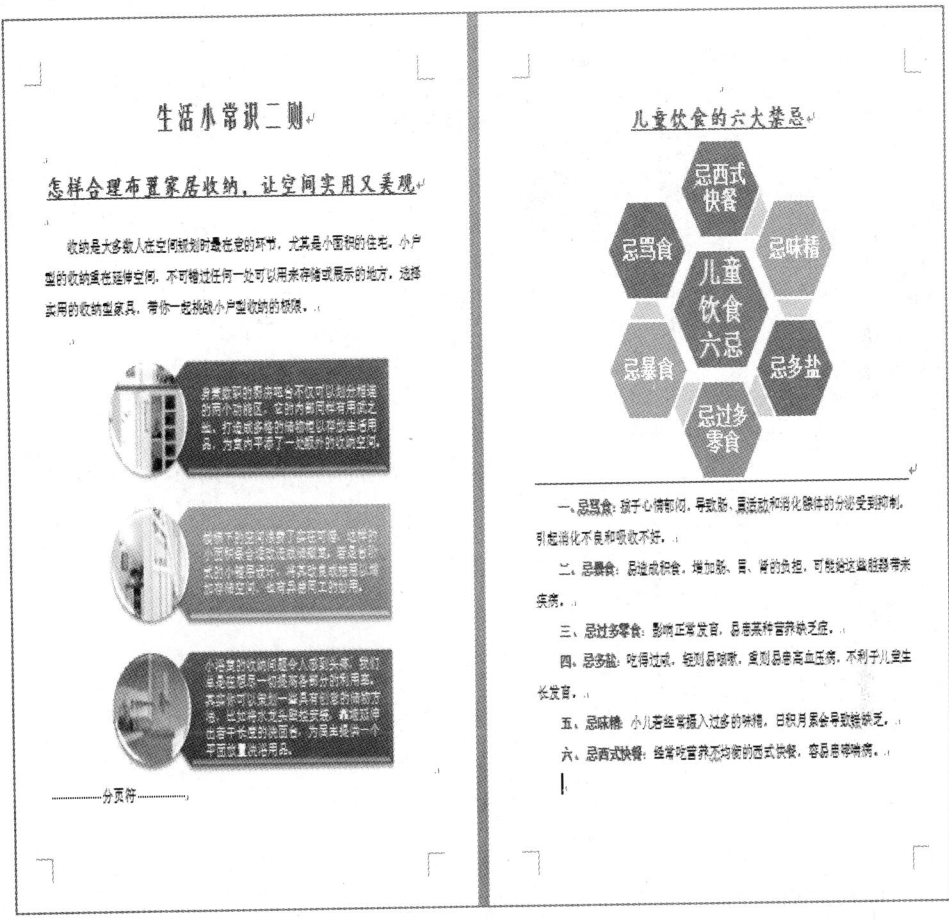

掌握技能

通过本实例，将学会以下技能：

- 打开已有文档。
- 设置字符格式和段落格式。
- 选用 SmartArt 图形。
- 更改图形主题颜色和样式。
- 插入书签。
- 设置超链接。

»☞ 打开 Word 文档

文档以文件形式存放后，使用时要重新打开。

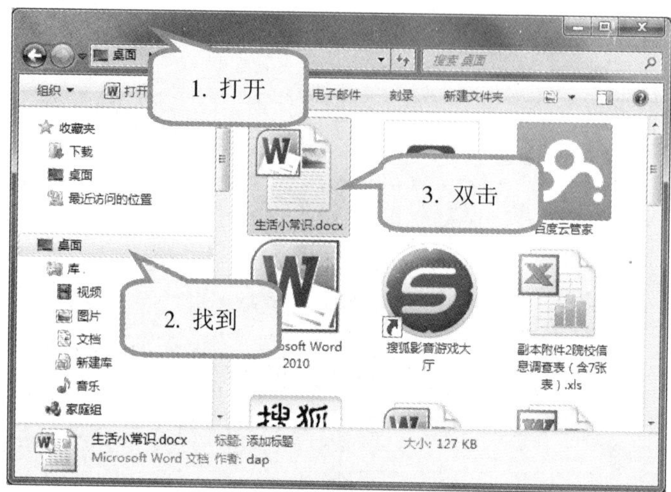

1. 打开“Windows 资源管理器”窗口。

2. 找到 Word 文档所在的位置。

3. 双击要打开的 Word 文档。

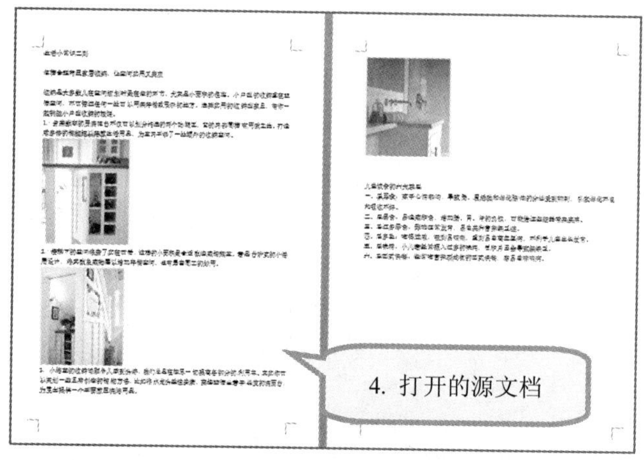

4. 在启动 Word 程序的同时，将打开该文档。

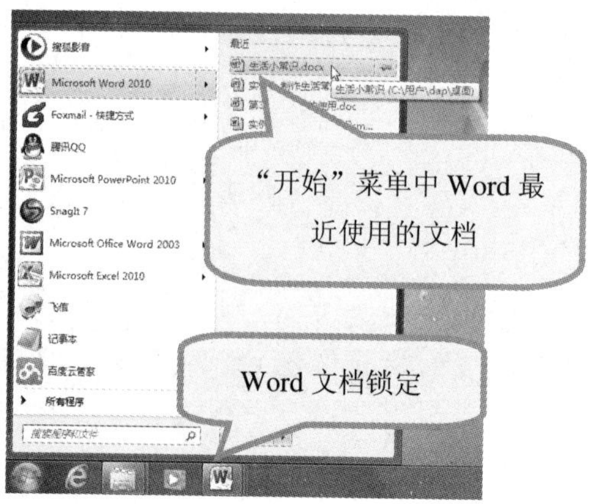

在“开始”菜单，或任务栏上的 Word 程序文档锁定列表中，列出了最近使用过的文档，单击该文档名，即可启动该文档。

»☞ 页面设置

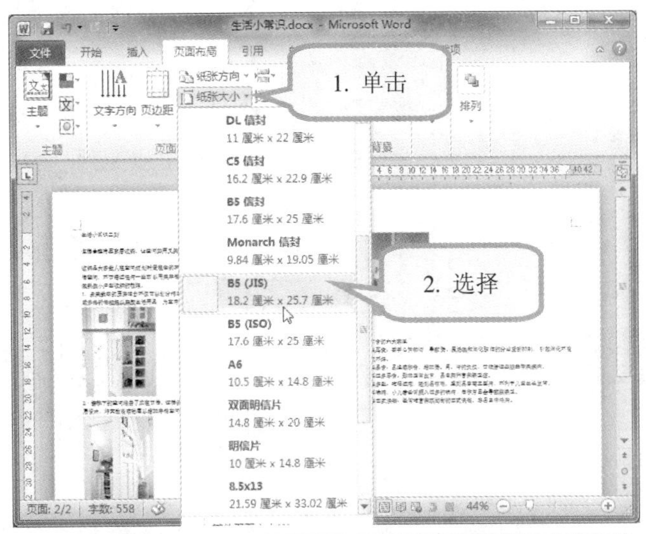

1. 在“页面布局”选项卡→“页面设置”组，单击“纸张大小”按钮。

2. 在下拉列表中，选中“B5”。

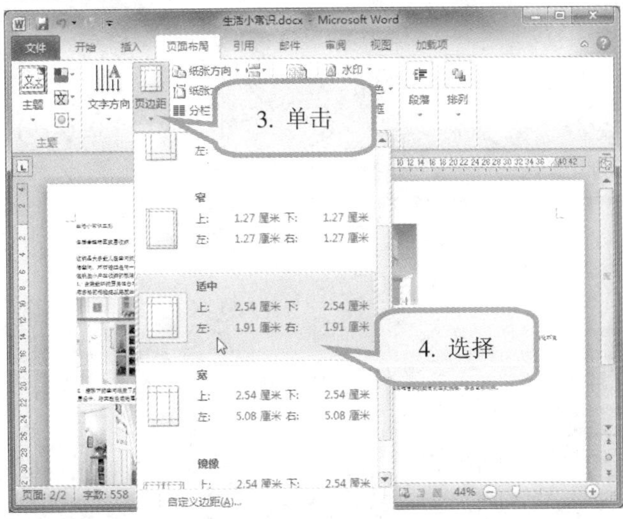

3. 单击“页边距”按钮。

4. 在下拉列表中，选中“适中”项。

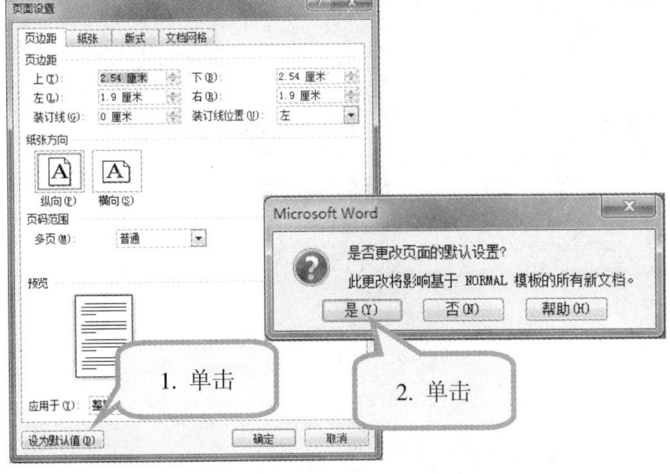

若要更改默认页边距：

1. 在“页面设置”对话框中，在设置选择新的页边距后，单击“默认”按钮。
2. 单击“是”。新的默认设置将保存在该文档使用的模板中。每个基于该模板的新文档都将自动使用新的页边距设置。

»☞ 保存 Word 文档中的图片

在 Word 源文档中有三幅图片，我们先把它们分别保存为图片格式，以备后面使用。

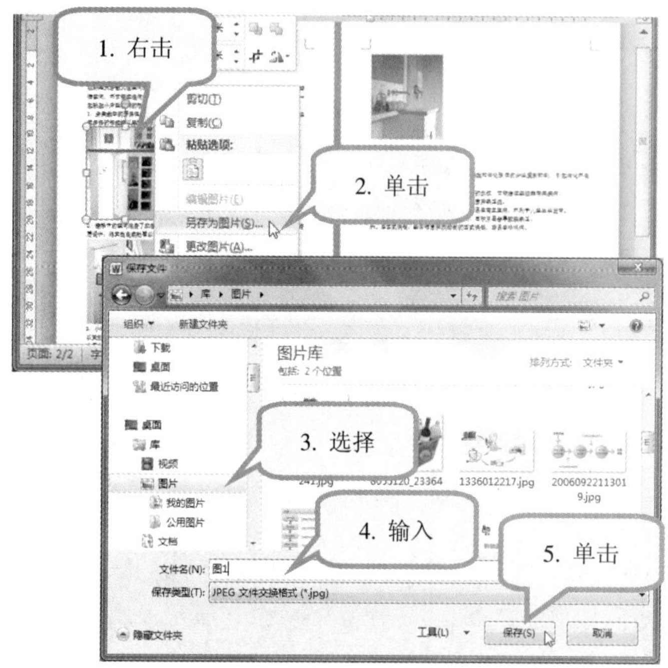

1. 右键单击文档中需要保存的第 1 幅图片。
2. 在快捷菜单中，单击“另存为图片”命令。
3. 在打开的“保存文件”对话框中，选择将图片保存的位置。
4. 在“文件名”中输入图片文件名称。
5. 单击“保存”按钮即可。

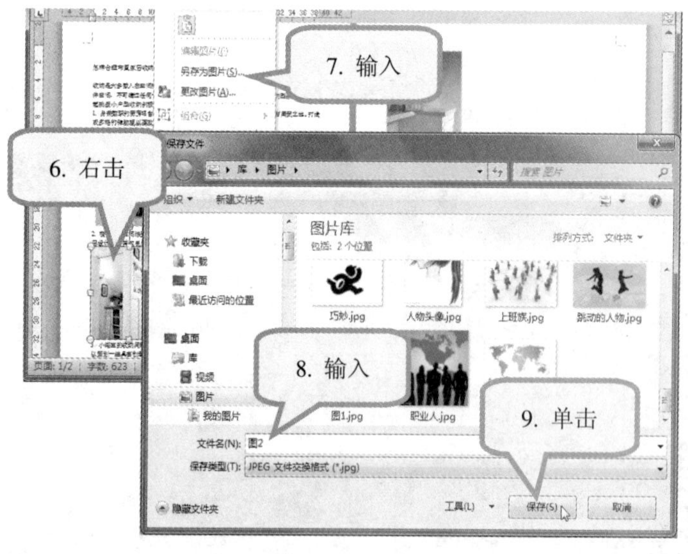

6. 右键单击文档中需要保存的第 2 幅图片。
7. 在快捷菜单中，单击“另存为图片”命令，将打开的“保存文件”对话框中。
8. 在“文件名”中输入图片文件名称。
9. 单击“保存”按钮。

同样的方法，保存其它图片。

»☞ 设置标题

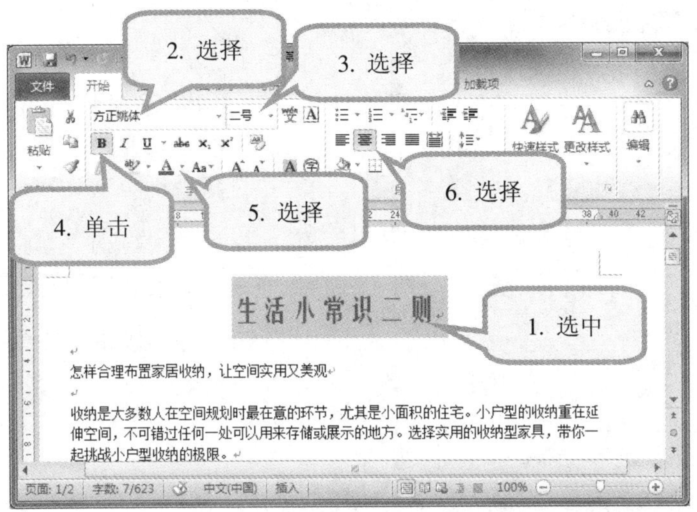

1. 选中标题文字“生活小常识二则”。
2. 在“开始”选项卡→“字体”组中，在“字体”中选择“方正姚体”。
3. 在“字号”下拉列表中，选择“二号”。
4. 选中“加粗”按钮。
5. 单击“字体颜色”下拉箭头，选中“红色”。
6. 单击“段落”组→“居中”按钮。

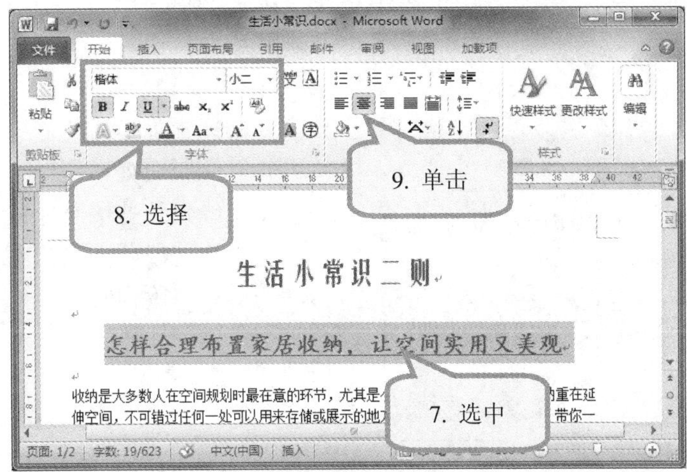

7. 选中二级标题。
8. 在“字体”组中，设置为楷体、小二号字、加粗、下划线、深蓝色。
9. 单击“段落”组→“居中”按钮。

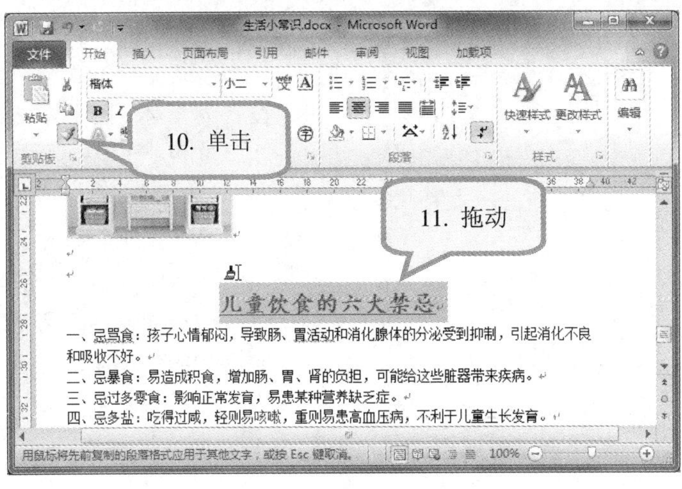

10. 单击“剪贴板”组→“格式刷”按钮。
11. 拖动格式刷到第二个标题上。

»☞ 设置正文格式

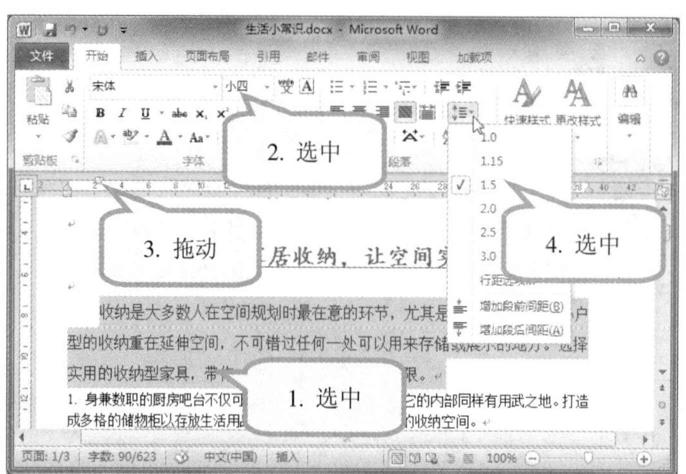

1. 选中第一段文字。
2. 在“开始”选项卡→“字体”组中，在“字号”中选择“小四”。
3. 在标尺上，拖动“首行缩进”滑块到合适位置。
4. 单击“行和段落间距”下拉箭头，选中“1.5”，设置行距为 1.5 倍。

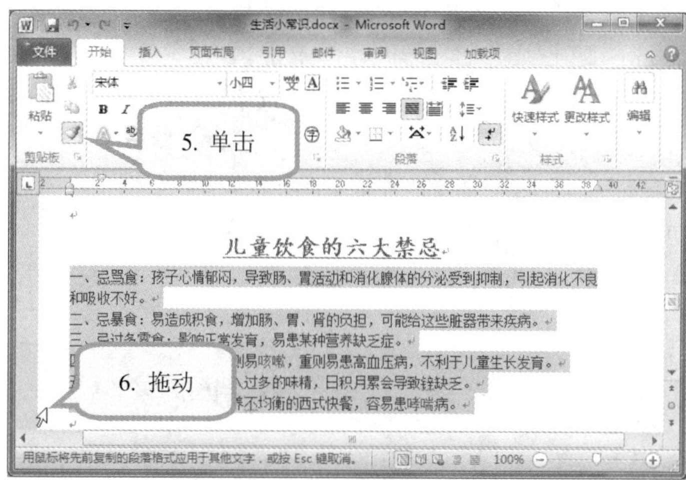

5. 单击“剪贴板”组→“格式刷”按钮。
6. 将鼠标置于最后的若干行左侧空白处，拖动格式刷经过这些段落，从而将这些段落的格式设为与第一段相同。

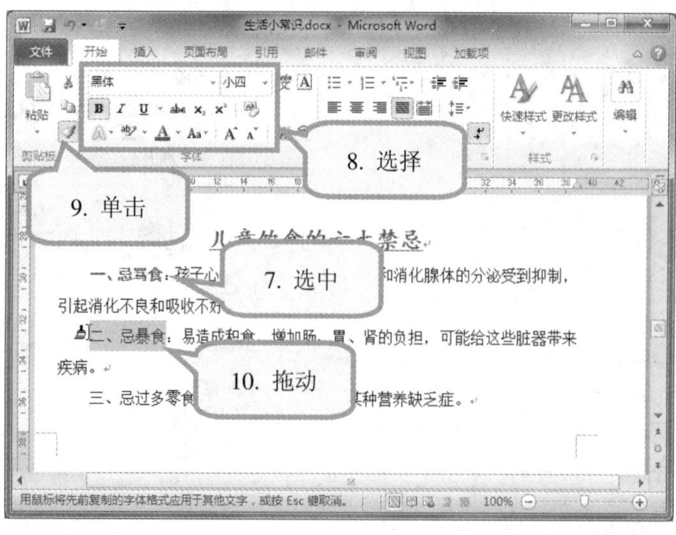

7. 选中文本中的部分文字。
8. 设置为黑体、小四、加粗、红色。
9. 单击“格式刷”按钮。
10. 拖动格式刷到需要复制格式的文字上。

»☞ 插入 SmartArt 图形

对于我们非专业设计人员来说，要想设计出具有设计师水准的插图很困难。但是，我们可以使用 Word 2010 的 SmartArt 图形功能，只需单击几下鼠标，即可快速、轻松地设计出专业插图。

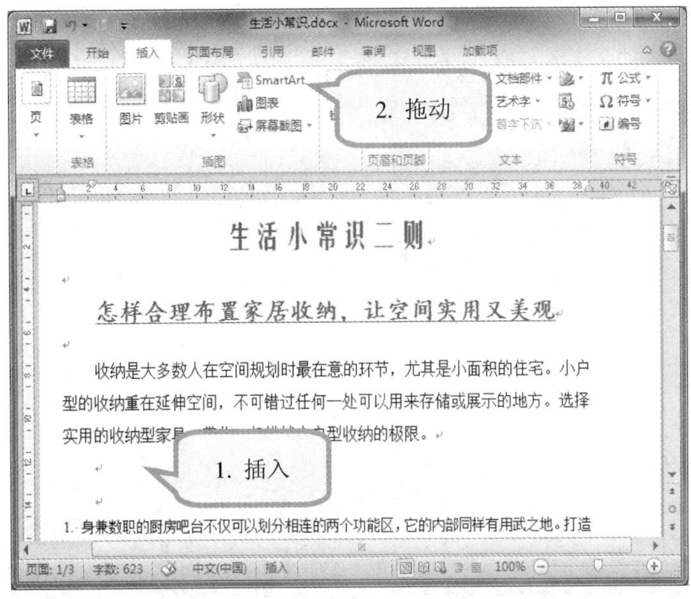

1. 在图中第一段落后，按两次 Enter 键，插入两个空行。

2. 在“插入”选项卡→“插图”组中，单击“SmartArt”按钮，将弹出“选择 SmartArt 图形”对话框。

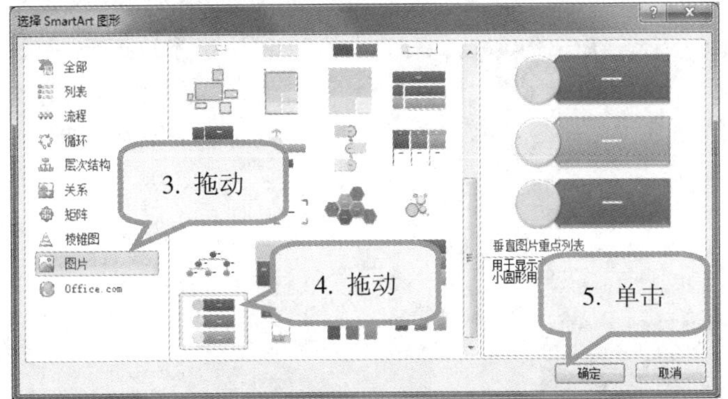

3. 在左边类型选项中，选择某一类型，如“图片”。

4. 在中间列表中，选中一种样式，此时在右边预览框中可以看到大致效果。

5. 单击“确定”按钮。

SmartArt 中包括 8 种类型：列表型、流程型、循环型、层次结构型、关系型、矩阵型、棱锥图型、图片型。在实际使用过程中，可以根据自己的需要选用。

»☞ 更改 SmartArt 颜色和样式

在 Word 2010 中，SmartArt 图形已经为我们准备了丰富的色彩搭配功能，我们只需选择使用即可，当然也可以根据自己的喜好进行设计。

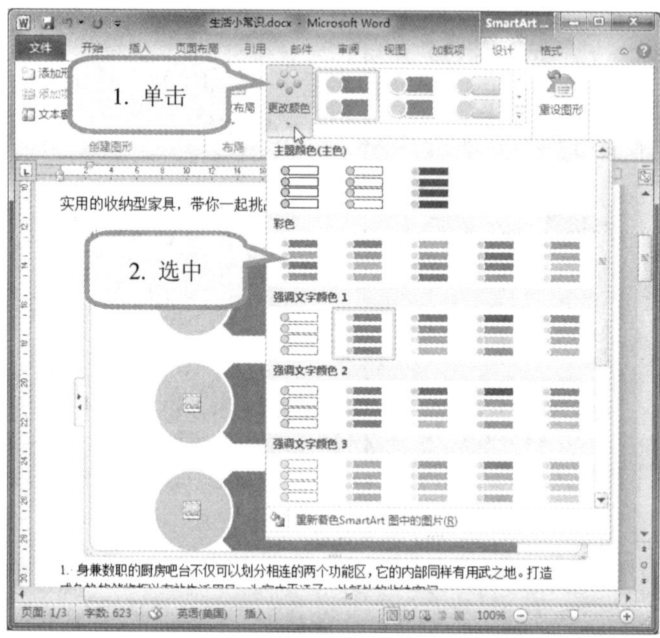

1. 在“SmartArt 工具”→“设计”选项卡→“SmartArt 样式”组中，单击“更改颜色”按钮。
2. 在下拉列表中，选中某一主题。

在“更改颜色”中，提供了各种不同的颜色选项，每个选项可以以不同方式将一种或多种主题颜色应用于 SmartArt 图形中的形状。

主题颜色：文件中使用的颜色的集合。主题颜色、主题字体和主题效果三者构成一个主题。

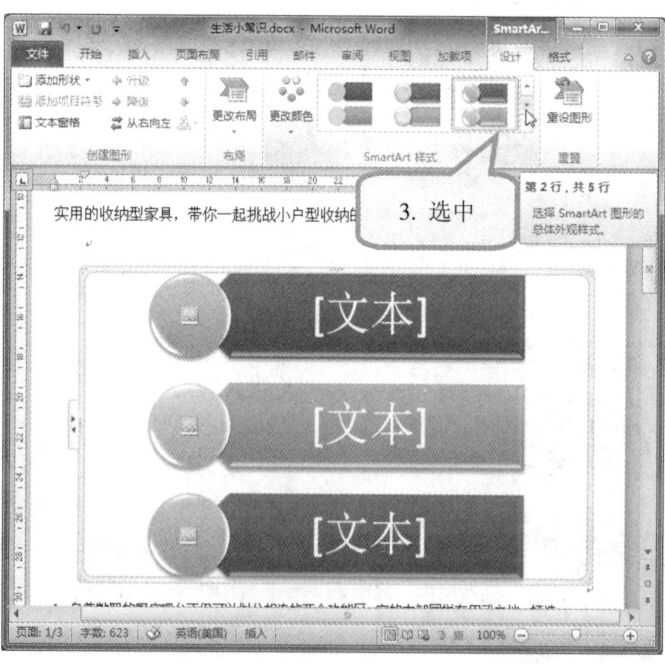

3. 在“总体外观样式”中，选中某一样式。

SmartArt 样式包括形状填充、边距、阴影、线条样式、渐变和三维透视，并且应用于整个 SmartArt 图形。还可以对 SmartArt 图形中的一个或多个形状应用单独的形状样式。

»☞ 在 SmartArt 中插入图片

在 SmartArt 图形中，已经设置好了放置图片、文本的位置，我们只要粘贴或输入需要的内容即可。

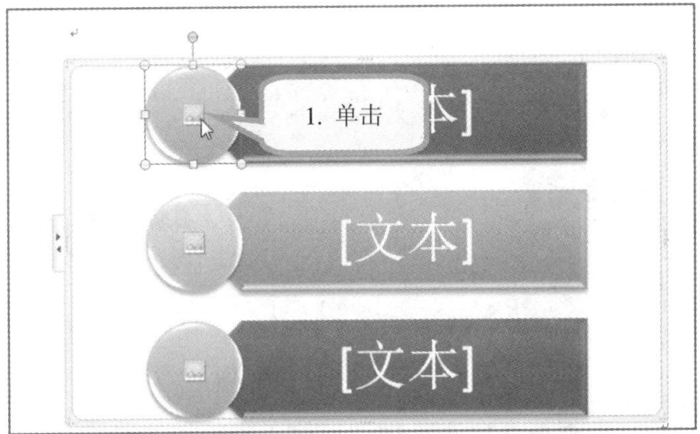

1. 单击 SmartArt 图形中需要插入图片的位置，将打开“插入图片”对话框。

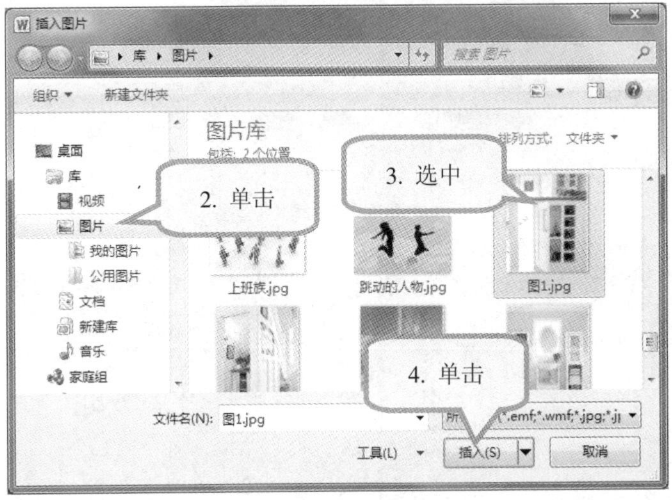

2. 找到已经保存图片的位置。

3. 选中需要插入的图片。

4. 单击“插入”按钮。

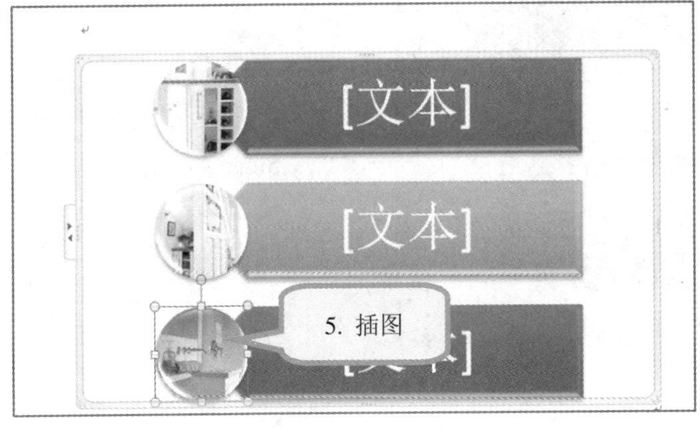

5. 同样的方法，在其他位置分别插入另外两幅图片。

在 SmartArt 中插入文本

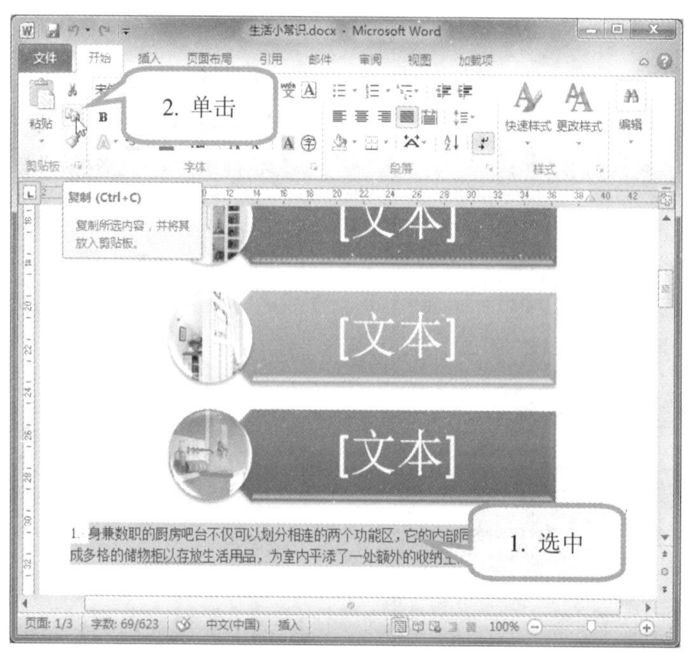

1. 在文档中，选中需要插入 SmartArt 图形中的文本内容。

2. 单击“开始”选项卡→“剪贴板”组→“复制”按钮。

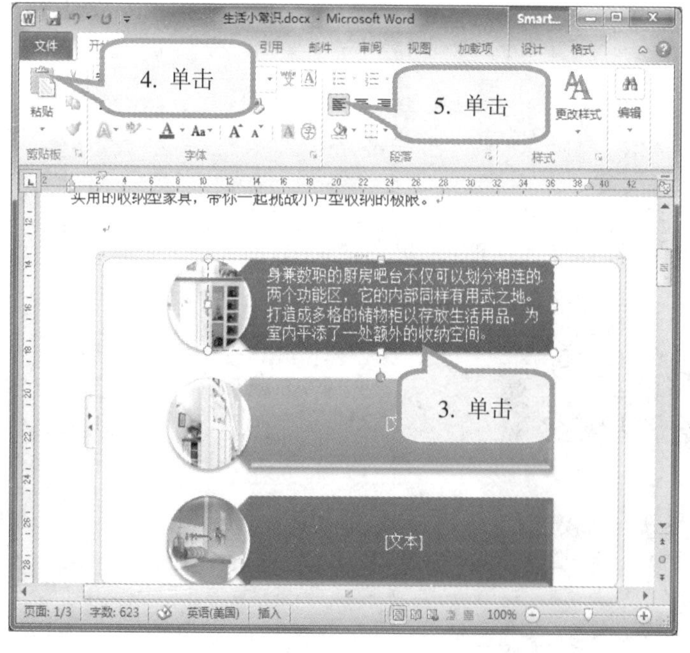

3. 单击 SmartArt 图形中需要插入文本的位置。

4. 单击“粘贴”按钮。

5. 单击“段落”组→“左对齐”按钮。

同样的方法，SmartArt 图形中插入其他文本占位符中，插入相应的文本内容。

»☞ 删除文本

1. 在文档中，选中需要删除的内容。

2. 右键单击将弹出快捷菜单。

3. 在快捷菜单中，单击“剪切”命令，删除文档中不要的内容。

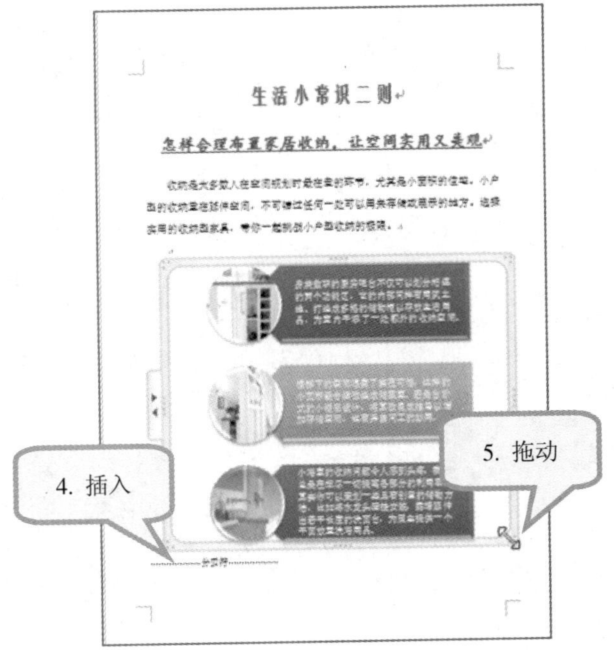

4. 观察删除后的文档效果，在第一页尾部，按“Ctrl+Enter”键插入一个分页符。

5. 将鼠标光标置于 SmartArt 图形的四角位置，拖动调整到合适大小。

»☞ 插入 SmartArt 循环图形

现在我们在“儿童饮食的六大禁忌”页面上应用 SmartArt 图形。

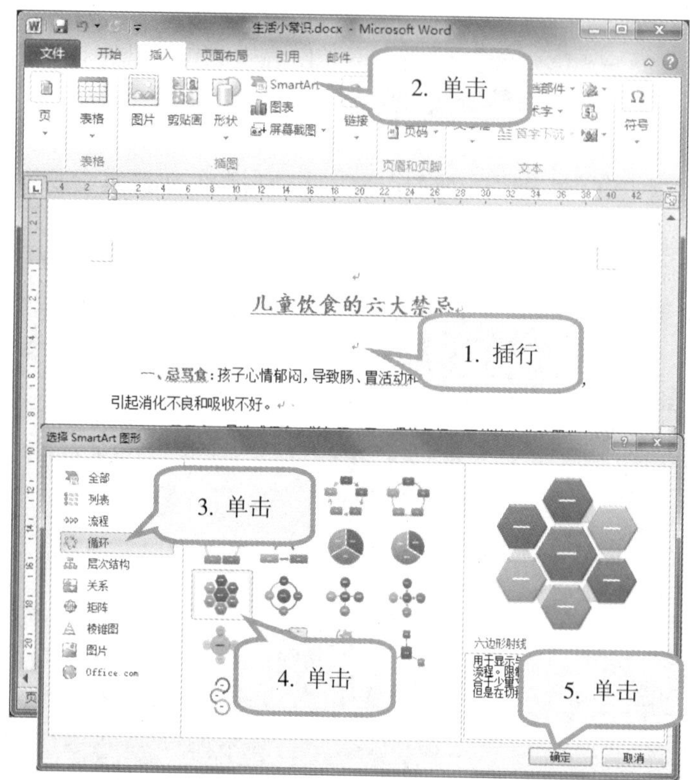

1. 在标题尾部按 Enter 键，插入 1 个空行。

2. 在“插入”选项卡→“插图”组中，单击“SmartArt”按钮，将弹出“选择 SmartArt 图形”对话框。

3. 在左边类型选项中，选择某一类型，如“循环”。

4. 在中间列表中，选中“六边形射线”样式，此时在右边预览框中可以看到大致效果。

5. 单击“确定”按钮。

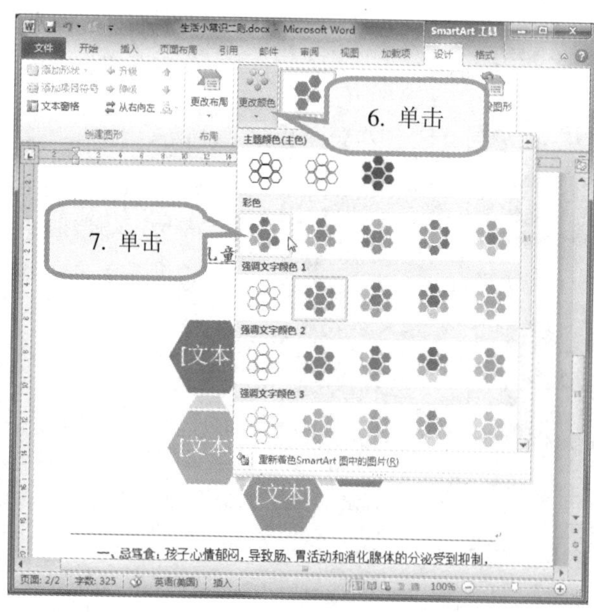

6. 在“SmartArt 工具”→“设计”选项卡→“SmartArt 样式”组中，单击“更改颜色”按钮。

7. 在下拉列表中，选中某一主题颜色。

»☞ 在循环图形中输入文字

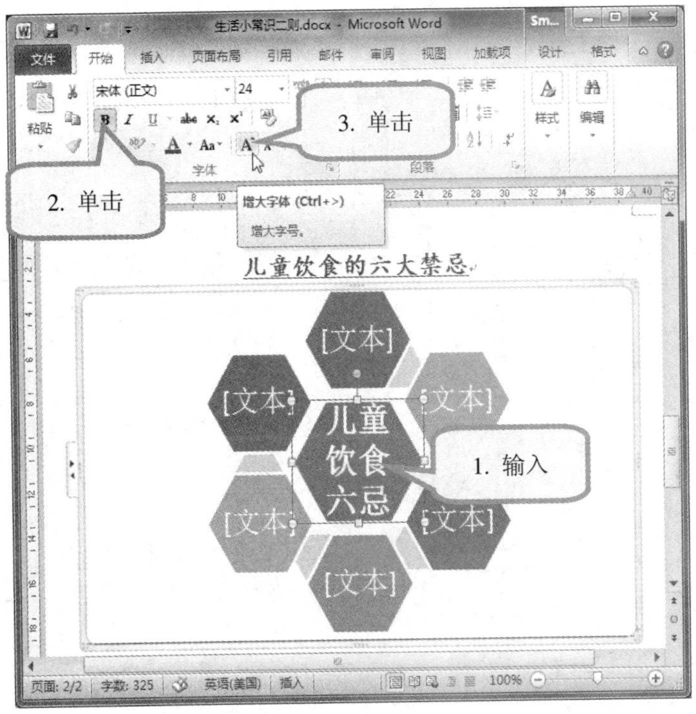

1. 单击中间的文本占位符，输入“儿童饮食六忌”文字内容。

2. 选中图形边框，单击“加粗”按钮。

3. 单击“增大字体”按钮，将文字调整到合适大小。

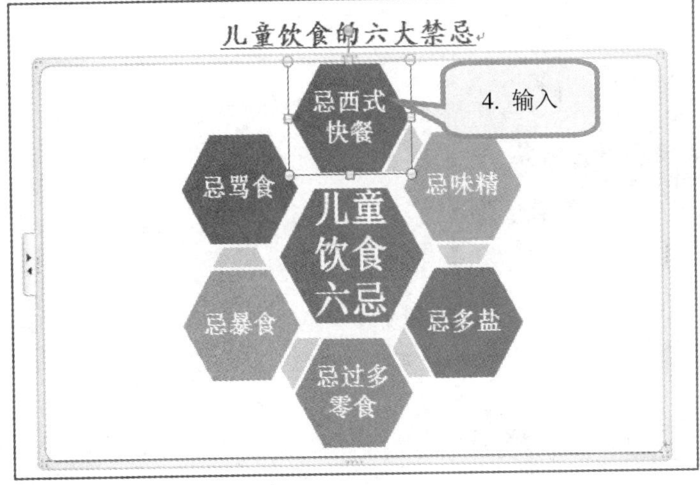

4. 同样的方法，在其他占位符中，输入相应的文字内容。

»☞ 插入书签

书签是指一本书的标签，它是用于定位的。利用书签，我们可以快速地找到阅读、修改或链接的位置，特别是一本比较长的文章。

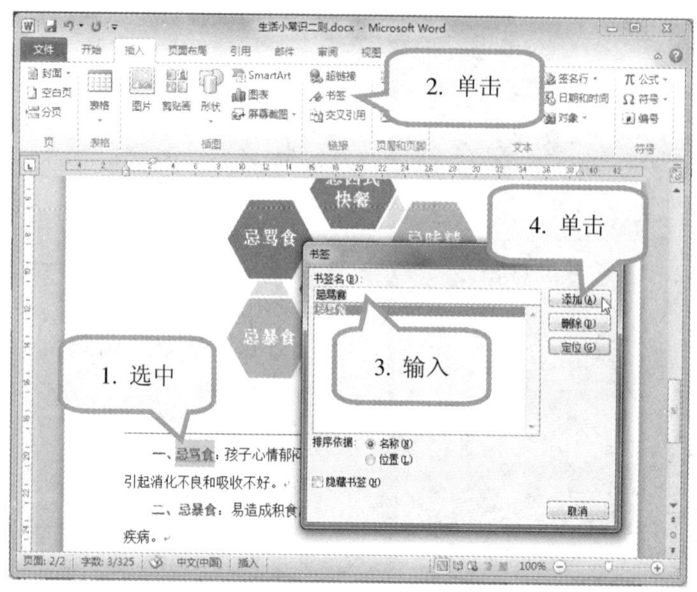

1. 在文档中，选中需要添加书签的位置或内容。

2. 在“插入”选项卡→“链接”组中，单击“书签”按钮，将弹出“书签”对话框。

3. 在“书签名”中，输入名称。

4. 单击“添加”按钮。

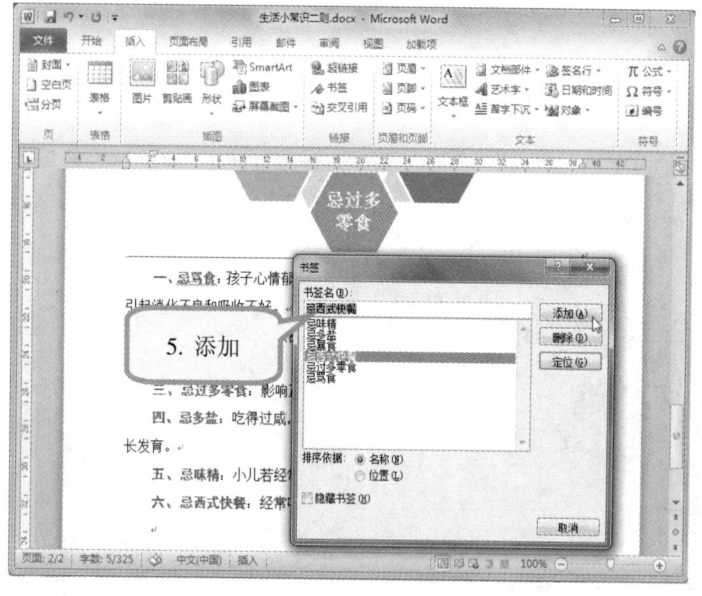

5. 同样的方法，为其他位置添加书签。

»☞ 设置超链接

超链接是指从一个位置指向一个目标的连接关系，这个目标可以是一个图片、一个电子邮件地址、一个文件。在一个页面中用来超链接的对象，可以是一段文本或者是一个图片。

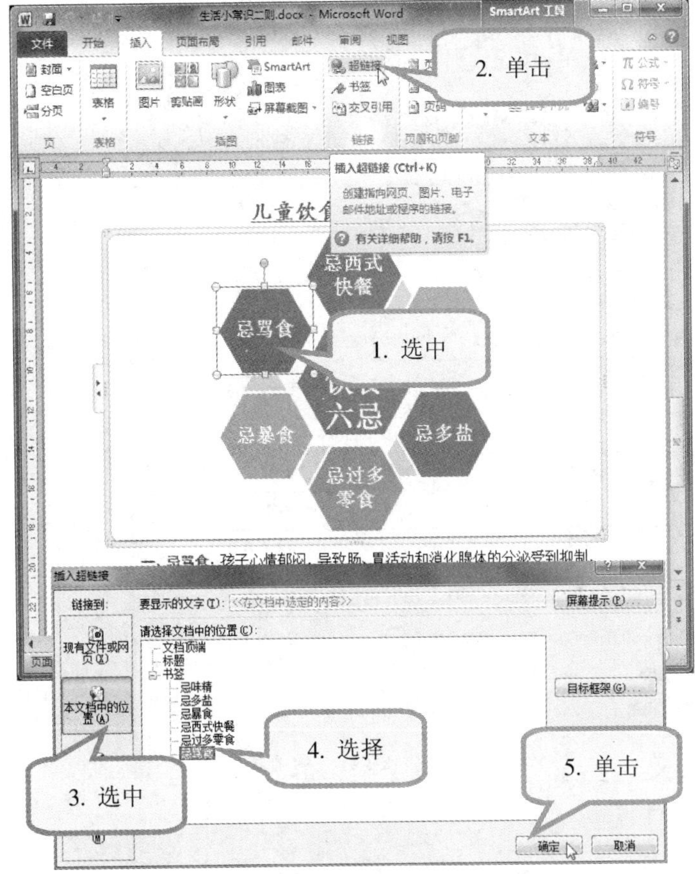

1. 在文档中，选中需要添加超链接的位置。
2. 在“插入”选项卡→“链接”组中，单击“超链接”按钮，将弹出“超链接”对话框。
3. 在“链接到”中，选中“本文档中的位置”。
4. 在“请选择文档中的位置”下，选择“书签”中已经定义的书签，如“忌骂食”项。
5. 单击“确定”按钮。

同样地，为其他位置设置超链接。

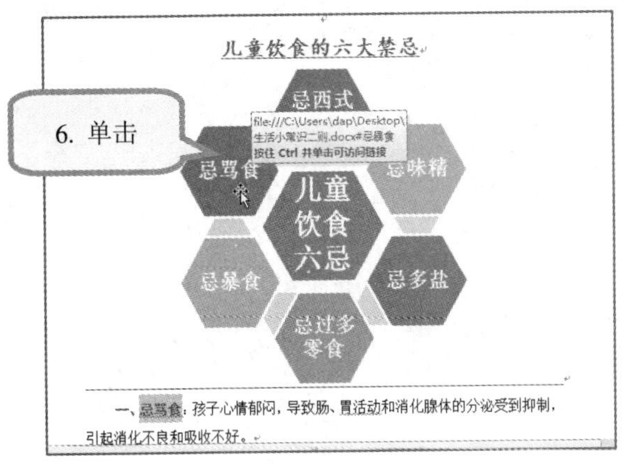

6. 设置好超链接后，按下 Ctrl 键单击建立好的链接的位置，将自动定位到书签处。

实例 8　制作学生课表

☞ 学习情境

王阿姨的孙女今年刚上小学一年级，老师发了上课课表和注意事项。王阿姨发现孙女抄写得很不清楚、也不美观，现在准备在 Word 中制作出来。

☞ 编排效果

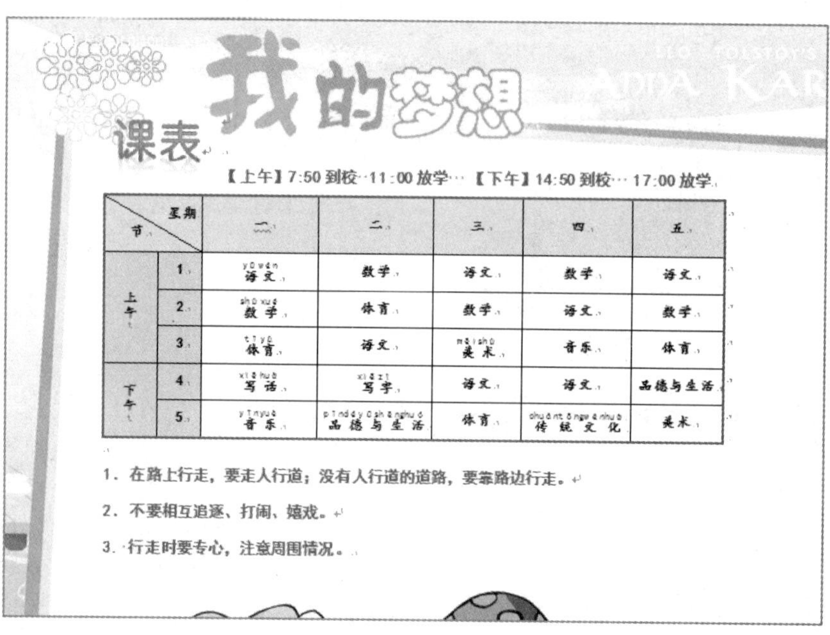

【上午】7:50 到校 11:00 放学 【下午】14:50 到校 17:00 放学

节 \ 星期		二	二	三	四	五
上午	1	语文	数学	语文	数学	语文
	2	数学	体育	数学	语文	数学
	3	体育	语文	美术	音乐	体育
下午	4	写话	写字	语文	语文	品德与生活
	5	音乐	品德与生活	体育	传统文化	美术

1. 在路上行走，要走人行道；没有人行道的道路，要靠路边行走。
2. 不要相互追逐、打闹、嬉戏。
3. 行走时要专心，注意周围情况。

☞ 掌握技能

通过本实例，将学会以下技能：

- 插入表格。
- 合并单元格。
- 设置文字方向。
- 调整表格行高、列宽。
- 设置单元格的对齐方式。
- 添加汉语拼音。
- 设置边框和底纹。
- 绘制斜线表头。
- 设置图形背景。

»☞ 新建 Word 文档

本实例我们采用在 Windows 桌面上通过右键菜单来创建 Word 文档的方法。当然，也可以用其他方法新建 Word 文档。

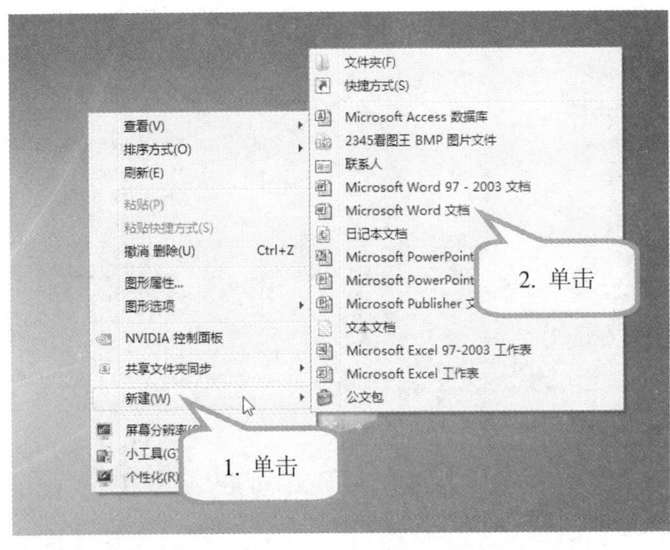

1. 在 Windows 7 桌面上，右键单击空白处，在快捷菜单中单击“新建”项。

2. 在二级菜单中，单击“Microsoft Word 文档”项。

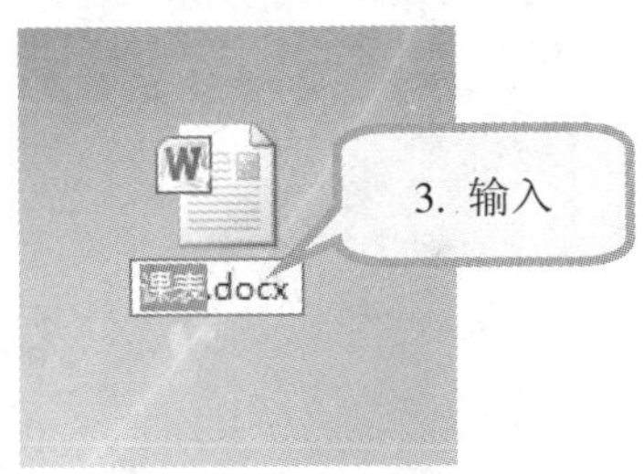

3. 此时，在桌面上新建了一个 Word 文档，文件名暂为“新建 Microsoft Word 文档”，直接输入需要的文档名，如“课表”。

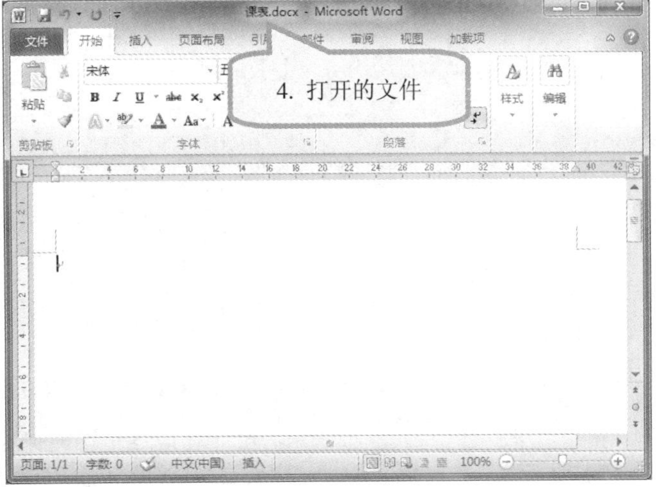

4. 双击新文件图标，即可打开该 Word 文档，该文档文件名为刚刚修改的名称。

也可以单击“开始”按钮→“所有程序”→“Microsoft Office”→“Microsoft Word 2010”。如果“开始”菜单左侧的最近使用的程序区中有 Microsoft Word 2010，则可单击 Microsoft Word 2010。

»☞ 页面设置

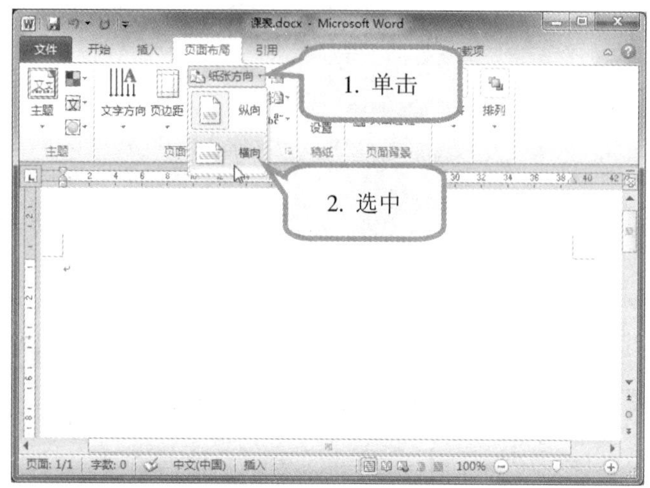

1. 在“页面布局”选项卡→“页面设置”组，单击“纸张方向”按钮。

2. 在下拉列表中，选中“横向”。

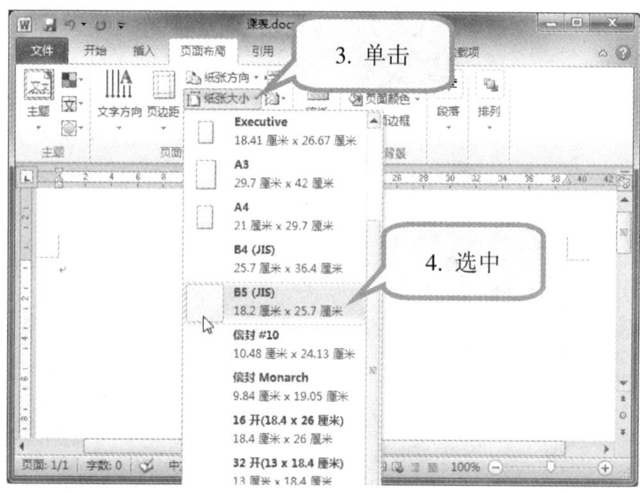

3. 单击“纸张大小”按钮。

4. 在下拉列表中，选中“B5”。

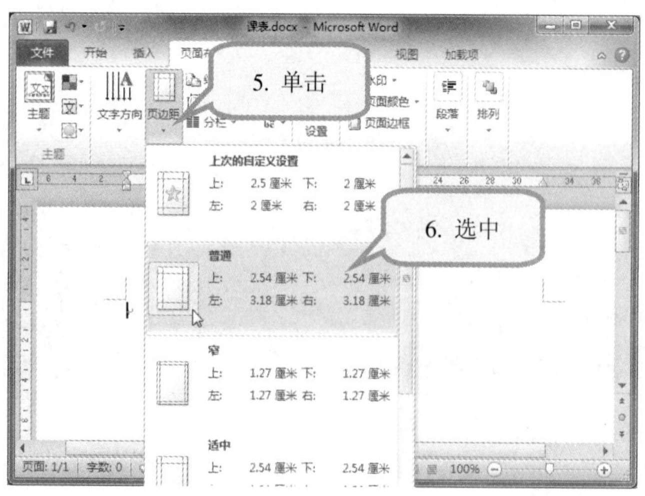

5. 单击“页边距”按钮。

6. 在下拉列表中，选中“普通”项。

也可以在“页面设置”对话框中，对纸张大小、纸张方向、页边距进行详细设置。

»☞ 输入文字并设置字符格式

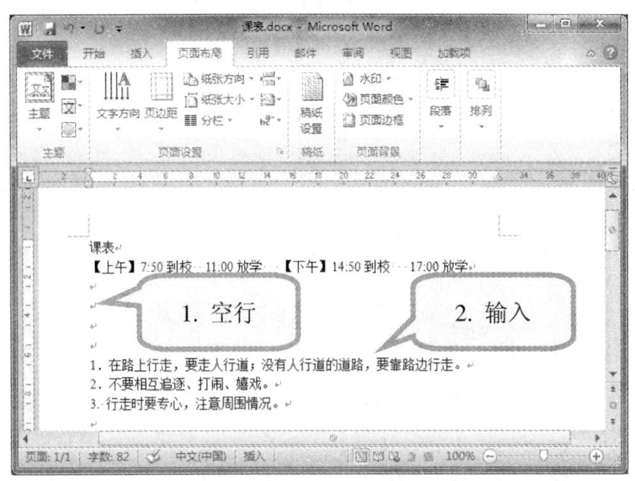

1. 在文档中先按若干下 Enter 键，输入几个空行。
2. 在合适位置，输入需要的文字内容。

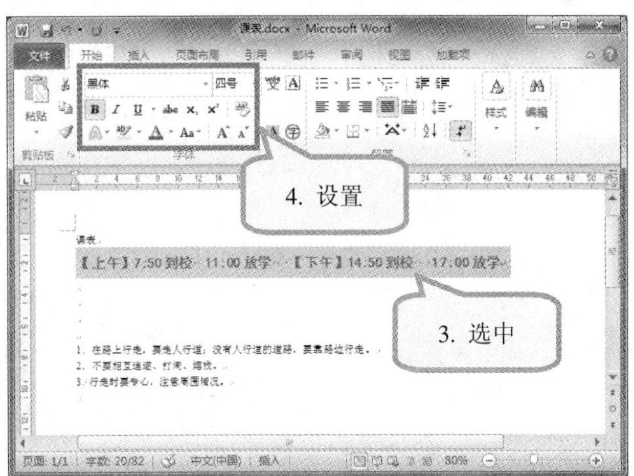

3. 选中部分文字。
4. 在“开始”选项卡→“字体”组中，设置为黑体、四号、加粗、红色。

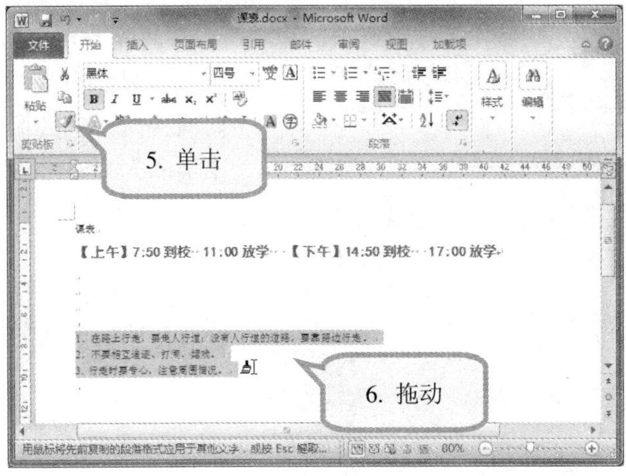

5. 单击“剪贴板”组→“格式刷”按钮。
6. 拖动格式刷经过其他段落文字。完成后，再次单击“格式刷”按钮。

插入的若干空行，是为了后面插入表格做准备的。插入表格后，可以再删除这些空行。

»☞ 将标题设置为艺术字

将标题“课表”二字设置为艺术字，可以更美观地表达主题。

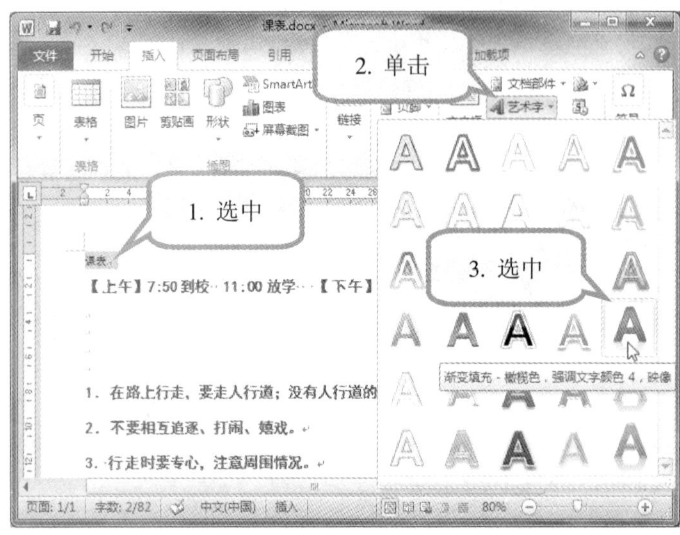

1. 选中“课表”文字。

2. 在“插入”选项卡→“文本”组中，单击“艺术字”按钮。

3. 在打开的“艺术字”列表框中，选中一种样式，此时选中的文本上被添加上了文本框。

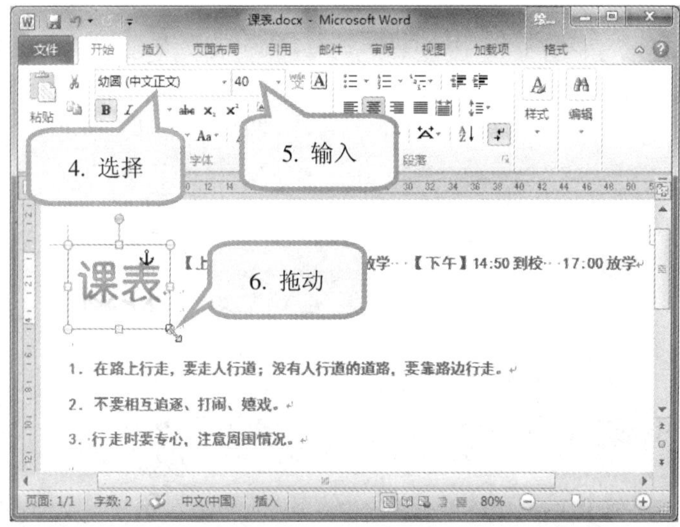

4. 在“开始”选项卡→“字体”组中，选择“字体”为“幼圆”。
5. 在“字号”中，输入“40”。

由于在“字号”下拉列表中，没有预设 40 磅值的字号，我们可以在“字号”框中直接输入磅值来进行设置。其他类似的设置相同。

6. 将鼠标光标定位在文本框的四个角的任一角上，当鼠标光标变为斜向箭头时，拖拽调整文本框的大小。

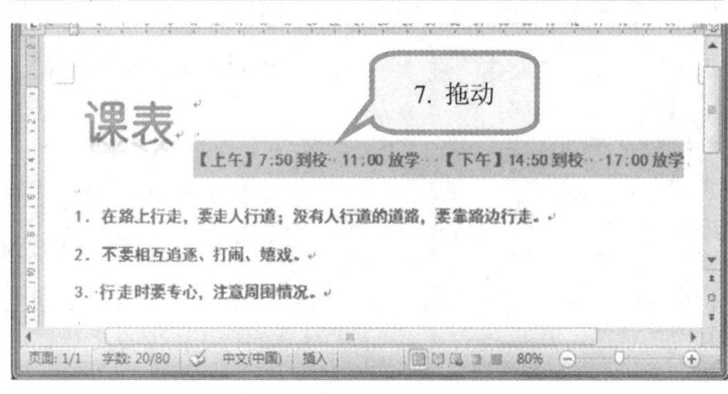

7. 选中文字段落，拖动到合适位置。

插入表格

表格由行和列的单元格组成，可以在单元格中填写文字、插入图片或另一个表格。

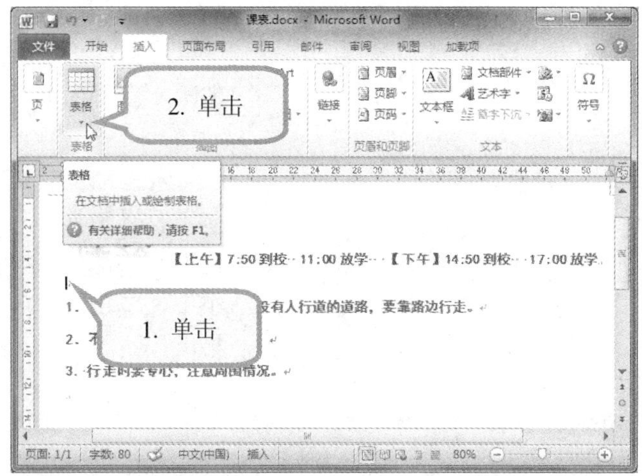

1. 单击要插入表格的位置。

2. 单击“插入”选项卡→“表格”组→“表格”下拉按钮。

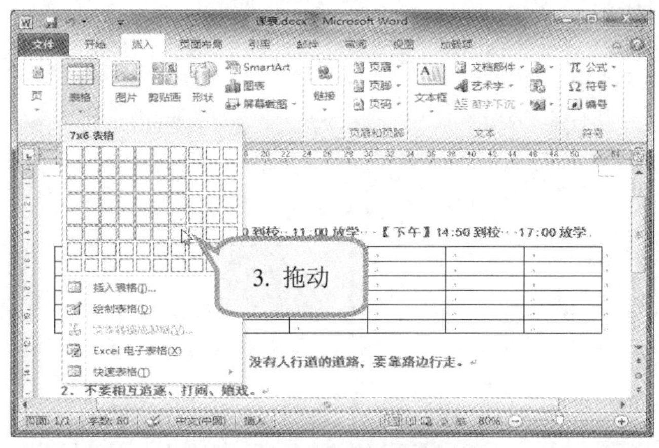

3. 在弹出的列表中，拖动鼠标选择需要的列数和行数，如 7 列 6 行。

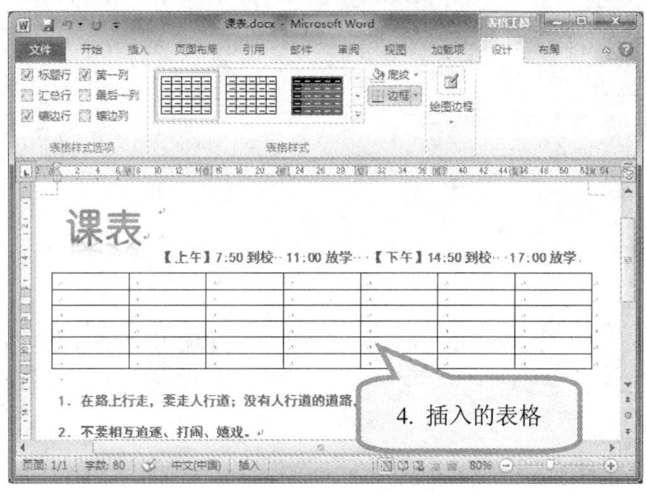

4. 松开鼠标按键，可以看到已经插入的空白表格。

插入表格后，如果发现行数和列数不符合要求，也可以临时插入行和列，或者删除行和列。

»☞ 合并单元格

可以将同一行或同一列中的两个或多个单元格合并为一个单元格。

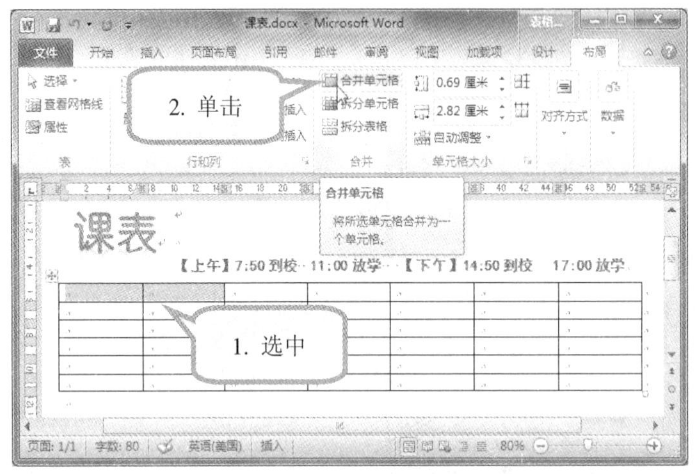

1. 用鼠标拖动选中要合并的第 1 行中的前 2 个单元格。

2. 在“表格工具”→“布局”选项卡→“合并”组中，单击“合并单元格”按钮。

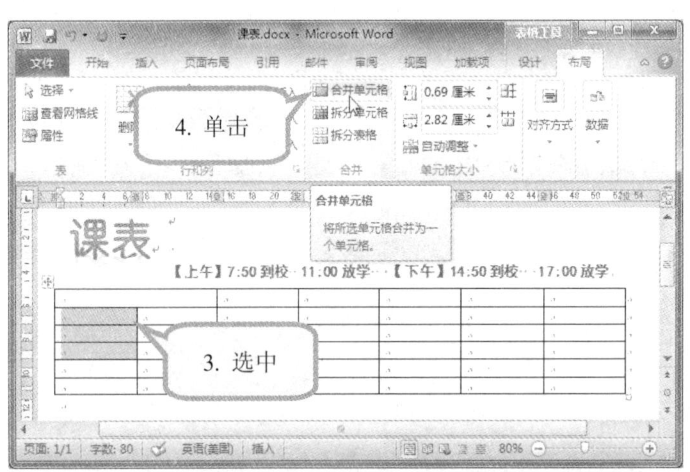

3. 用鼠标拖动选中要合并的第 1 列中的第 2～4 个单元格。

4. 单击“合并单元格”按钮。

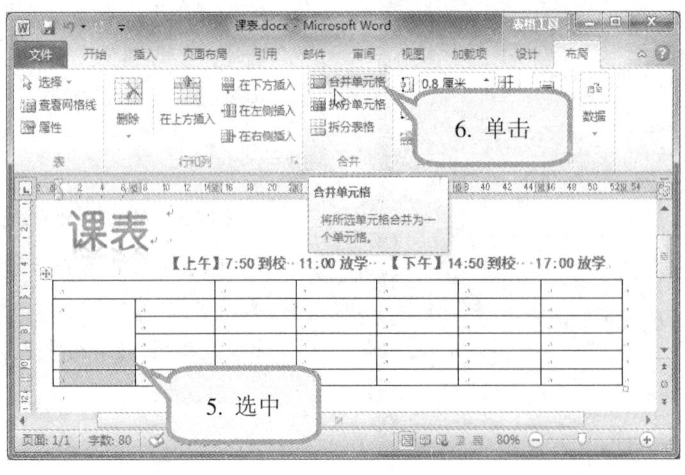

5. 选中要合并的第 1 列中的第 5～6 个单元格。
6. 单击“合并单元格”按钮。

合并单元格后，也可以单击“拆分单元格”命令将合并的单元格进行拆分。

在表格中输入文字

在表格中输入文字时，要先在单元格中单击，以便将插入点置于其中。

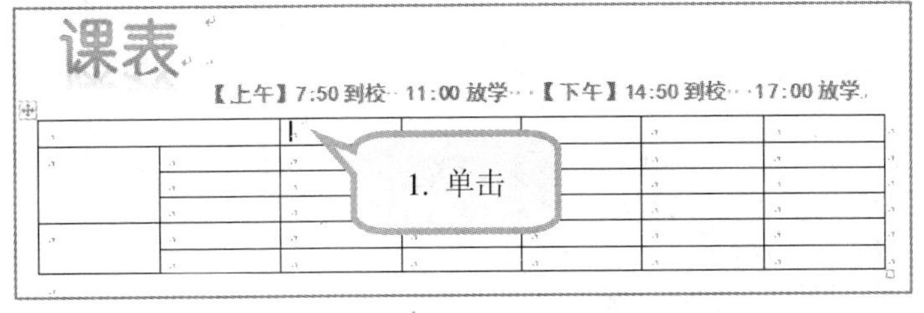

1. 用鼠标单击要插入文字的单元格。此时在该单元格中有一个插入点标识的竖线出现。

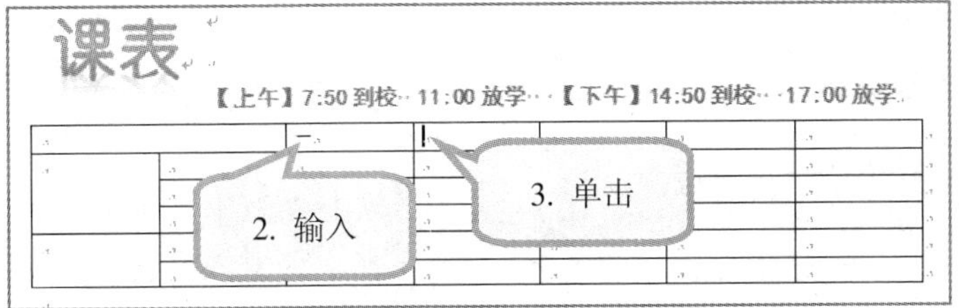

2. 输入需要的文字内容，如“一”。
3. 单击要插入文字的下一个单元格，继续输入需要的文字。

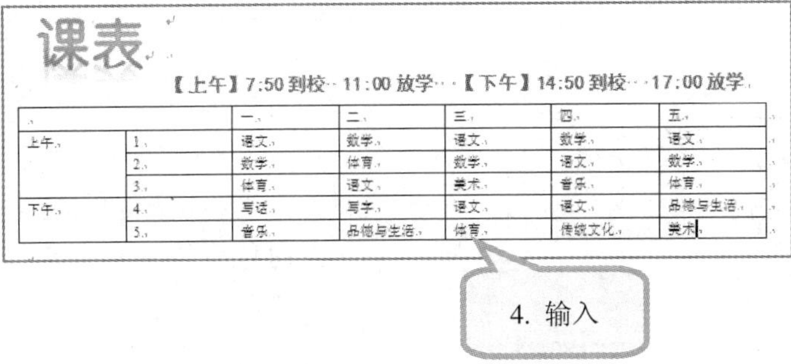

		一	二	三	四	五
上午	1	语文	数学	语文	数学	语文
	2	数学	体育	数学	语文	数学
	3	体育	语文	美术	音乐	体育
下午	4	写话	写字	语文	语文	品德与生活
	5	音乐	品德与生活	体育	传统文化	美术

4. 同样的方法，输入表格中各单元格中的文字。

也可以按键盘上的 Tab 键，将插入点移至下一个单元格中。

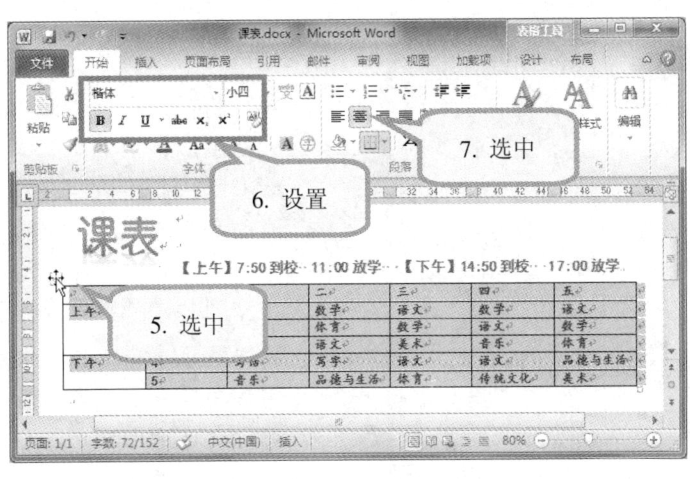

5. 选中表格左上角的“整个表格”按钮。
6. 在“开始”选项卡→“字体”组中，设置为楷体、小四、加粗。
7. 单击“段落”组→“居中”按钮。此时，整个表格在页面中居中对齐。注意，此时不是单元格中的文本居中。

»☞ 设置文字方向

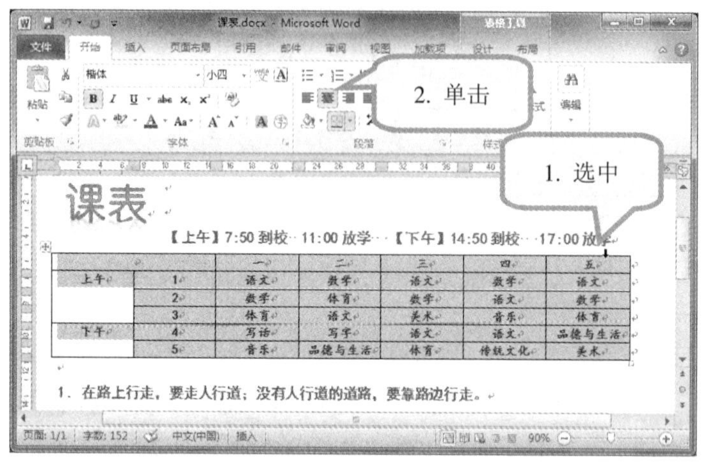

1. 将鼠标光标置于表格上部，此时鼠标指针变为向下的箭头，向右拖动，从而选中表格的各列。

2. 单击“段落”组→“居中”按钮。此时单元格中的文本居中对齐。

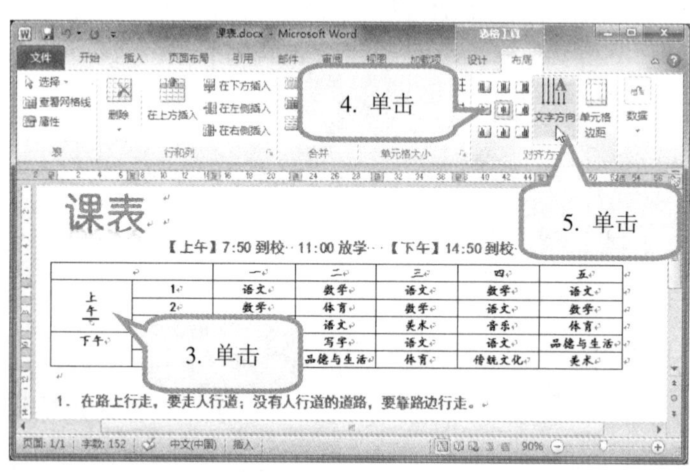

3. 单击“上午”单元格内容，将插入点置于该单元格中。
4. 在“表格工具”→“布局”选项卡→“对齐方向”组中，单击“中部居中”按钮。
5. 单击“文字方向”按钮，此时原横排的文字变为竖排。

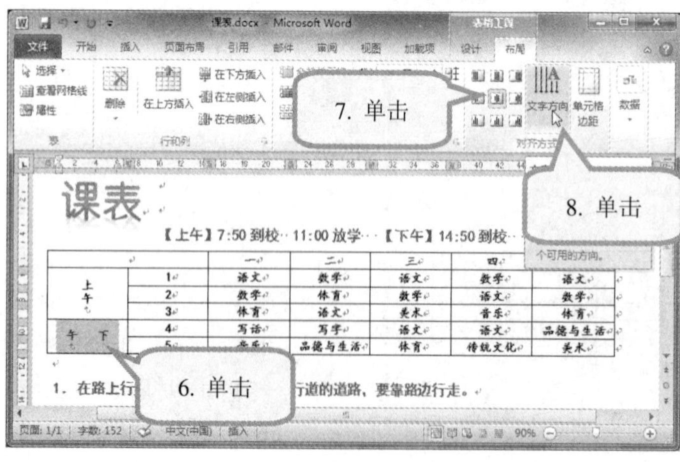

6. 单击“下午”单元格内容，将插入点置于该单元格中。
7. 单击“中部居中”按钮。
8. 单击“文字方向”按钮。

也可以右击单元格，在快捷菜单中单击“文字方向”命令，在打开的“文字方向”对话框中进行设置。

»☞ 调整列宽

自动创建表格时，Word 将表宽设置为页宽，列宽设置为等宽，行高设定为等高。我们可以根据自己的实际需要，对其进行调整。

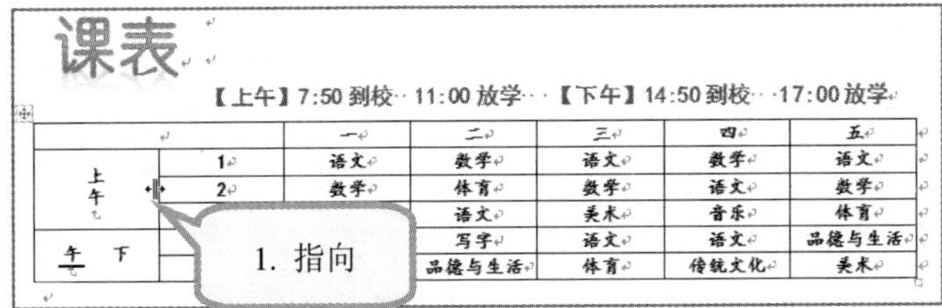

1. 将鼠标指针指向需更改其宽度的列的边框上，直到指针变为⫲。

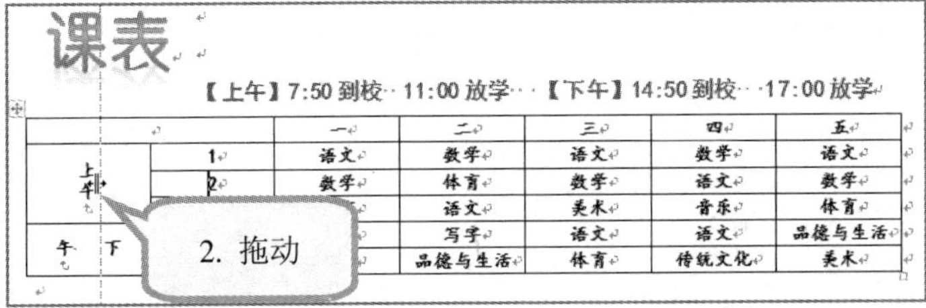

2. 拖动边框，调整到所需的列宽，松开鼠标。

在调整列宽时，如果只拖动鼠标，则整个表格宽度不变，表格线相邻两列宽度改变。

如果先按下 Shift 键不放，将鼠标定位到表格线并拖动鼠标，则当前列宽度改变，其他列宽均不变，整个表格宽度也改变。

3. 将鼠标指针指向需更改其宽度的列的边框上，直到指针变为⫲。

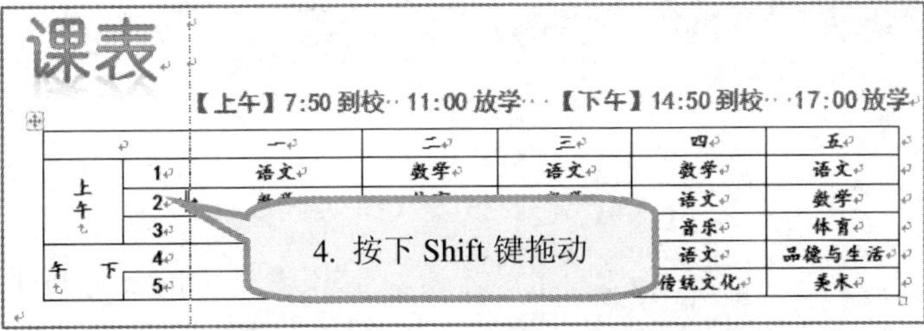

4. 按下 Shift 键不放，拖动边框，调整到所需的列宽，松开鼠标。

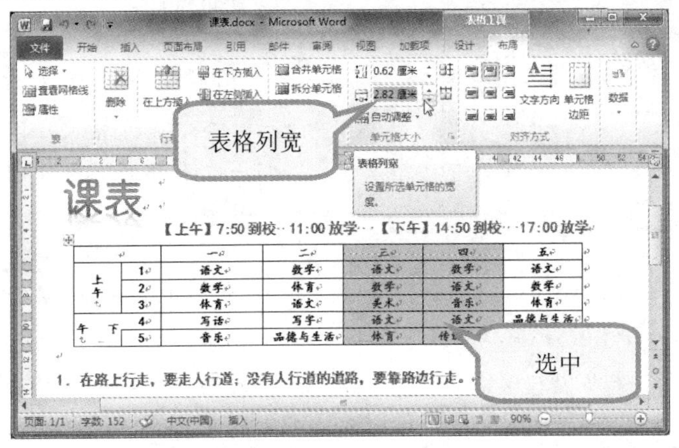

也可以在选中某列后，在“单元格大小”组→“表格列宽”中进行设置。

»☞ 调整行高

与调整列宽的方法类似，可以调整表格中的行的高度，来满足自己的需要。

1. 将鼠标指针指向需更改其高度的行的边框上，直到指针变为÷。

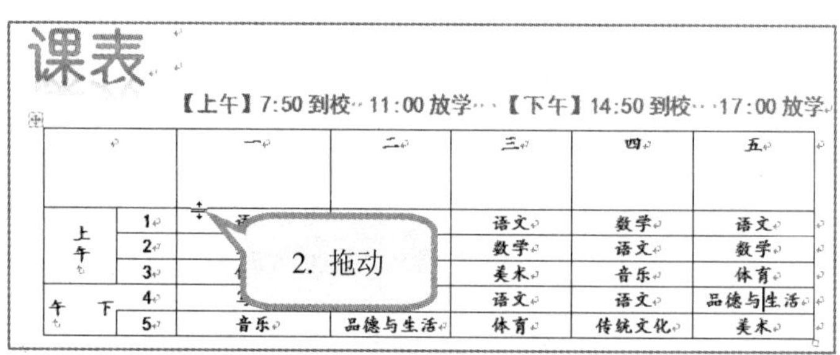

2. 拖动边框，调整到所需的行高，松开鼠标。

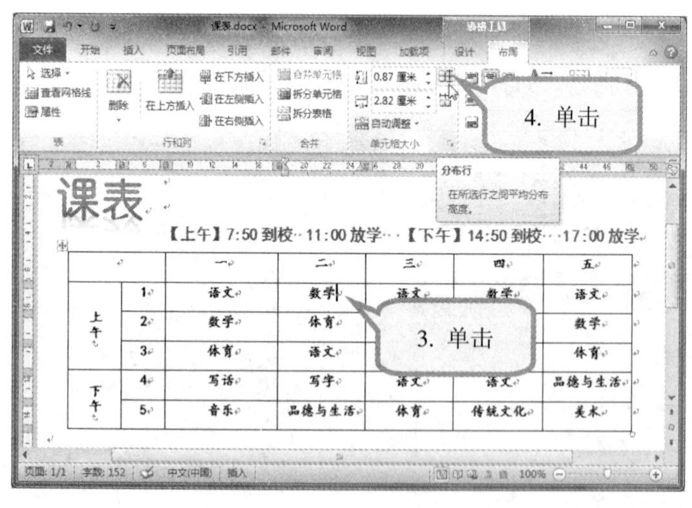

3. 在表格内单击。
4. 在“表格工具”→“布局”选项卡→“单元格大小”组中，单击“分布行”分布行按钮，此时该表格中的各行将平均分布行高。

也可以在选中某行后，在“单元格大小”组→“表格行高”中进行设置。

同样地，可以单击“分布列”按钮分布列，将表格中的各列平均分布列宽。

»☞ 设置对齐方式

表格中的文字与单元格的左上角对齐。可以根据需要改变单元格中文字的对齐方式。

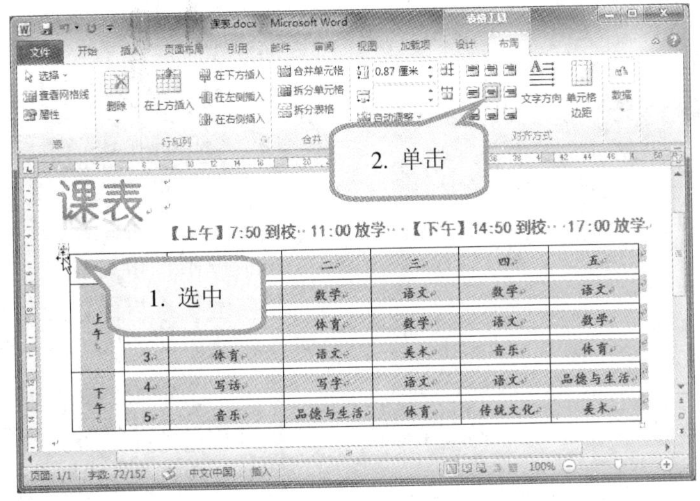

1. 单击表格左上角的控制按钮，选中整个表格。

2. 在“表格工具”→“布局”选项卡→“对齐方式”组中，单击“水平居中”按钮，使文字在单元格内水平和垂直方向都居中。

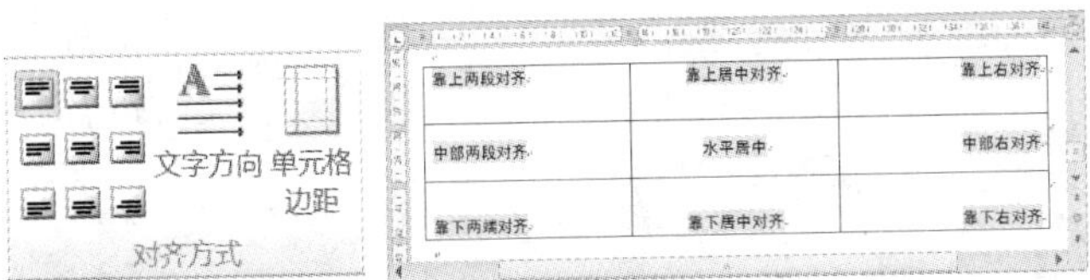

如果只需要修改某个单元格的对齐方式，可以把插入点放置到需改变文字对齐方式的单元格中，再单击对齐方式。

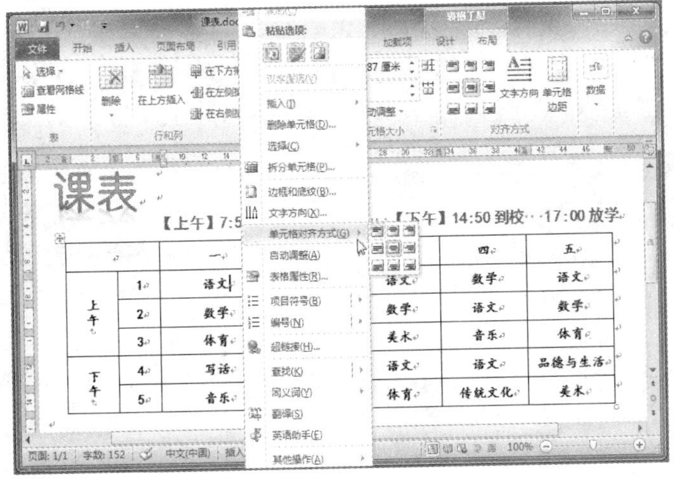

也可以右击选中的行、列或单元格，从快捷菜单中单击“单元格对齐方式”，再从子菜单中选取一种对齐方式。

标注拼音

由于课表中有些汉字，孩子还认不全，王阿姨想在部分汉字上添加汉语拼音进行标注。

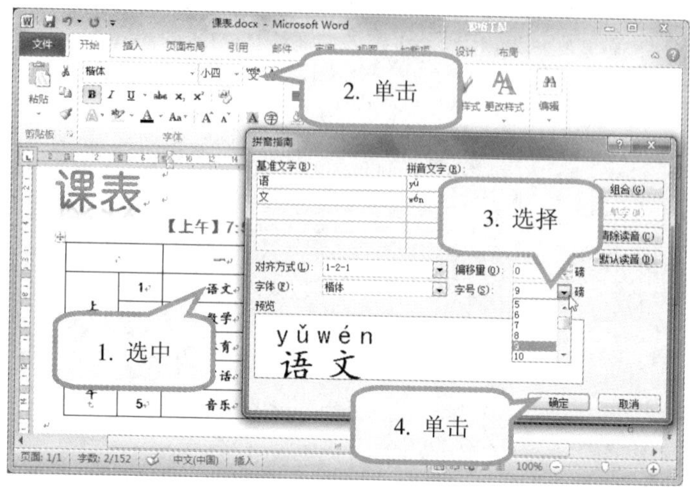

1. 选中需要添加汉语拼音的文字。
2. 在“开始”选项卡→“字体”组中，单击“拼音指南”按钮。
3. 在打开的“拼音指南”对话框中，可以看到在“基准文字”中已经列出了选中的文字，在“拼音文字”中给出了对应的拼音，在“字号”下拉列表中选择“9”号字。
4. 单击“确定”按钮，返回到文档，可以看到原来选中的文字后面已经添加上了汉语拼音。

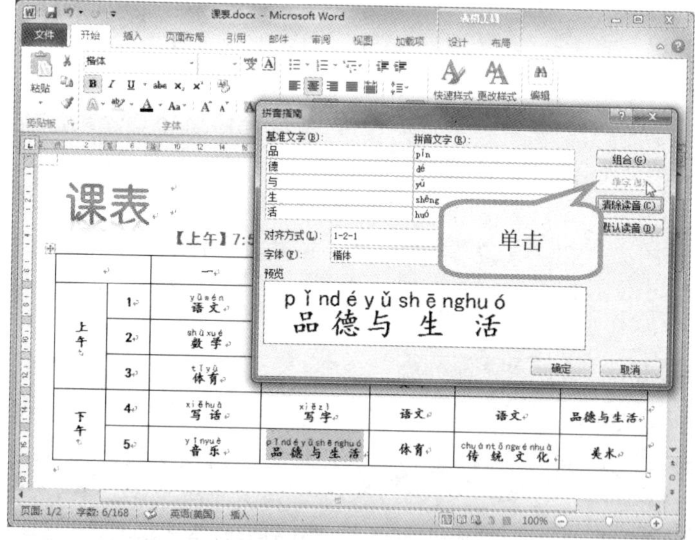

同样的方法，为其他文字添加汉语拼音。

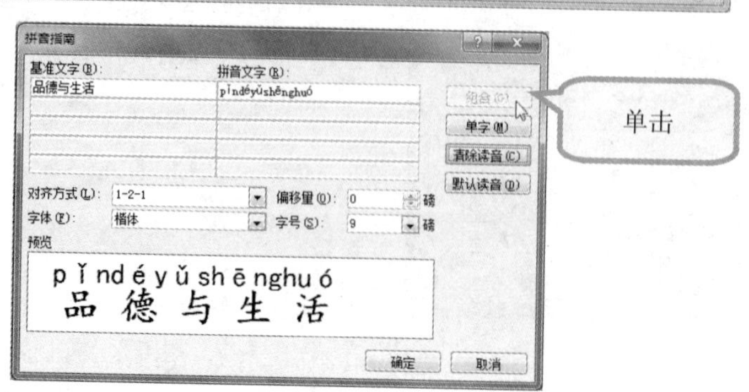

在“拼音指南”对话框中，如果单击“组合”按钮，将把选中的文字作为一个“基准文字”，同样的把各个拼音也组合为一个“拼音文字”进行显示。

»☞ 设置表格边框

插入表格时，Word 默认使用了细实线作为表格边框。我们可以根据需要，设置更美观的边框。

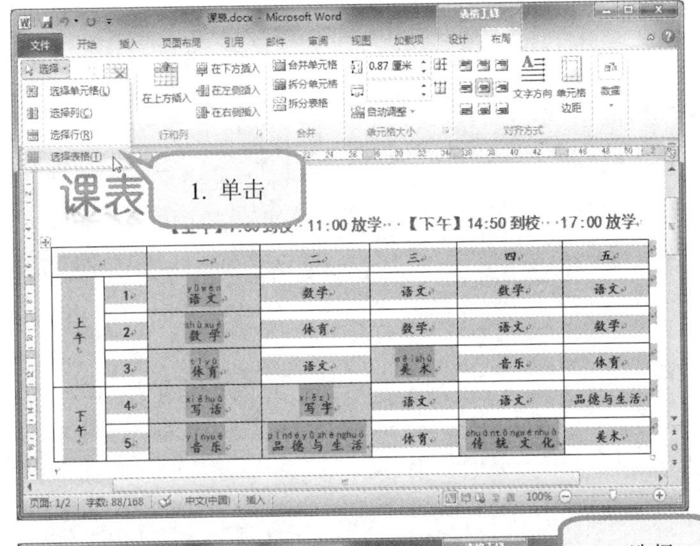

1. 在“表格工具”→“布局”选项卡→“表”组中，单击“选择”，从下拉列表中单击“选择表格”，从而选定表格。

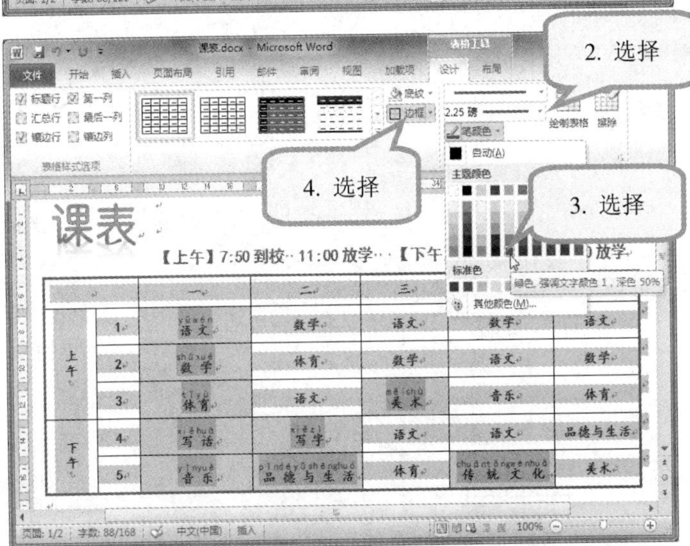

2. 在“表格工具”→“设计”选项卡→“表格样式”组中，在“笔划粗细”下拉列表中，选择“2.25 磅”。
3. 在“笔颜色”下拉列表中，选择一种颜色，如“绿色”。
4. 单击“边框”下拉箭头，从下拉列表中，单击某一个预定义边框，如“外侧框线”。

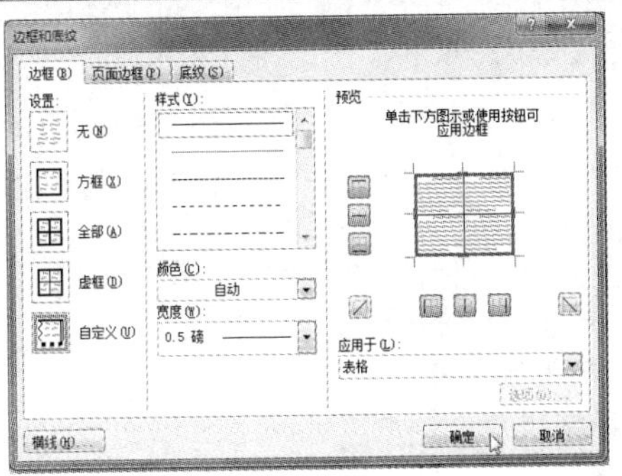

也可以在“边框”的下拉列表中，单击“边框和底纹”命令，在“边框和底纹”对话框的“边框”选项卡中，设置边框。

»☞ 设置表格底纹

对表格中的某些单元格添加底纹，可以起到美化和突出显示的作用，也可以起到隔离表栏目和表内容的作用。

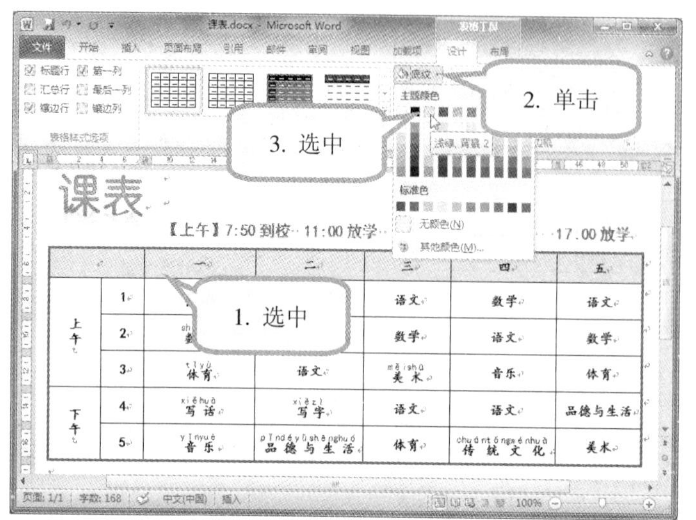

1. 用鼠标拖动选中需要添加底纹的单元格。

2. 在“表格工具”→“设计”选项卡→“表格样式”组中，单击“底纹”下拉箭头。

3. 在下拉列表中，选择一种颜色，如“浅绿”。

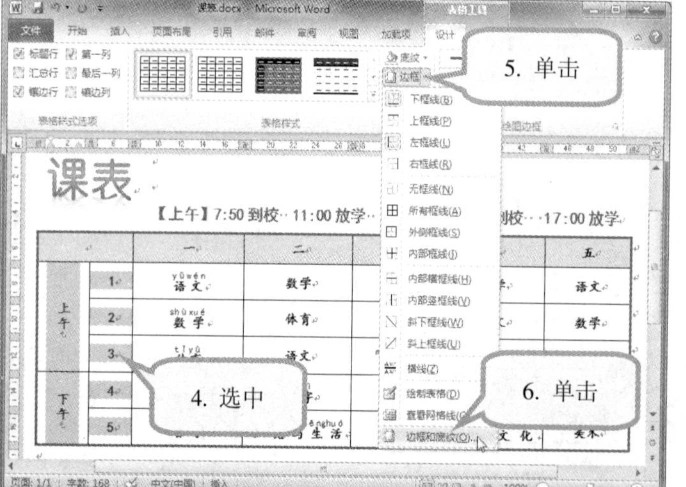

4. 选中需要添加底纹的其他单元格。

5. 单击“边框”下拉箭头。

6. 单击“边框和底纹”命令，将弹出“边框和底纹”对话框。

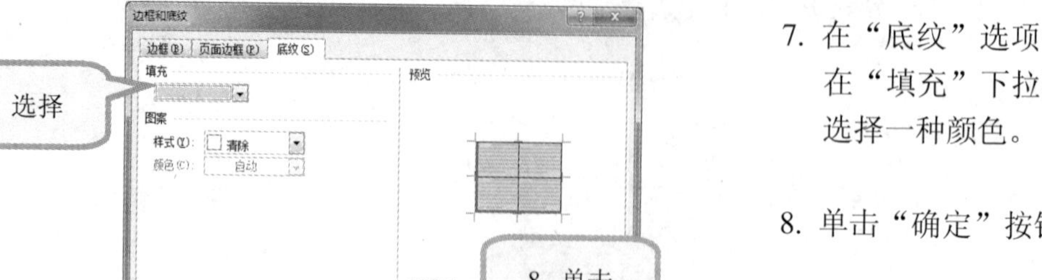

7. 在“底纹”选项卡中，在“填充”下拉列表中选择一种颜色。

8. 单击“确定”按钮。

»☞ 绘制斜线表头

我们可以在单元格中绘制斜线，以便在斜线单元格中添加表格项目名称。

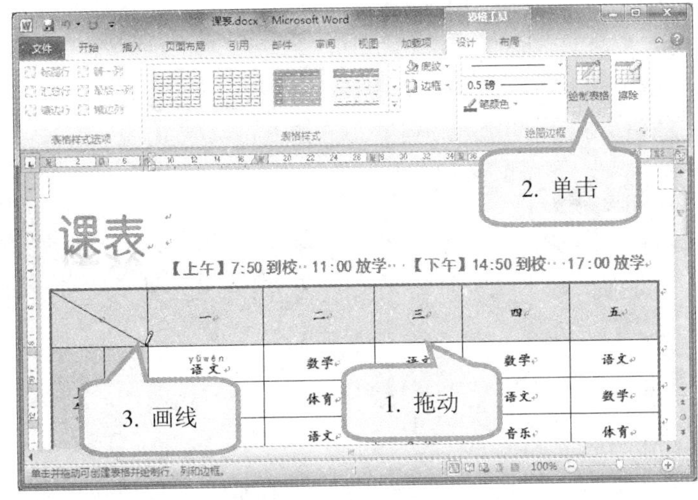

1. 用鼠标拖动第一行的下边框，适当增加行高。
2. 在“表格工具”→“设计”选项卡→“绘图边框”组中，单击“绘制表格”按钮，此时鼠标光标变为铅笔状。
3. 在表头处，拖动鼠标光标画出一条斜线。画线完成后，再次单击“绘制表格”按钮。

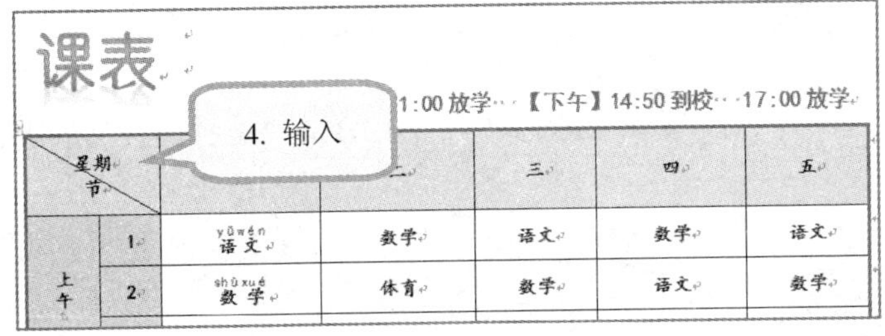

4. 在斜线表头处，输入文字内容，如“星期”、“节”，中间用回车断行。

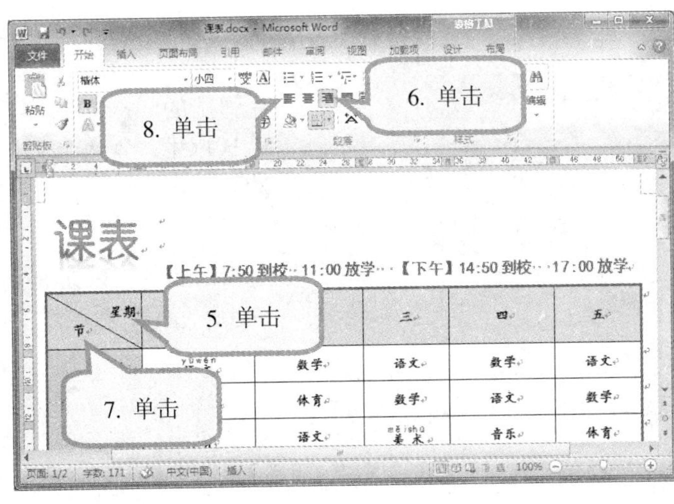

5. 单击“星期”段落处。
6. 在“开始”选项卡→“段落”组中，单击“文本右对齐”按钮。
7. 单击“节”段落处。
8. 单击“文本左对齐”按钮，并在“节”字前增加几个空格。

»☞ 添加图片背景

我们可以在课表上，添加一幅漂亮的画作为背景，以增加美感。

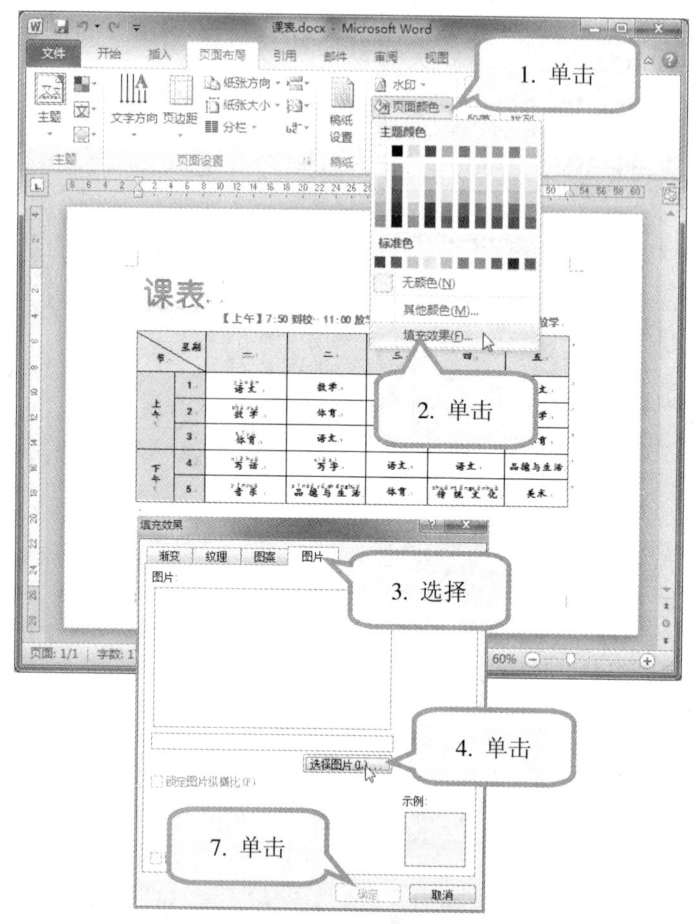

1. 在“页面布局”选项卡→“页面背景”组中，单击“页面颜色”按钮。

2. 在下拉列表中，单击“填充效果”命令。

3. 在打开的“填充效果”对话框中，选择“图片”选项卡。

4. 单击“选择图片”按钮。

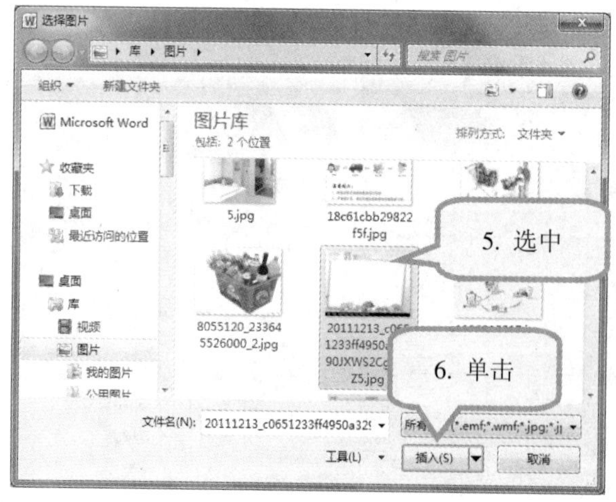

5. 在弹出的“选择图片”对话框中，选中需要的图片。

6. 单击“插入”按钮将返回到“填充效果”对话框。

7. 预览效果，满意后单击“确定”按钮。

实例9　制作家庭菜谱

☞ 学习情境

绿城社区的王阿姨是一位生活达人，她打算把自己的拿手好菜，制作成一份家庭菜谱，以便在社区交流活动时向朋友们展示一下自己的手艺和才华，不仅可以增进邻里间的沟通，同时也可以提高家庭生活的品质。

菜谱原文如下：

生活达人秀　秀出你我的精彩

制作人：王秀琴

绿城社区生活俱乐部

一、凉菜类

(一) 糖醋藕片

材料：莲藕，蒜头，葱，陈醋，白糖，盐，鸡精，少量生抽。

做法：

1. 藕刮皮洗净，切片备用，蒜拍扁切碎，葱切粒。

2. 醋、盐、糖、生抽和鸡精混合调成酱汁。

3. 热锅倒油，放入蒜爆香，放入藕片翻炒至八成熟。

4. 倒入酱汁翻炒至汤汁变得粘稠，出锅装盘。

(二) 凉拌三丁

材料：芹菜，莲藕，花生米，八角，花椒，盐，生抽，花椒油，香油。

做法：

1. 准备好材料，花生米提前泡好，芹菜洗净切丁，莲藕去皮切丁；

2. 锅中放水，放入八角和花椒，水开后放入花生米，煮5、6分钟即可关火焖一会；

3. 锅中放水，放入少许油和盐，水开后放入莲藕丁和芹菜丁焯水，芹菜变色后即可捞出，冲凉水，沥干水分；

4. 把芹菜、莲藕丁和花生米放入容器中，加入盐、生抽、花椒油、白醋、香油搅拌均匀即可。

二、热菜类

(一) 可乐鸡翅

材料：鸡翅，大葱，姜，丁香，八角，花椒，桂皮，老抽，可乐，糖，盐。

做法：

1. 大葱切段，姜去皮切片，鸡翅放到沸水中焯烫2分钟后捞出。

2. 用清水洗净鸡翅表面的浮沫后，沥干备用。

3. 锅中倒入油，大火加热至四成热时，放入丁香、八角、花椒、桂皮。

4. 把鸡翅倒入锅中，翻炒1分钟后，倒入可乐和清水。

5. 再倒入老抽搅匀后，盖上盖子改成中火，焖煮 20 分钟。

6. 打开盖子，调入盐，改成大火，煮约 3 分钟，待汤汁粘稠即可。

(二) 鱼香肉丝

材料：猪肉，茭白，黑木耳，青红椒，豆瓣酱，泡椒，香葱，生姜，蒜瓣，食盐，料酒，生抽，白糖，醋，水淀粉，鸡精。

做法：

1. 锅中烧热适量油，油六成热时下入肉丝炒散至变色立刻关火捞出。

2. 锅中余油烧热，下入切好的姜末、蒜末、葱白末煸出香味。

3. 下入泡椒和豆瓣酱炒出红油，下入刚才炒变色的肉丝，翻拌均匀。

4. 接着下入断生的茭白丝和黑木耳丝，并调入刚才混合好的料汁，拌匀。

5. 再下入青、红辣椒丝翻炒均匀。

6. 最后用适量水淀粉勾薄芡，关火调入少许鸡精、撒葱花出锅即可。

三、汤粥类

(一) 银耳莲子羹

材料：银耳，莲子，百合，枣子，枸杞，冰糖。

做法：

1. 银耳用开水盖锅泡，这样银耳才软，泡 5 个小时，洗净撕碎。

2. 根据银耳的多少加水，尽量不要在中途加水。加入莲子、百合一起熬两个小时，看到汤粘稠的时候就加枣子、冰糖，把冰糖熬化即可。

(二) 五彩酸辣汤

材料：薄豆皮，鲜豌豆，玉米粒，胡萝卜，清水笋，嫩豆腐，香菇，香菜，植物油，麻油，盐，白醋，素高汤，胡椒粉，淀粉。

做法：

1. 胡萝卜、清水笋、香菇洗净切丝，嫩豆腐切块，豆皮用水泡软切条。

2. 锅内放适量水，加入玉米粒、鲜豌豆、清水笋、香菇丝、适量盐、煮开后，再小火煮 5 分钟。

3. 用炒锅加植物油煸炒胡萝卜丝一分钟后，与嫩豆腐、豆皮一道放入汤锅内，改开中火。烧开后用淀粉调水勾芡，使汤变稠。

4. 加入胡椒粉、开大火煮 10 秒钟，熄火，放白醋、香菜、蘑菇精，再淋上少许麻油即可上桌。

四、主食类

(一) 双椒肉拌面

材料：猪肉，青红椒，芹菜，面条，酱油，盐。

做法：

1. 猪肉剁成沫，青红椒切丁，芹菜切丁。

2. 烧开水，水滚后放入面条,将面条煮到刚熟捞出过冷水。

3. 锅里放油，烧热后放入肉沫快速炒散。

4. 炒至肉沫变色后放入酱油翻炒香,随后放入青红椒丁、芹菜丁翻炒。

5. 放入煮好的面条，加适量盐，拌匀后就可以了。

(二) 菠萝海鲜拌饭

材料：米饭、菠萝、鲜虾、墨鱼片、洋葱、青豆、葱、姜、生抽、番茄沙司、料酒、盐。

做法：

1. 菠萝切小块用淡盐水浸泡 15 分钟后沥水备用，将鲜虾剥去头尾外壳，墨鱼切成条，洋葱切成末，青豆用沸水汆熟备用。

2. 锅里倒入清水，放入葱姜和料酒。水开先后放入鲜虾仁和墨鱼条汆烫 10 秒钟捞出沥水。

3. 热锅入油，油温后下洋葱末煸香，放入米饭炒散炒热。

4. 加入生抽、番茄沙司、盐炒匀。

5. 最后放入事先汆熟的墨鱼、虾仁、青豆和菠萝一起翻炒均匀即可。

☞ 编排效果

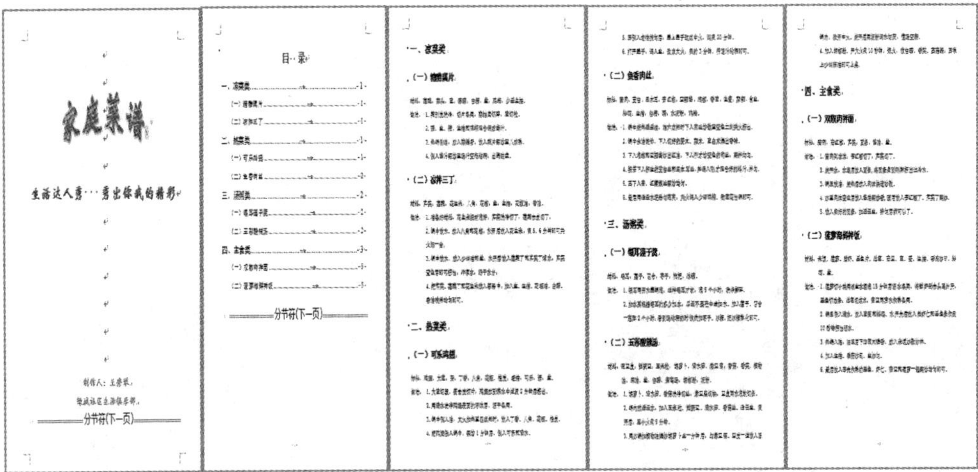

☞ 掌握技能

通过本实例，将学会以下技能：

- 设计封面。
- 添加艺术字。
- 设置标题级别。
- 添加及修改页码。
- 生成目录及修改目录显示格式。

»☞ 输入文本并保存

在 Windows 7 桌面，双击 Word 2010 快捷方式图标，将自动新建名为“文档 1”的空白文档。

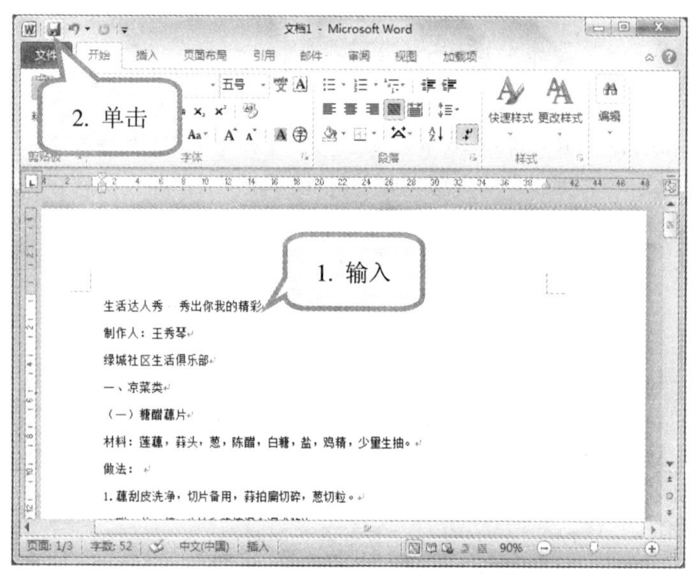

1. 输入全部文本内容，换行时按键盘上的“Enter”键。

2. 单击标题栏左侧的“保存”按钮，将弹出“另存为”对话框。

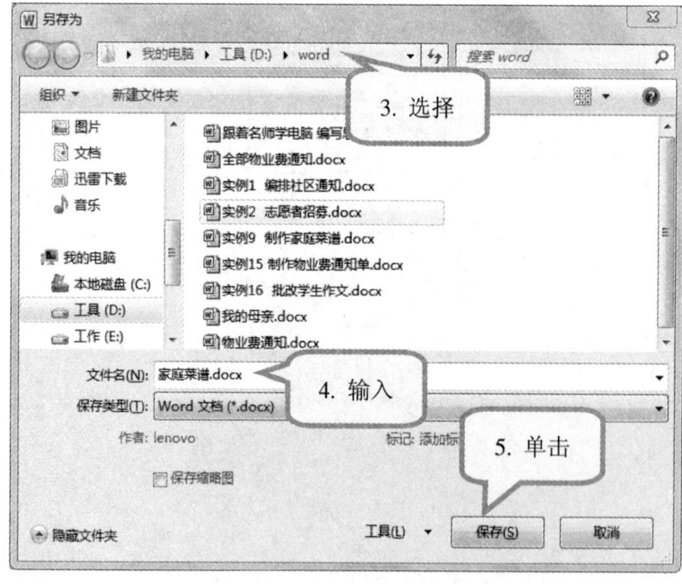

3. 在地址栏中，选择文件要保存的位置。

4. 在“文件名”文本框中，输入文件名称“家庭菜谱”。

5. 单击“保存”按钮，保存文档。

因为此文档相对较长，建议在制作过程中，按键盘上的“Ctrl+S”组合键及时保存，以防发生意外情况，导致设置信息丢失。

»☞ 封面设计——副标题设计

在一个长文档中，封面部分的设计显得非常重要。要设计一个醒目的文档标题，让读者一看就知道此文档内容主要是什么。有的封面还会给出一个个性化的副标题，另外还要在封面上注明文档的作者和单位等信息。

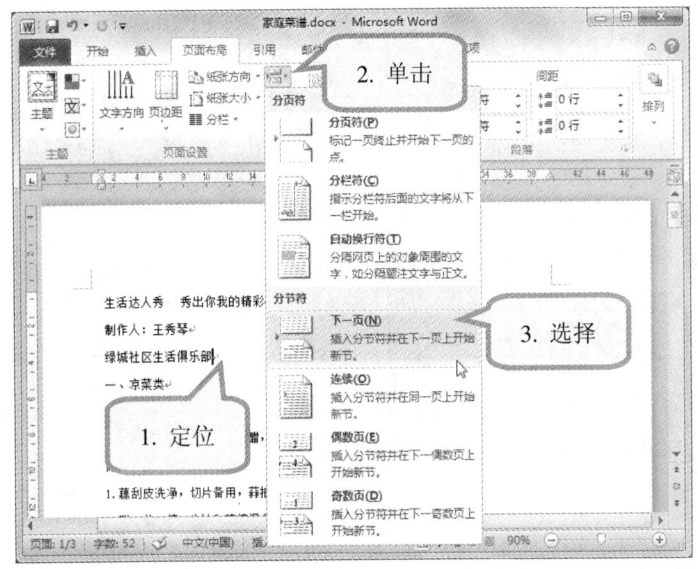

1. 将光标定位在“绿城社区生活俱乐部”后面。
2. 在“页面布局”选项卡→“页面设置”组中，单击“分隔符”按钮。
3. 在弹出的下拉菜单中，选择“分节符”项中的“下一页”选项。

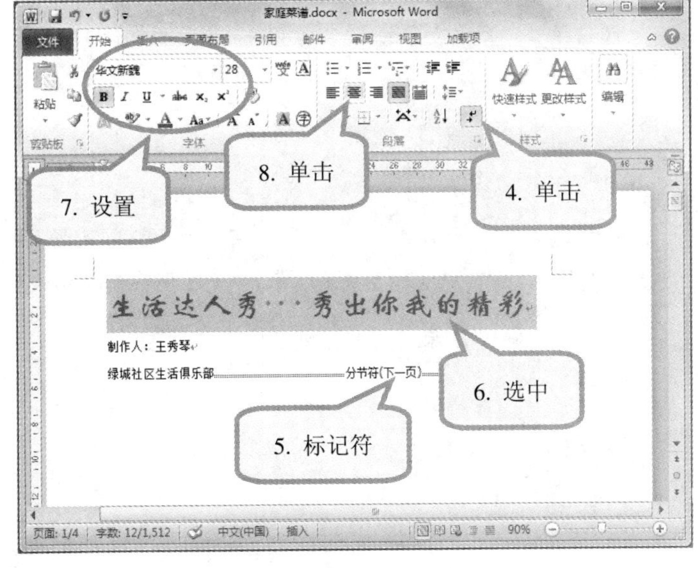

4. 在“开始”选项卡→“段落”组中，单击“显示/隐藏编辑标记”按钮。
5. 在屏幕上将看到文档分节后的标记符。
6. 选中图示文本内容。
7. 在“开始”选项卡→“字体”组中，设置字体为“华文新魏”，字号为“28”，单击“加粗”，字体颜色为“紫色”。
8. 在“段落”组中，单击“居中”按钮。

☞ 封面设计——落款设计

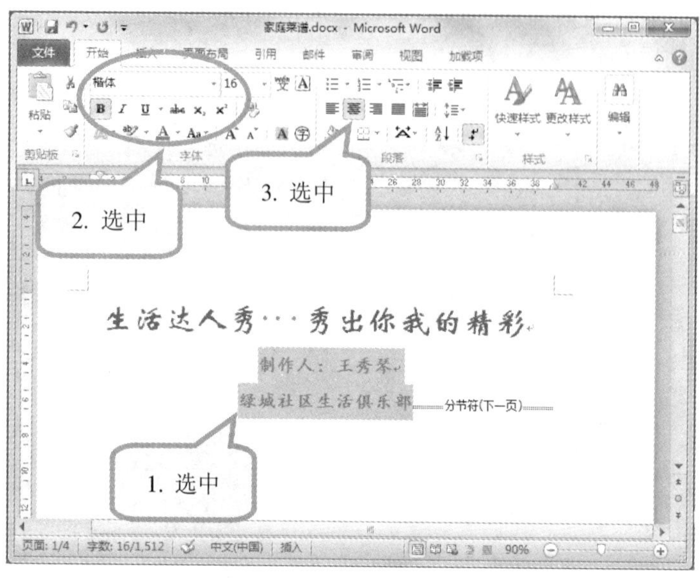

1. 选中图示文本内容。

2. 在“开始”选项卡→“字体”组中，设置字体为“楷体”，字号为“16”，单击“加粗”，字体颜色为“绿色”。

3. 在“段落”组中，单击“居中”按钮。

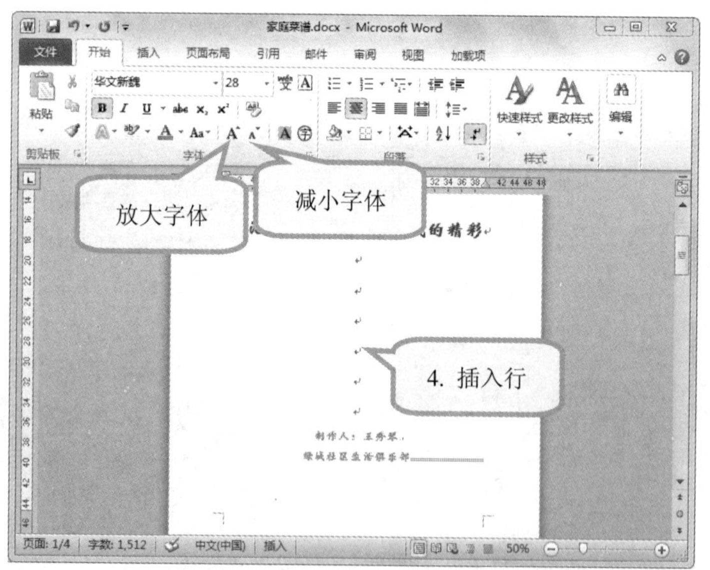

4. 单击键盘上的“Enter”按钮，在副标题和落款前，插入适当的行，以达到美观的效果。

如果在浏览整体效果时，发现字体大小不合适，也可在选中文字的同时，单击“增大字体”或“减小字体”按钮来快速改变字体。

»☞ 插入艺术字

标题的设计一般都要醒目，可以用插入艺术字的方法来设计出绚丽的效果。

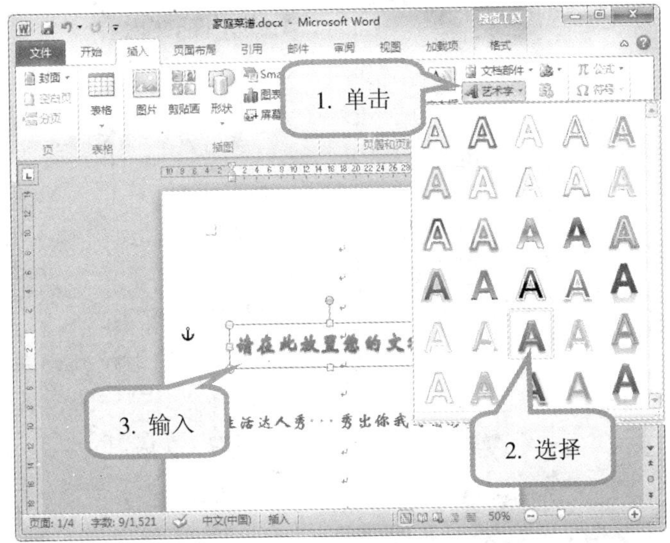

1. 在“插入”选项卡→“文本”组中，单击“艺术字”按钮。

2. 在弹出的下拉列表中，选择一种合适的样式，将弹出艺术字文本框。

3. 在艺术字文本框中，输入“家庭菜谱”。

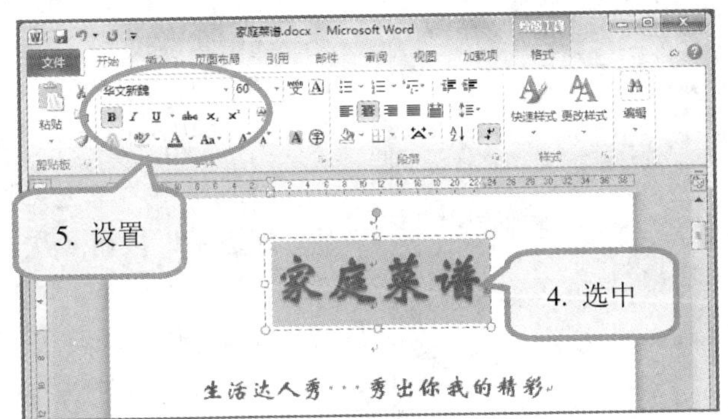

4. 选中“家庭菜谱”文本框。

5. 在“开始”选项卡→“字体”组中，设置字体为“华文新魏”，字号为“60”，单击“加粗”，字体颜色为“蓝色”。

6. 在“格式”选项卡→“艺术字样式”组中，单击“文字效果”按钮。

7. 在弹出的下拉列表中，选择“转换”项。

8. 在弹出的二级下拉列表中，选择“倒 V 型”样式。

设置正文格式

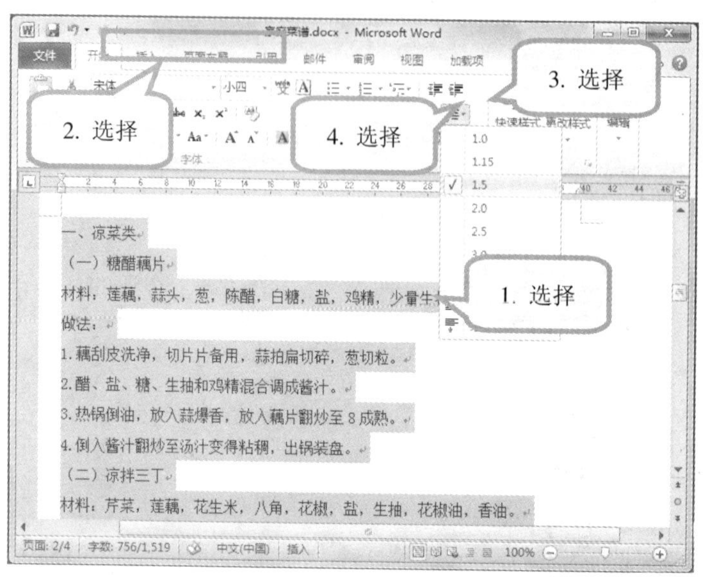

1. 选中正文内容。
2. 在“开始”选项卡→“字体”组中，设置字体为“宋体”，字号为“小四”。
3. 在“开始”选项卡→“段落”组中，单击“行和段落间距”按钮。
4. 在弹出的下拉列表中，选择“1.5”，即设置行距为 1.5 倍。

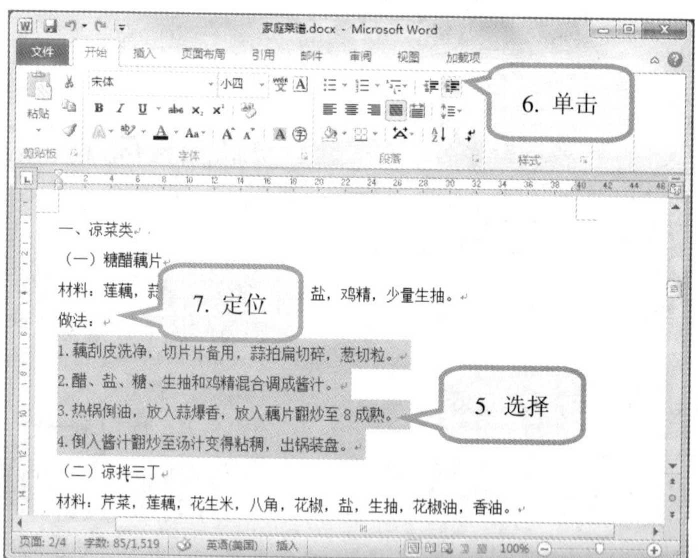

5. 选中步骤文字。
6. 在“开始”选项卡→“段落”组中，单击“增加缩进量”按钮 4 次。
7. 光标定位在“做法：”后面的换行符处。

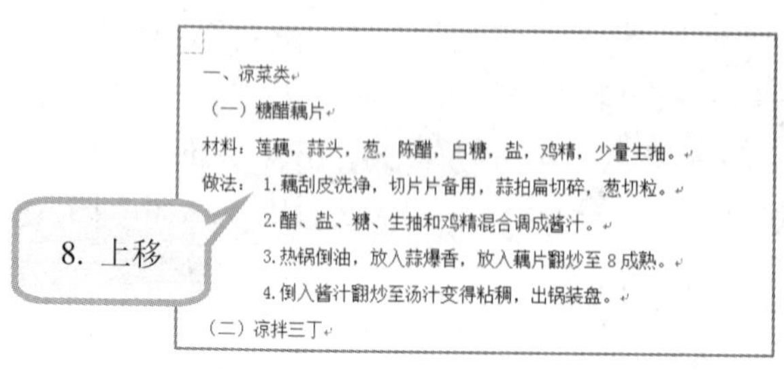

8. 单击键盘上的“Delete”键，将步骤文本上移一行，最终效果如图示，以下文档修改同前。

»☞ 标题级别设置

在一个长文档中，目录部分是不可缺少的，Word 中有目录自动提取功能，但此功能的使用需要提前设置好标题的级别。

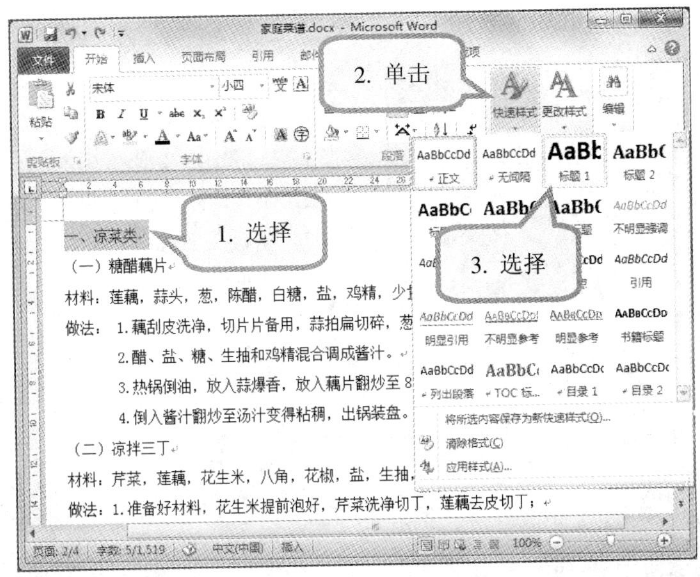

1. 选中要设置为一级标题的文本。

2. 在“开始”选项卡→“样式”组中，单击“快速样式”按钮。

3. 在弹出的下拉列表中，选择“标题 1”选项。

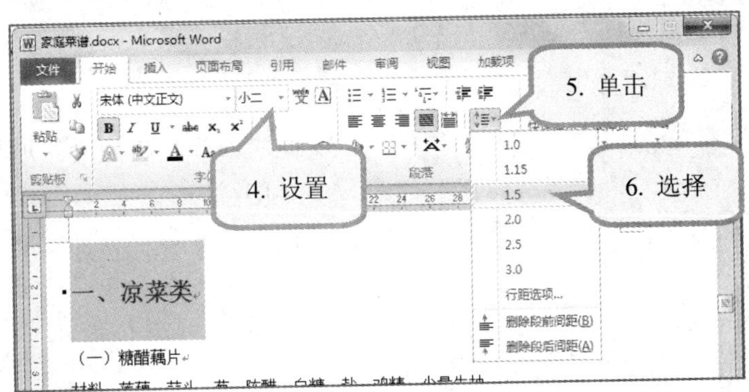

4. 在“字体”组中，设置字号为“小二”。

5. 在段落组中，单击“行和段落间距”按钮，

6. 在弹出的下拉列表中，选择行间距为“1.5”。

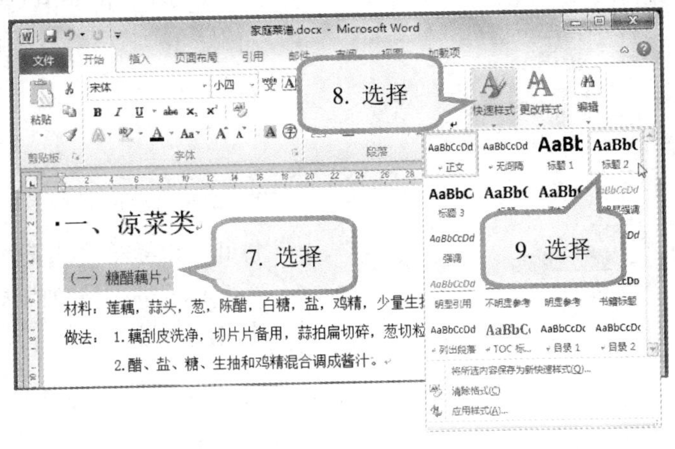

7. 选中要设置为二级标题的文本。

8. 在“开始”选项卡→“样式”组中，单击“快速样式”按钮。

9. 在弹出的下拉列表中，选择“标题 2”选项。

»☞ 应用格式刷

在一个长文档中，所有的标题都采用上一节的方法设置一遍是很麻烦的，Word 中提供了格式刷功能，只需设置一次标题，利用格式刷的功能在后面的标题上轻轻一刷，即可完成标题设置。

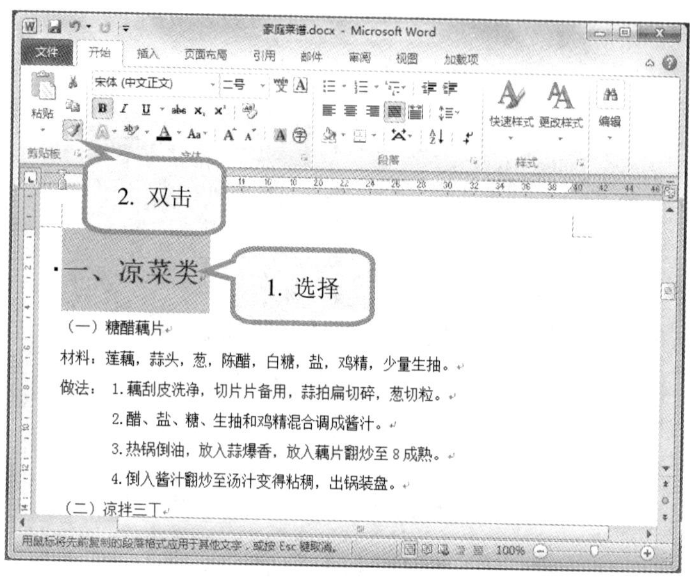

1. 选中设置好的一级标题。
2. 在“开始”选项卡→“剪贴板”组中，双击“格式刷”按钮。

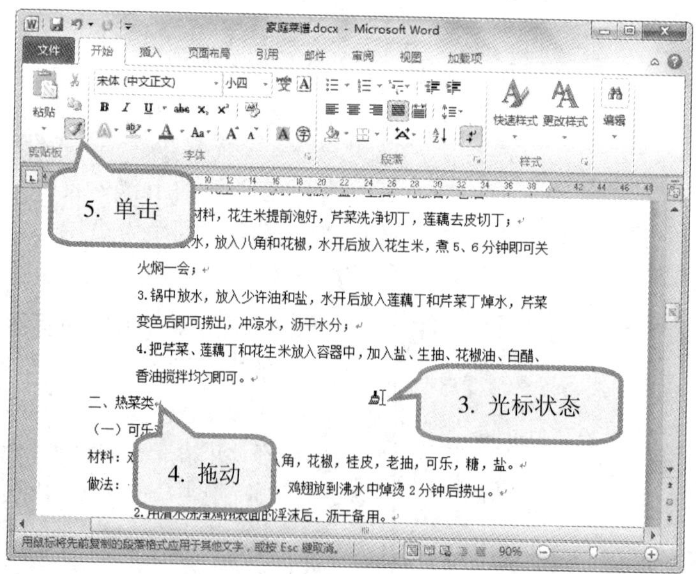

3. 此时，光标将变为带刷子的状态。
4. 在要设置为一级标题的文字上拖动，即可使文字应用一级标题的设置。
5. 设置完毕后，可单击“格式刷”按钮取消格式刷状态。

二级标题设置时，可利用一级标题的设置方法，利用格式刷功能快速完成设置。

»☞ 插入页码

为了方便查找内容，在长文档中，为每页标上页码，显得非常有必要。在有目录的情况下，可以使读者快速找到想要查阅的内容。

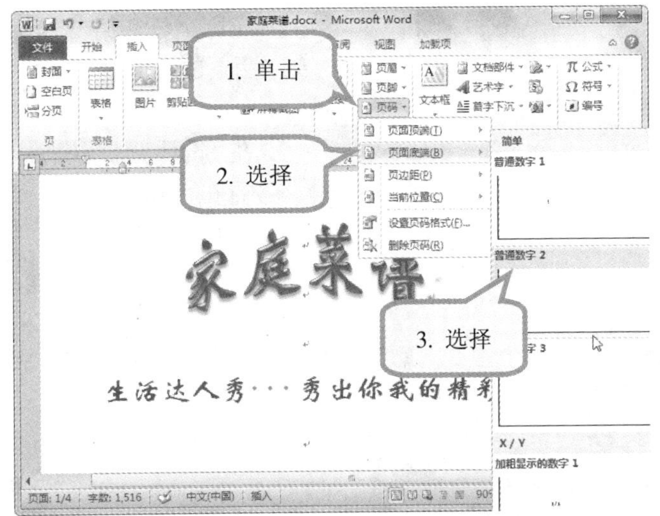

1. 在“插入”选项卡→“页眉和页脚”组中，单击“页码”按钮。

2. 在弹出的下拉列表中，选择“页面底端”项。

3. 在弹出的二级下拉列表中，选择“普通数字 2”项，将看到系统自动在每页的底端添加了页码。

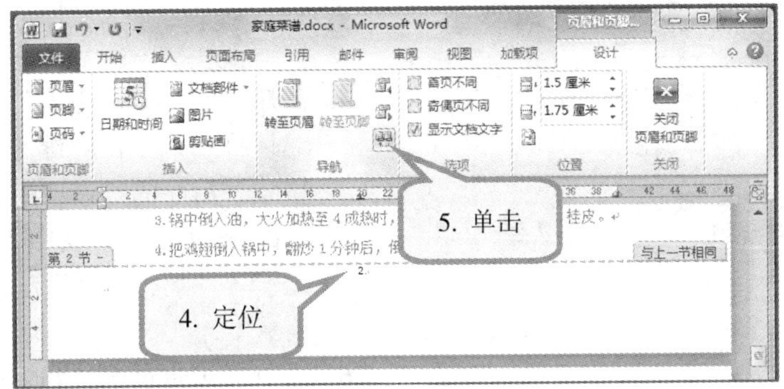

4. 将光标定位在第 2 页的页码处。

5. 单击“链接到前一条页眉”按钮，将看到“与上一节相同”标注消失，最终效果如下图所示。

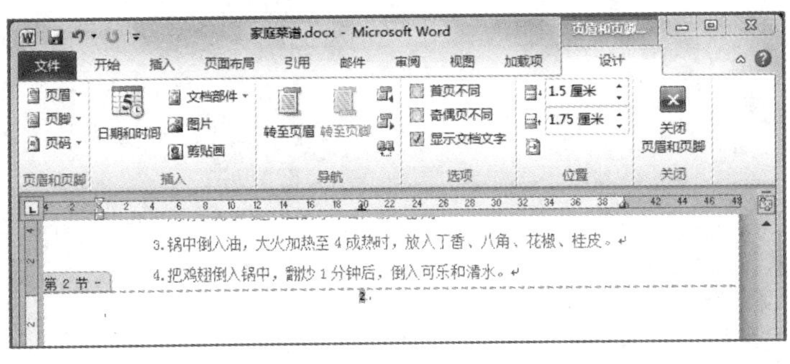

一个文档可以包含多个节，默认情况下，节与节之间是链接在一起的，取消节与节之间的链接后，每一节的页码编号都可以从 1 开始，也可以给每一节设置不同的页码显示方式。

»☞ 修改页码

默认状态下，页码显示格式是从文档的第一页到最后一页连续显示，但一般情况下封面不显示页码，正文的页码从第 1 页开始显示，因此需要修改页码的显示格式。

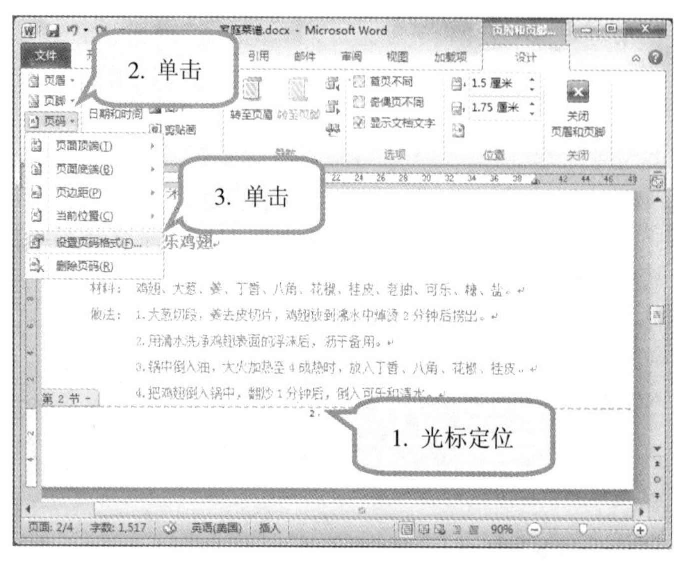

1. 光标定位在第 2 节的第 2 页的页码处。
2. 在“设计”选项卡→“页眉和页脚”组中，单击“页码”按钮。
3. 在弹出的下拉列表中，选择“设置页码格式”项。

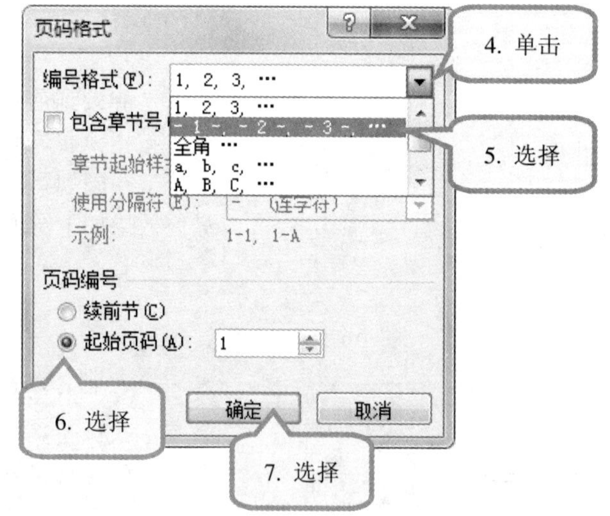

4. 在弹出的“页码格式”对话框中，单击“编号格式”后面的按钮。
5. 在弹出的下拉列表中，选择一种合适的页码格式。
6. 选中“起始页码”项，后面的选择框中自动显示为 1。
7. 单击“确定”按钮，第 2 节的页码由原来的第 2 页开始，现改为从第 1 页开始。

（一）可乐鸡翅

材料：鸡翅、大葱、姜、丁香、八角、花椒、桂皮、老抽、可乐、糖、盐。

做法：1. 大葱切段，姜去皮切片，鸡翅放到沸水中焯烫 2 分钟后捞出。

2. 用清水洗净鸡翅表面的浮沫后，沥干备用。

3. 锅中倒入油，大火加热至 4 成热时，放入丁香、八角、花椒、桂皮。

4. 把鸡翅倒入锅中，翻炒 1 分钟后，倒入可乐和清水。

第 2 节 -

-1-

»☞ 删除封面页码

在长文档中，一般情况下封面页不显示页码，因此要将封面的页码删除掉，此项操作需在取消节与节之间的链接后执行，否则在删除封面的页码时会影响到后面页的页码。

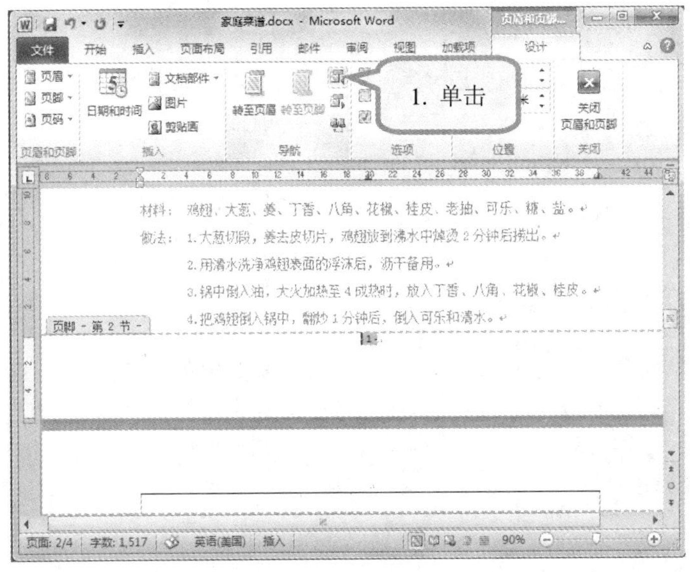

1. 在“设计”选项卡→“导航”组中，单击“上一节”按钮，将显示第 1 节的页脚。

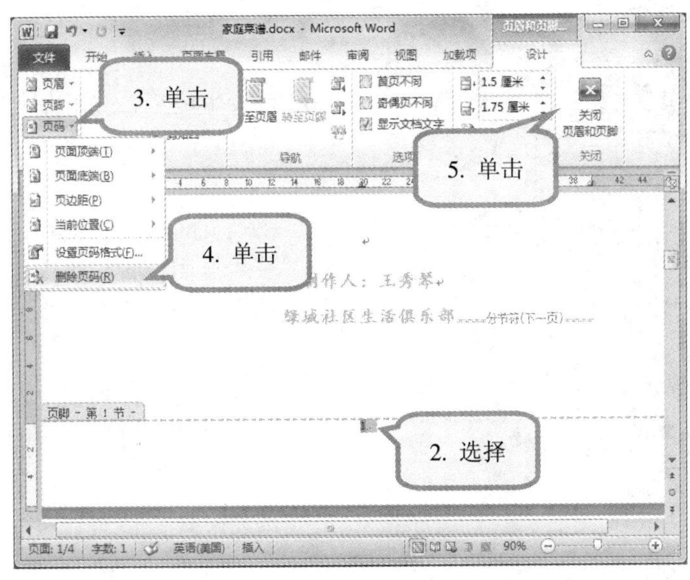

2. 选中首页页码。

3. 在“设计”选项卡→“页眉和页脚”组中，单击“页码”按钮。

4. 在弹出的下拉列表中，选择“删除页码”项，即可删除封面的页码。

5. 页码设置完成后，在“设计”选项卡中，单击“关闭页眉和页脚”按钮，将关闭页眉和页脚设置状态。

»☞ 生成目录

在长文档中，目录的作用非常显著，不仅可以让阅读者快速了解文档所包含的内容，同时也可以快速定位想要查看内容的位置。页码设置完成以后，可以利用 Word 自带的目录生成方法快速生成目录。

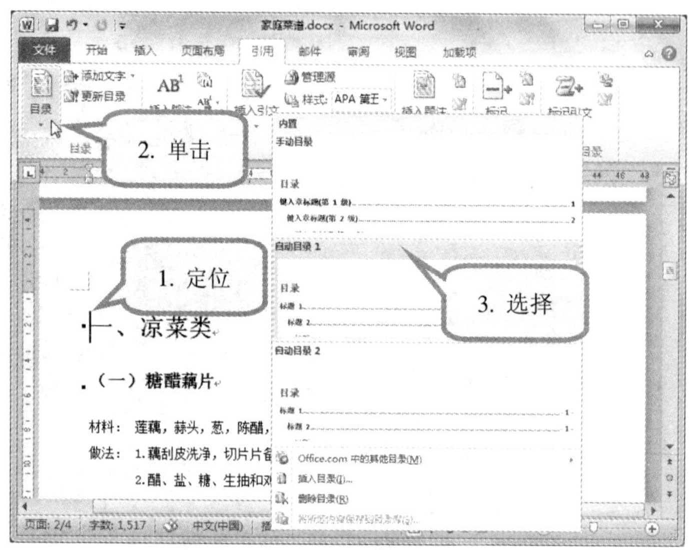

1. 将光标定位在一级标题前面。
2. 在“引用”选项卡→“目录”组中，单击“目录”按钮。
3. 在弹出的“内置”下拉列表中，选择“自动目录 1”选项。

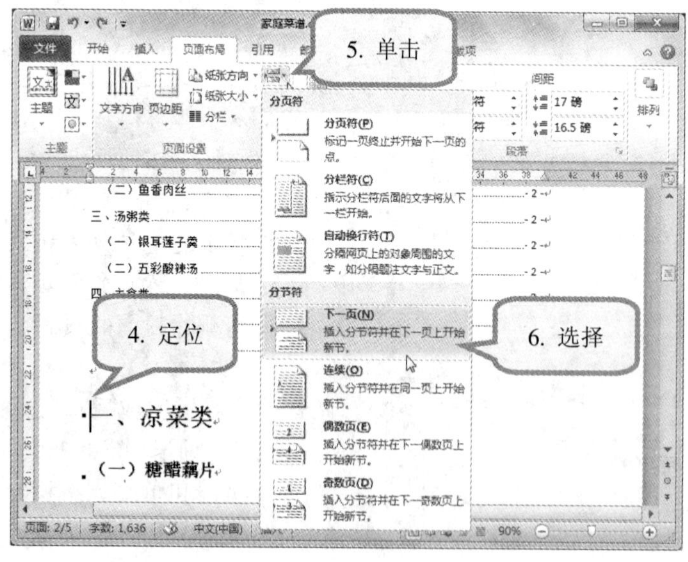

4. 目录生成后，光标依然定位在一级标题前面。
5. 在“页面布局”选项卡→“页面设置”组中，单击“分隔符”按钮。
6. 在弹出的下拉列表中，选择“分节符”项中的“下一页”选项，正文部分将移动到下一页。

»☞ 修改目录

快速生成的目录都按照默认的格式，如果对默认的格式不满意，还可以对目录进行修改，使目录中标题显示不同的格式。

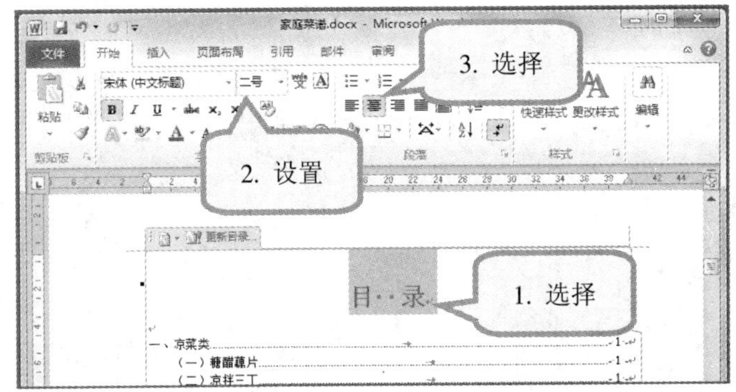

1. 选中文本“目录”。
2. 在“开始”选项卡→“字体”组中，设置字号为“二号”。
3. 在“段落”组中，单击“居中”按钮，按键盘上的 Enter 键插入空行。

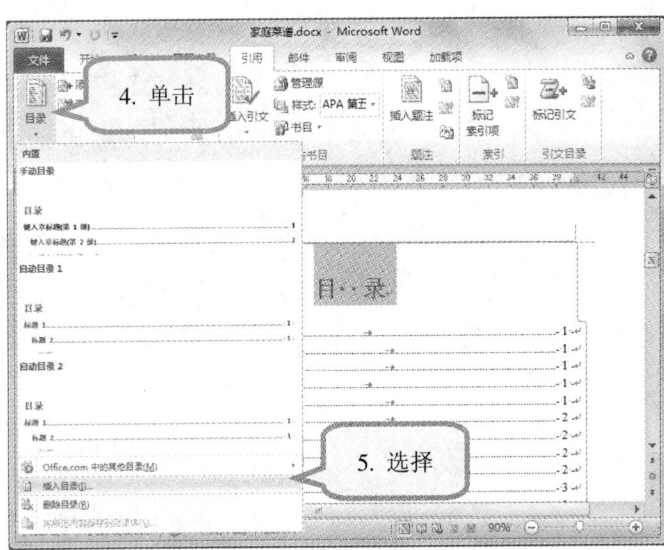

4. 在“引用”选项卡→“目录”组中，单击“目录”按钮。
5. 在弹出的下拉列表中，选择“插入目录”项。

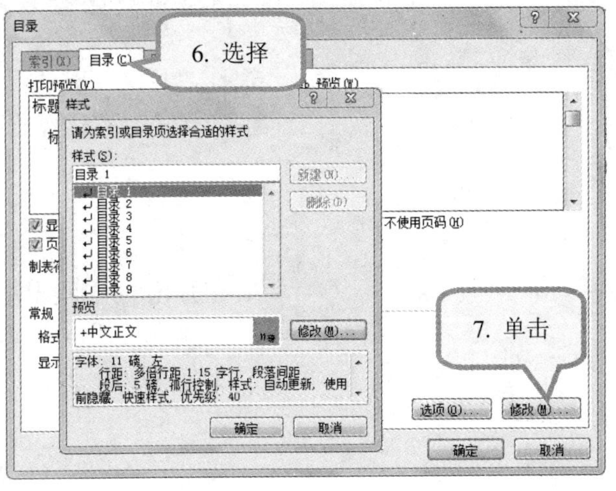

6. 在弹出的“目录”对话框中，选择“目录”选项卡。
7. 单击“修改”按钮，将弹出“样式”对话框。在此话框中，可以对目录的样式进行修改。

»☞ 设置目录格式

1. 在“样式”对话框中，选中“目录 1”。

2. 单击“修改”按钮，将弹出“修改样式”对话框。

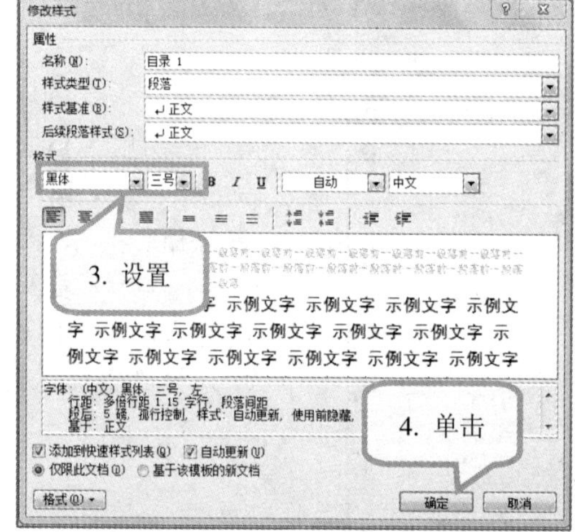

3. 设置字体为“黑体”，字号为“三号”。

4. 单击“确定”将返回“样式”对话框。

同样的方法，设置“目录 2”的样式为：宋体，四号。

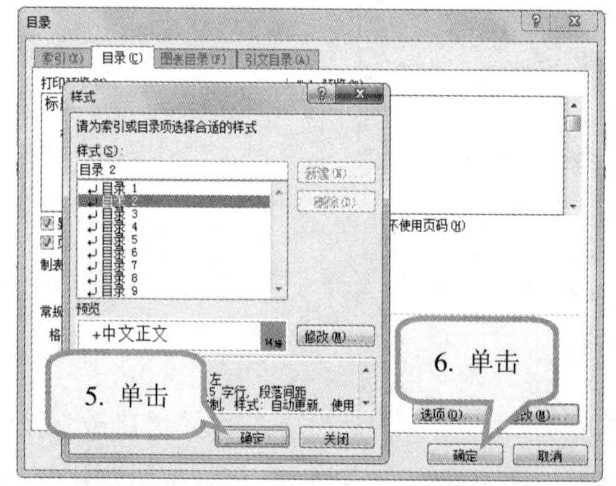

5. 样式修改完成后，在“样式”对话框中，单击“确定”按钮，将返回“目录”对话框。

6. 在“目录”对话框中，单击“确定”按钮。

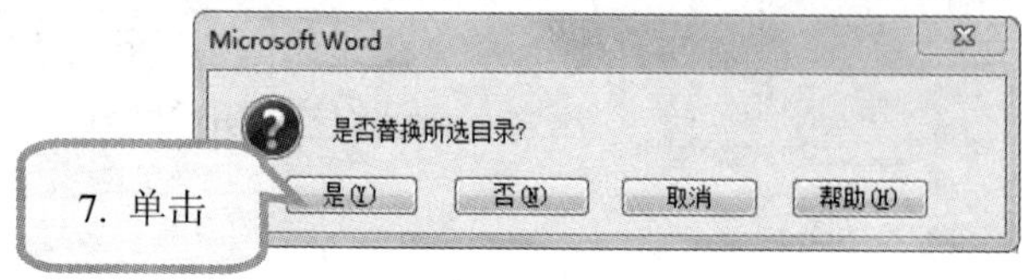

7. 在弹出的对框框中单击“是”按钮，将修改后的样式应用到目录中。

»☞ 保存并打印

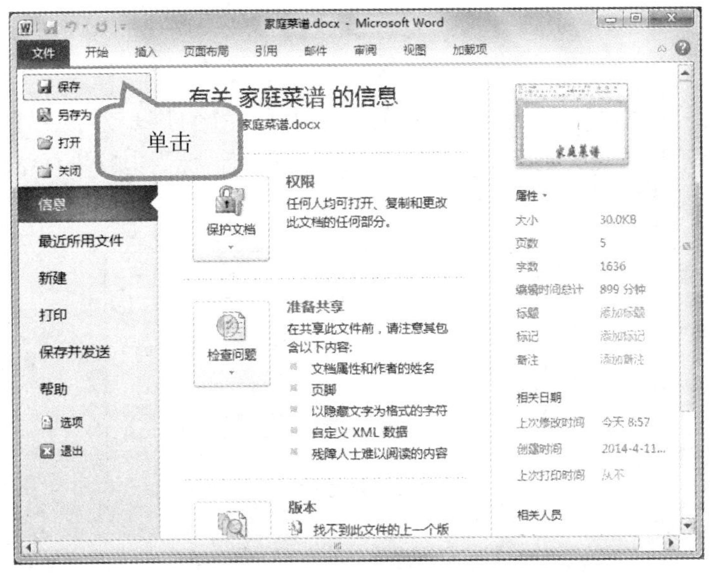

在“文件”选项卡中，单击“保存”按钮完成对文档修改后的保存。

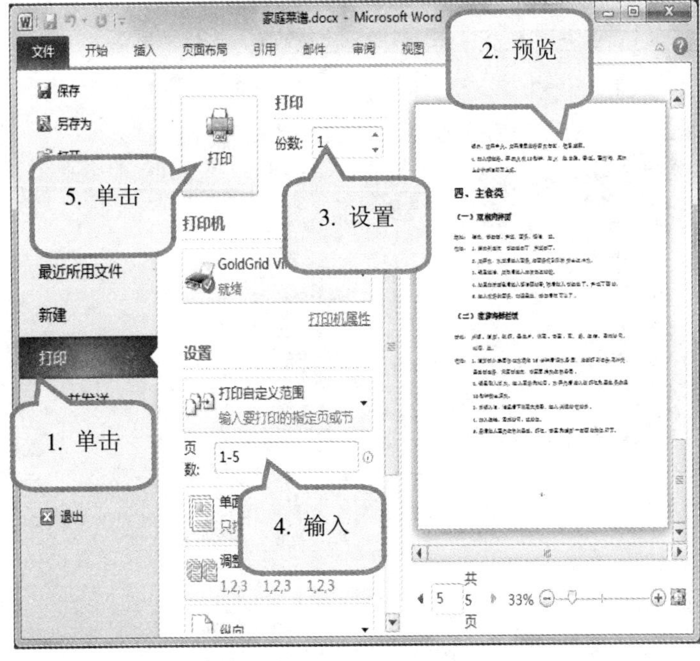

1. 打印文档时，可在“文件”选项卡中单击“打印”按钮。
2. 在该窗口中可以预览页面整体效果。
3. 如果对页面效果感到满意，可设置打印份数、页数。
4. 输入打印的页数。
5. 单击“打印”按钮开始打印。

实例 10　制作销售情况统计表

学习情境

小美经过几年的打拼，她的鲜花店生意红红火火，目前已经开了 3 个分店。为了更好地管理经营状况并且对比各分店销售情况，她准备试着将 2 月份的销售情况用电脑进行统计分析。原始数据如下：

	金明分店	城东分店	顺河分店	销量小计
传情花束	3	4	4	
新娘手捧花	3	3	2	
开业花篮	2	2	1	
悼念花圈	1	1	2	

编排效果

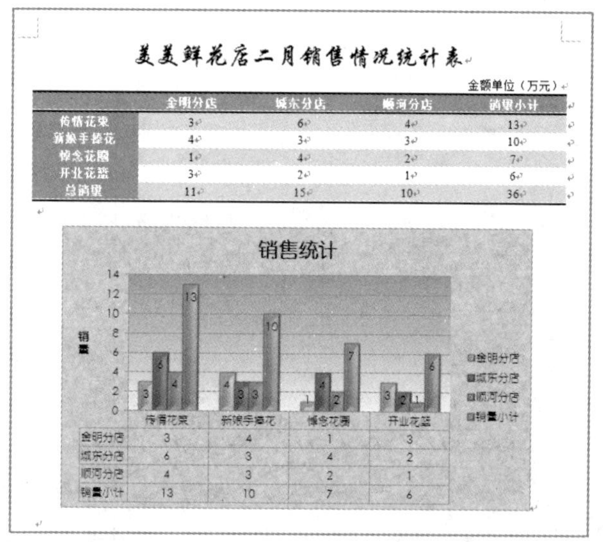

美美鲜花店二月销售情况统计表

金额单位（万元）

	金明分店	城东分店	顺河分店	销量小计
传情花束	3	6	4	13
新娘手捧花	4	3	3	10
悼念花圈	1	4	2	7
开业花篮	3	2	1	6
总销量	11	15	10	36

掌握技能

通过本实例，将学会以下技能：

- 插入行和列。
- 应用公式求和。
- 数据排序。
- 自动套用表格样式。
- 创建、更新、修改、美化图表。

»☞ 新建 Word 文档

本实例我们采用在 Windows 桌面上通过右键来创建 Word 文档的方法。当然，也可以用其他方法新建 Word 文档。

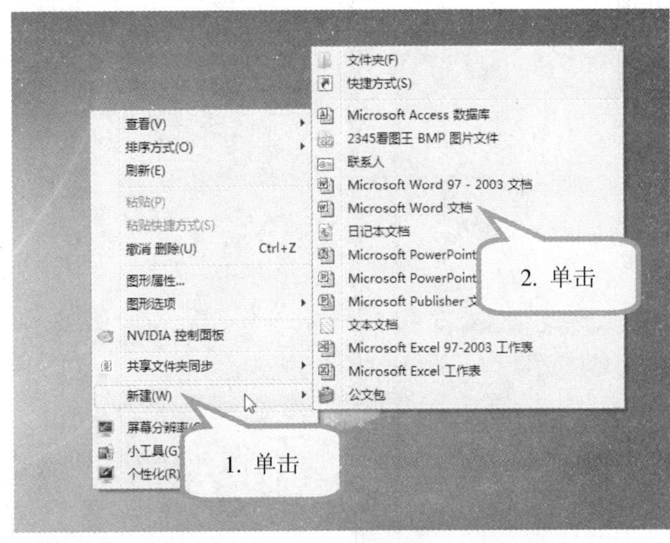

1. 在 Windows 7 桌面上，右键单击空白处，在快捷菜单中单击“新建”项。

2. 在二级菜单中，单击“Microsoft Word 文档”项。

3. 此时，在桌面上新建了一个 Word 文档，文件名暂为“新建 Microsoft Word 文档”，直接输入需要的文档名，如“销售统计表”。

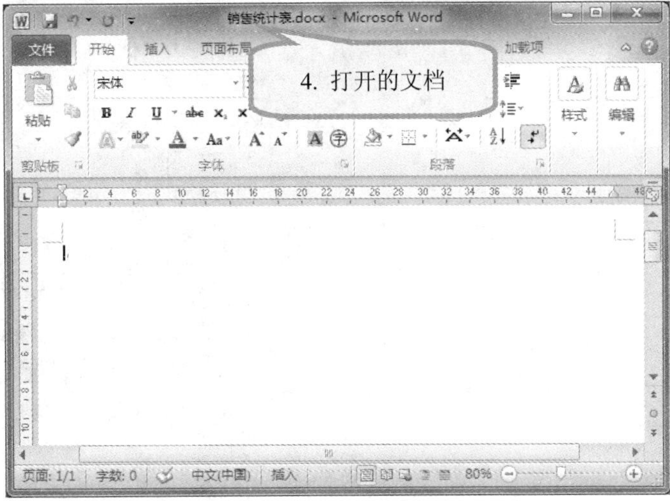

4. 双击新文件图标，即可打开该 Word 文档，该文档文件名为刚刚修改的名称。

也可以单击“开始”按钮→“所有程序”→“Microsoft Office”→“Microsoft Word 2010”。如果“开始”菜单左侧的最近使用的程序区中有 Microsoft Word 2010，则可单击 Microsoft Word 2010。

页面设置

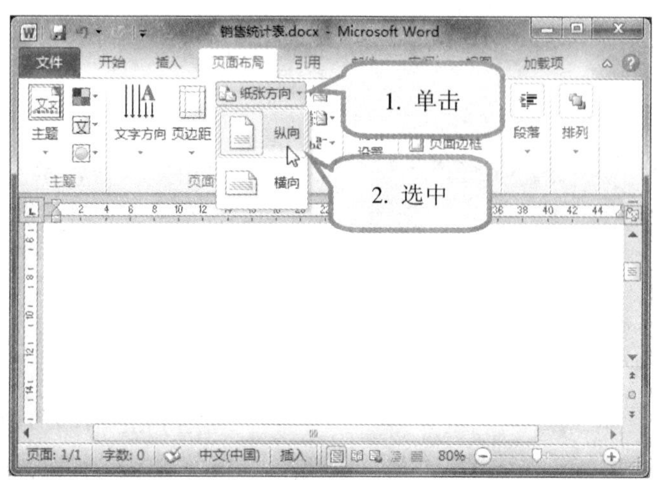

1. 在“页面布局”选项卡→“页面设置”组，单击“纸张方向”按钮。

2. 在下拉列表中，选中“纵向”。

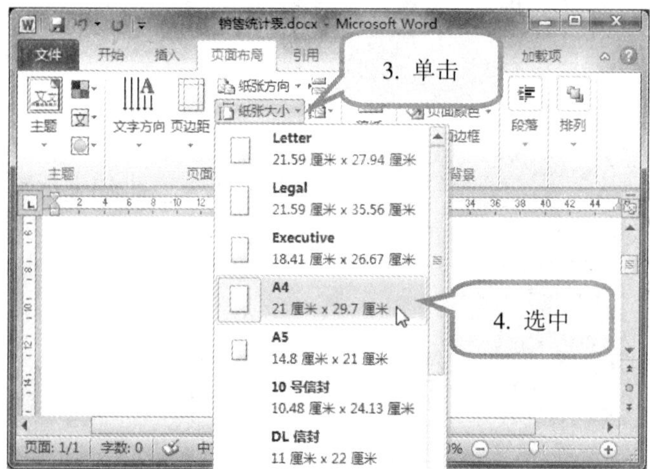

3. 单击“纸张大小”按钮。

4. 在下拉列表中，选中“A4”。

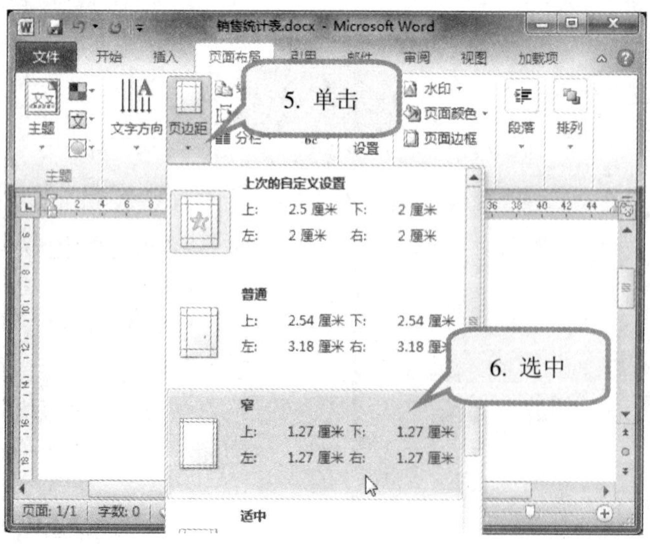

5. 单击“页边距”按钮。

6. 在下拉列表中，选中“窄”项。

也可以在“页面设置”对话框中，对纸张大小、纸张方向、页边距进行详细设置。

»☞ 建立表格

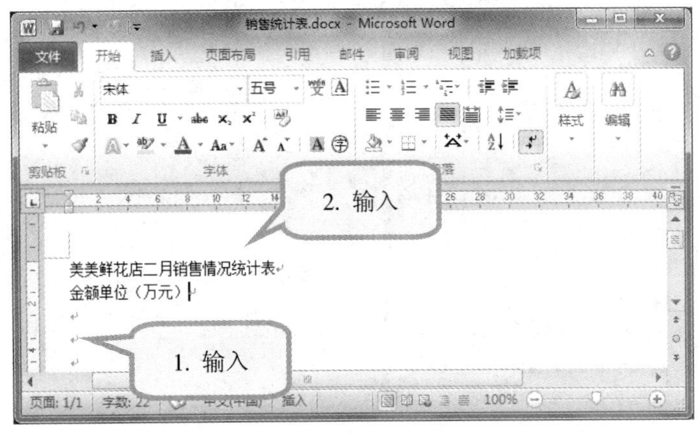

1. 在文档中先按若干下 Enter 键，输入几个空行。

2. 在合适位置，输入需要的文字内容。

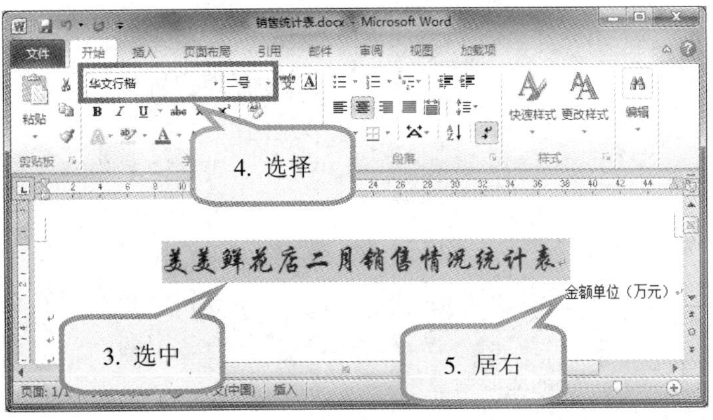

3. 选中标题。

4. 在“开始”选项卡→“字体”组中，设置为华为行楷、二号、居中。

5. 单击第 2 行，单击“居右”按钮。

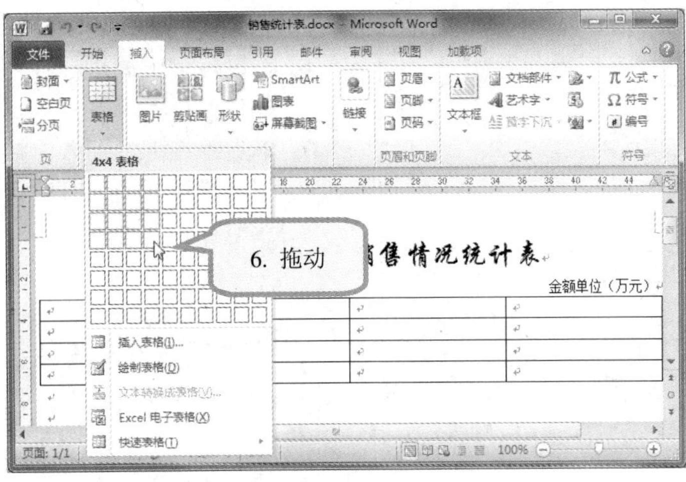

6. 将插入点置于第 3 行。单击“插入”选项卡→“表格”组→“表格”下拉按钮，在列表中，拖动鼠标选择需要的列数和行数，如 4 列 4 行。

插入行和列

如果行数和列数在使用时不能满足需要，可以随时添加行和列。

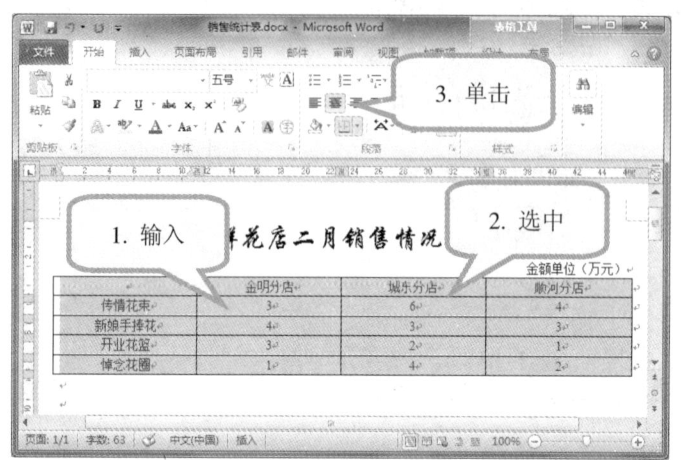

1. 在新建表格的各单元格中输入文字内容。

2. 选中各列。

3. 单击“开始”菜单→“段落”组→“居中”按钮。

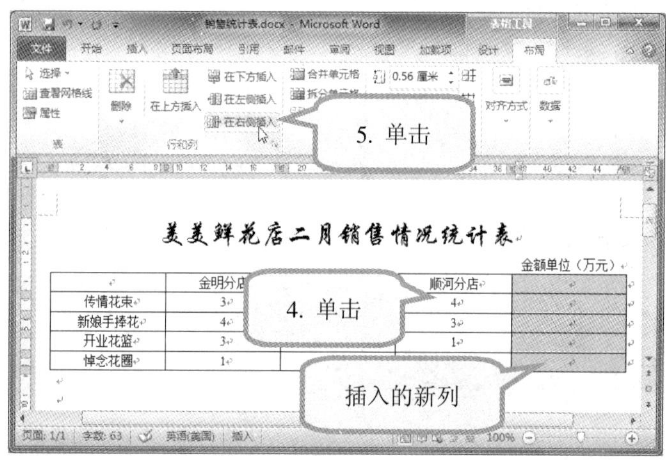

4. 将鼠标单击最后一列中的任何位置。

5. 在“表格工具”→“布局”选项卡→“行和列”组中，单击“在右侧插入”按钮，将在列的右侧插入一空列。

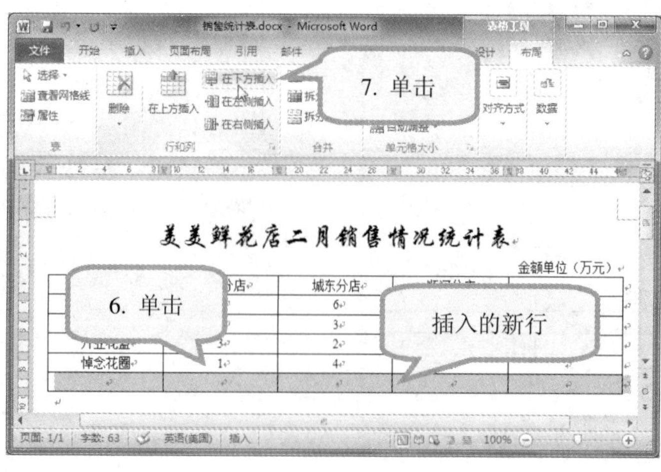

6. 将鼠标单击最后一行中的任何位置。
7. 单击“在下方插入”按钮，将在行的下方插入一空行。

也可以右击某单元格，在快捷菜单中，选择“插入”中的命令来插入行和列。

»☞ 利用公式求和

在 Word 中提供了多种运算公式，如求和、求平均数等。我们可以根据实际需要选择使用，如在统计类的表格中，经常使用求和公式，用来计算某项数值的总数。

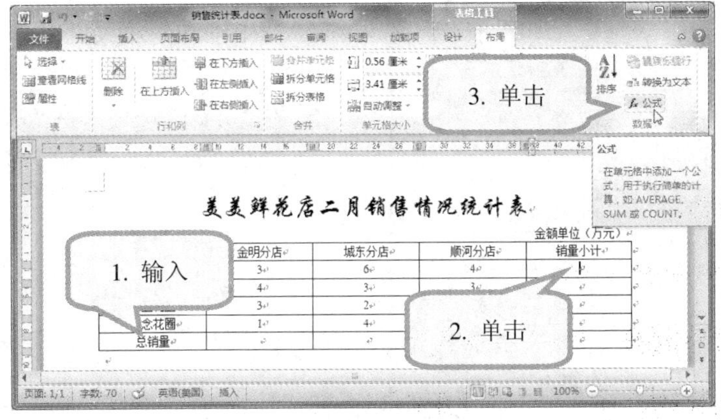

1. 在新插入的行和列中，分别输入“销售小计”和“总销量”。
2. 单击要放置计算结果的单元格。
3. 在“表格工具”→“布局”选项卡→“数据”组中，单击“公式”按钮。

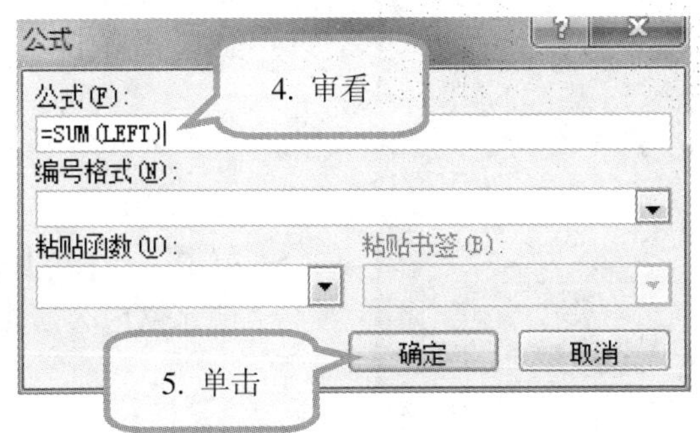

4. 在打开的“公式”对话框中，在“公式”框中显示“=SUM(LEFT)”，表示对左侧的数值求和，审查满足要求不用修改。
5. 单击“确定”按钮，计算结果出现在该单元格中。

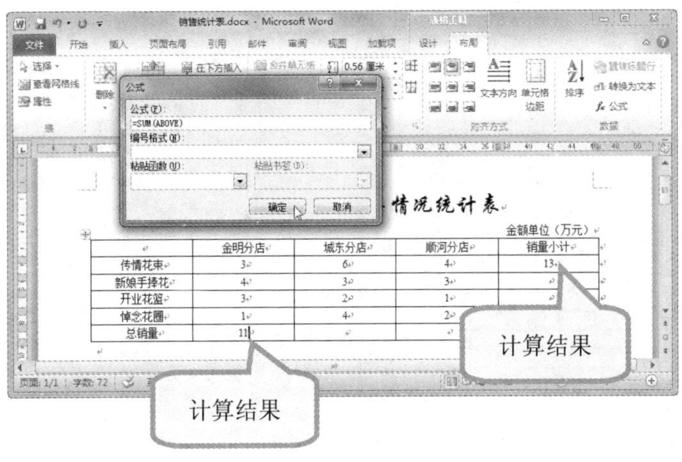

同样地，计算“总销量”的值。此时，选定的单元格位于一列数值的下方，则在“公式”框中将显示“=SUM(ABOVE)”，表示对上方的数值求和。

»☞ 复制求和公式

如果要在其他单元格中使用相同的求和公式，我们可以利用复制和更新的方法，快速计算出结果。

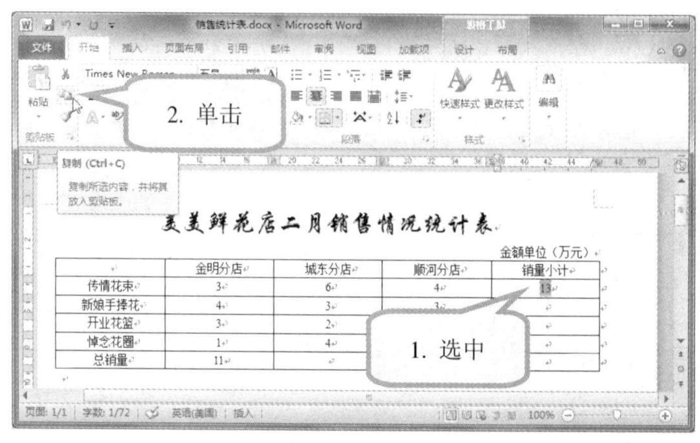

1. 选中求和的结果。

2. 在“开始”选项卡→“剪贴板”组中，单击“复制”按钮。

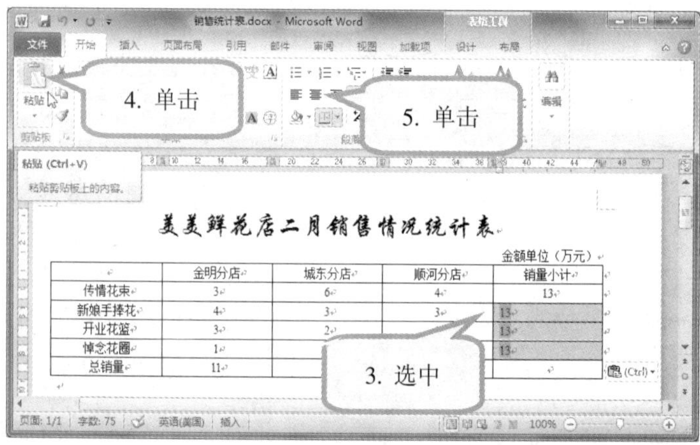

3. 选中需要复制公式的其他单元格中。

4. 单击“粘贴”按钮。

5. 单击“居中”按钮，使单元格内容居中对齐。

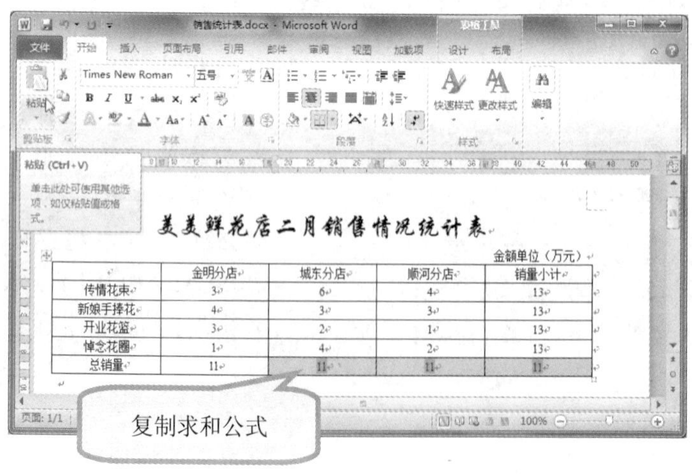

同样的方法，在“总销量”的其他单元格中，复制求和公式。

»☞ 更新求和结果

我们复制的求和公式，其结果不符合实际情况，此时，我们还需要利用“更新域”的方法来更新求和结果。

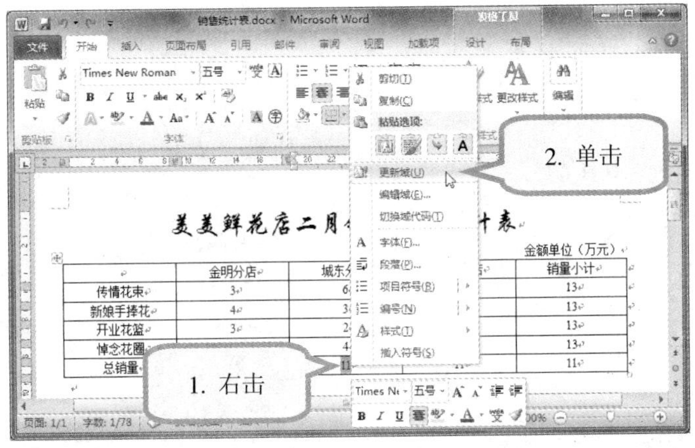

1. 右键单击第一处复制的求和结果。
2. 在快捷菜单中，单击“更新域”命令，此时求和结果自动更新。

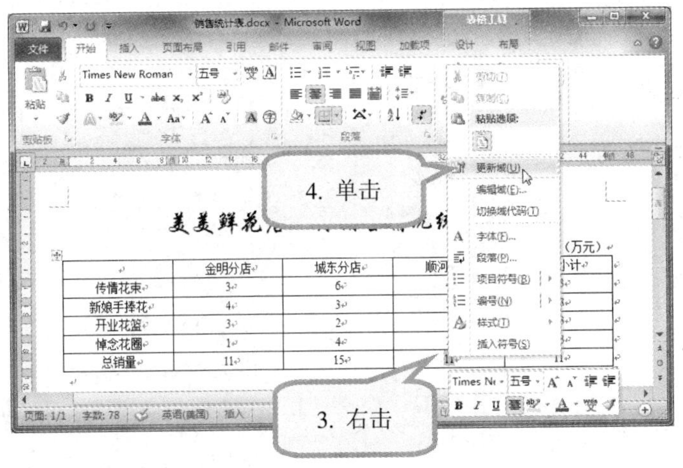

3. 右键单击第二处复制的求和结果。
4. 在快捷菜单中，单击“更新域”命令。

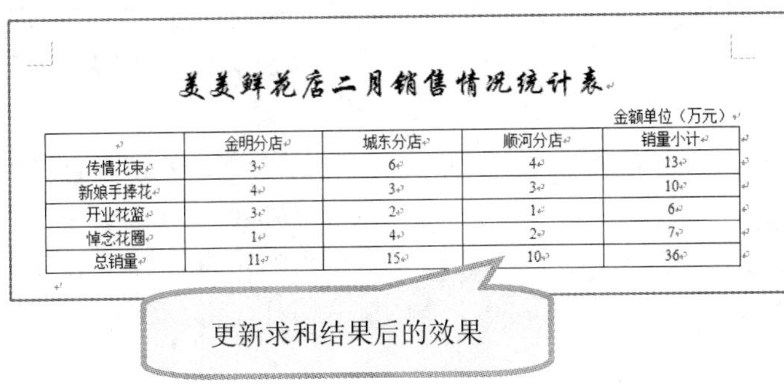

美美鲜花店二月销售情况统计表

金额单位（万元）

	金明分店	城东分店	顺河分店	销量小计
传情花束	3	6	4	13
新娘手捧花	4	3	3	10
开业花篮	3	2	1	6
悼念花圈	1	4	2	7
总销量	11	15	10	36

更新求和结果后的效果

同样的方法，依次更新其余复制求和公式的单元格。

»☞ 表格数据排序

在 Word 中，可以将表格中的数据根据我们指定的关键字和方式进行排序。

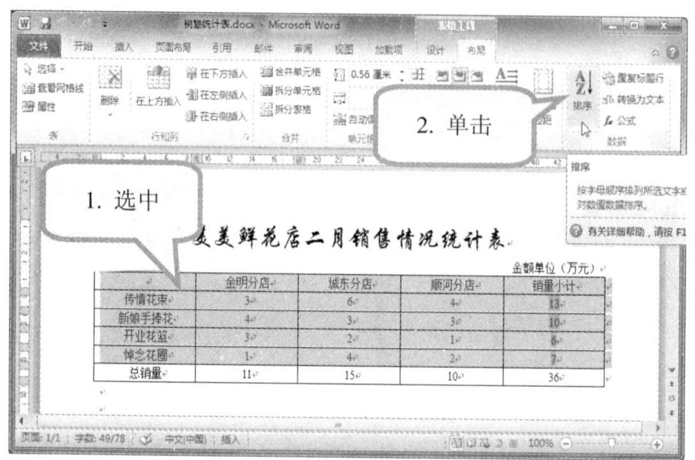

1. 将鼠标置于表格左侧空白处，拖动选中表格的前 5 行。

2. 在“表格工具”→“布局”选项卡→“数据”组中，单击“排序”按钮。

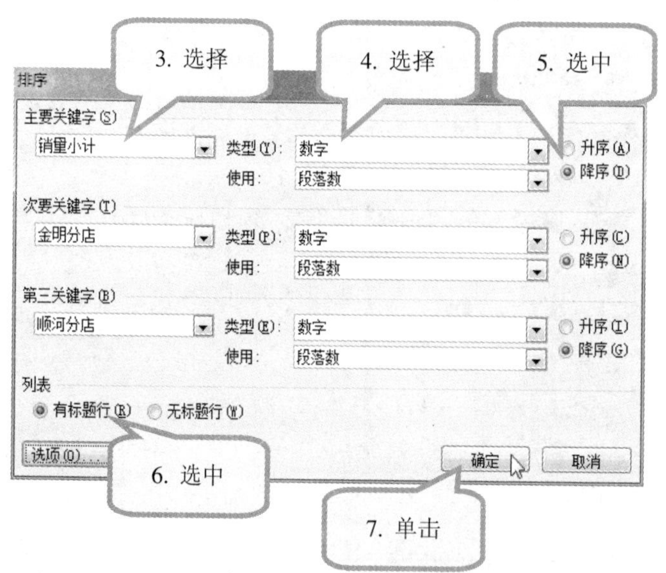

3. 在打开的“排序”对话框中，在“主要关键字”中，选择“销量小计”项。
4. 在“类型”下拉列表中，选择“数字”项。
5. 选中“降序”单选项。

同样地，在“次关键字”和“第三关键字”中选择相关选项。

6. 在“列表”中，选中“有标题行”项。
7. 单击“确定”按钮，关闭对话框返回文档编辑区。

	金明分店	城东分店	顺河分店	销量小计
传情花束	3	6	4	13
新娘手捧花	4	3	3	10
悼念花圈	1	4	2	7
开业花篮	3	2	1	6
总销量	11			36

8. 单击文档的其他位置，即可取消选中状态，此时可查看排序结果。

»☞ 自动套用表格样式

除默认的网格式表格外，Word 还提供了多种表格样式，这些表格样式都可以采用自动套用的方法加以使用。

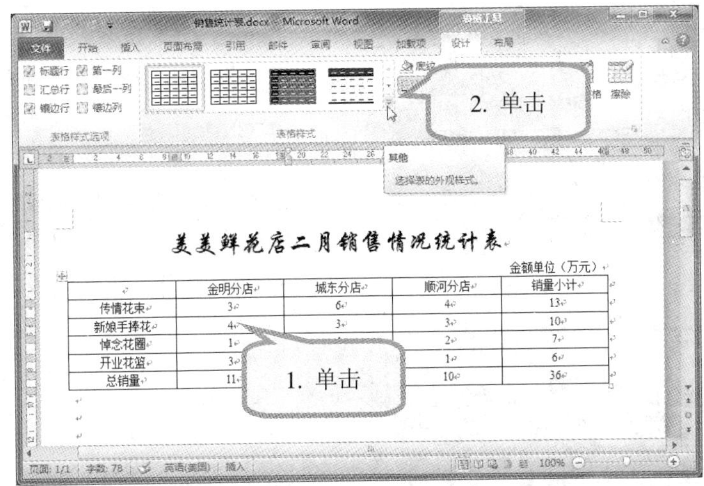

1. 单击表格中的任意单元格。

2. 在“表格工具”→“设计”选项卡→“表格样式”组中，单击“其他”按钮。

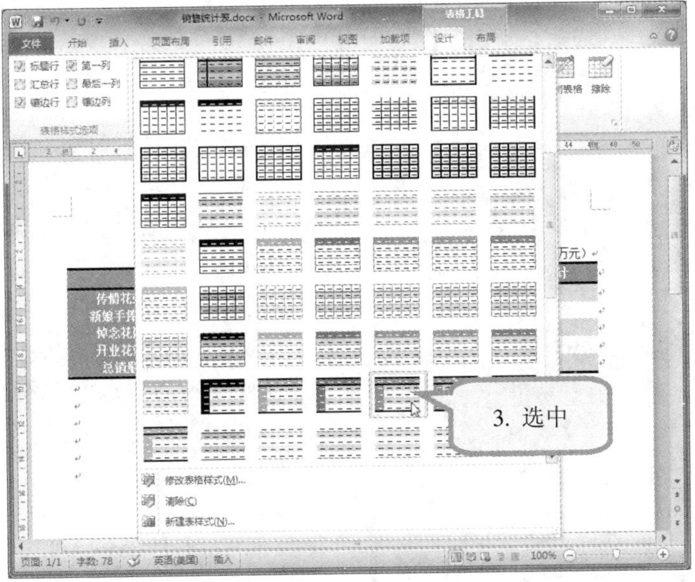

3. 在打开的下拉列表中，选中自己需要的表格样式。此时以选中的表格样式会自动应用到表格中。

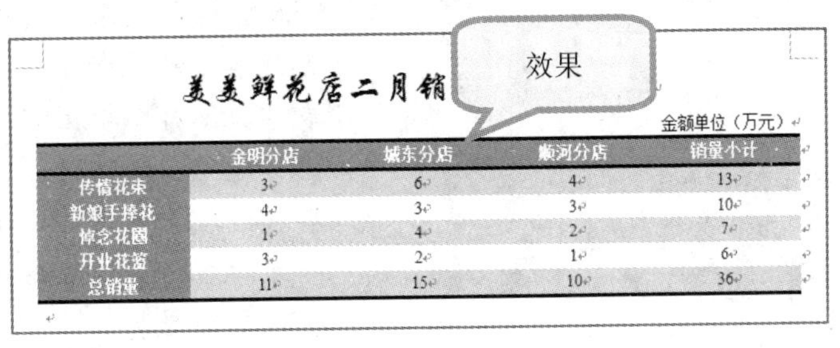

美美鲜花店二月销

金额单位（万元）

	金明分店	城东分店	顺河分店	销量小计
传情花束	3	6	4	13
新娘手捧花	4	3	3	10
悼念花圈	1	4	2	7
开业花篮	3	2	1	6
总销量	11	15	10	36

如果对 Word 提供的表格样式不太满意，可以在下拉列表中，单击“修改表格样式”命令，在弹出的“修改表格样式”对话框中进行修改。

»☞ 创建图表

图表是数据的表现形式，与 SmartArt 图形不同，图表所针对的对象是数字数据。使用图表可以生动形象地将表格中的数据表现出来，使复杂的数据一目了然。

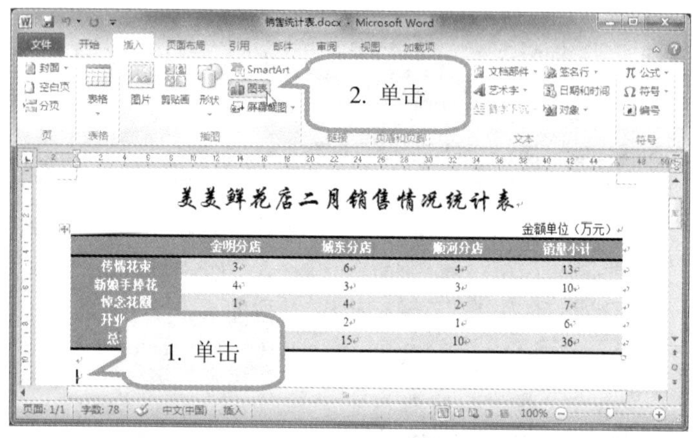

1. 在需要插入图表的位置单击鼠标，定位光标插入点。

2. 在“插入”选项卡→“插图”组中，单击“图表”按钮，打开“插入图表”对话框。

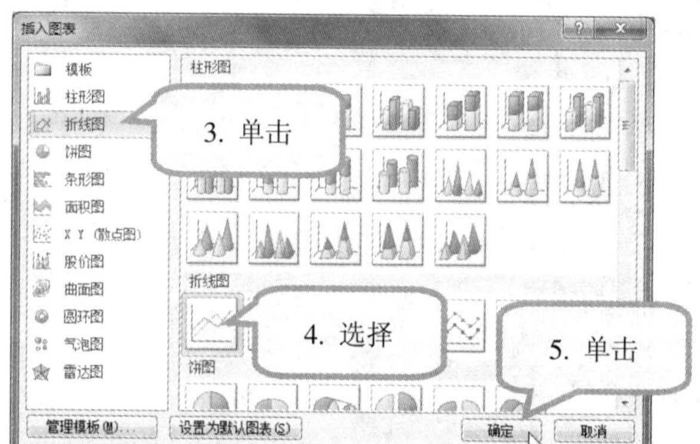

3. 单击“折线图”选项卡。

4. 选择一个图表类型。

5. 单击“确定”按钮。

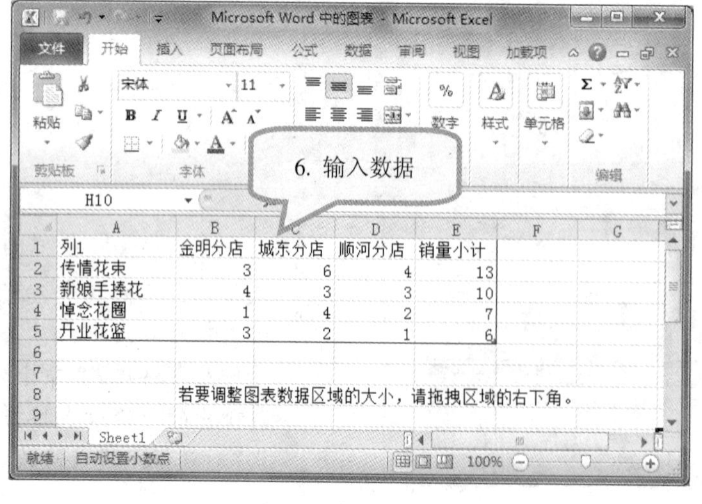

6. 此时将打开“Microsoft Word 中的图表”窗口，在表格中输入“销售统计表”中的数据。关闭 Excel 窗口后返回 Word 文档编辑区，即可查看创建的图表。

Word 提供约 100 种不同格式的图表，其中包括二维图表和三维图表。我们可以根据需要选择使用。使用时，只要按照指示的步骤一步一步地进行，就可以建立所需的图表。

»☞ 更改图表类型

选择文档中插入的图表，将激活图表工具的“设计”、“布局”和“格式”选项卡，在其中可以设置图表的类型、样式和布局等。

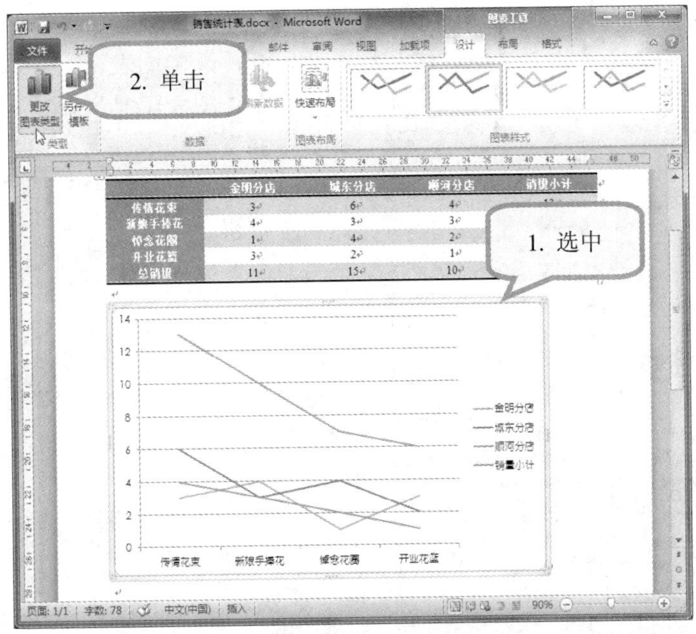

1. 在图表边框上单击鼠标，选中图表。
2. 在“图表工具”→“设计”选项卡→“类型”组中，单击“更改图表类型”按钮，打开“更改图表类型”对话框。

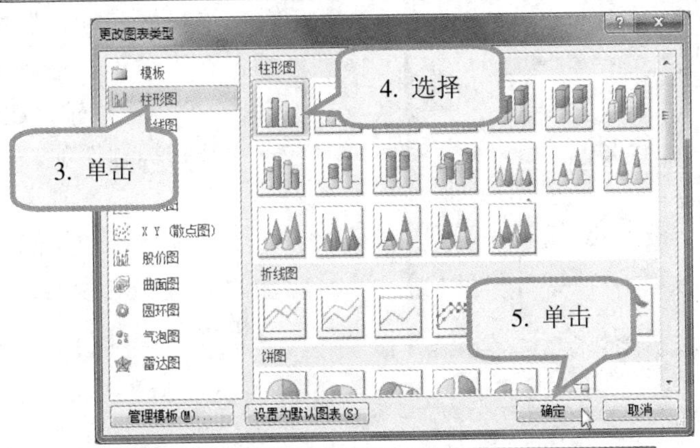

3. 在对话框左侧单击“柱形图”选项卡。
4. 在对话框右侧，选择“簇状柱形图”项。
5. 单击“确定”按钮，返回文档编辑区即可查看更改的图表样式效果。

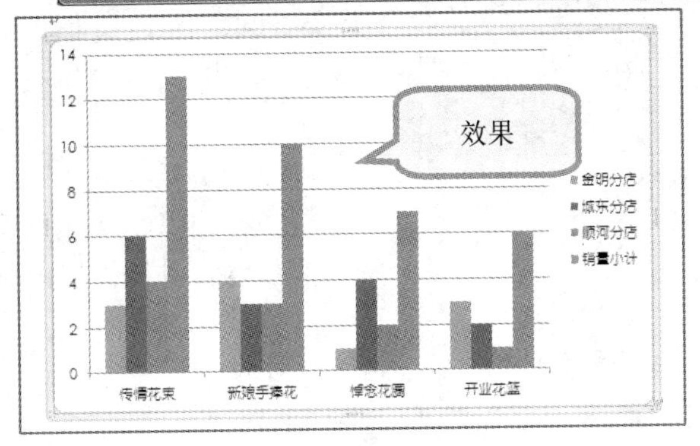

不同的图表类型所表达的数据主题不同，其使用范围也不同。折线图用于显示数据随时间变化的趋势，而柱形图用于说明各项间的比较情况。本实例中创建的图表用于数据间的比较，因此将图表类型更改为柱形图。

»☞ 设置图表布局

选择图表后，在激活的“布局”选项卡中，可以设置图表的布局，包括设置图表标题、坐标抽和图例等。

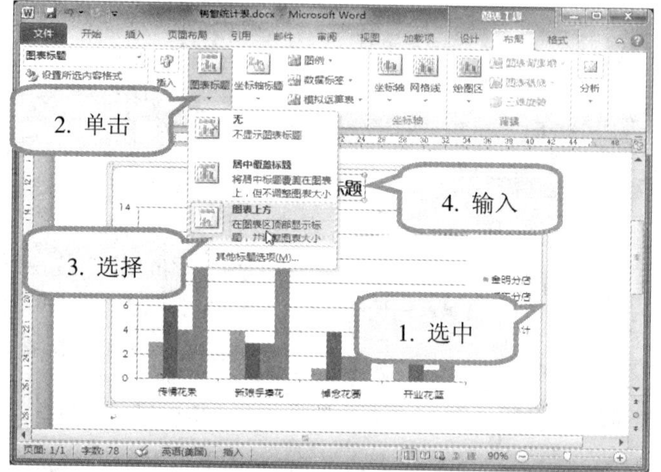

1. 在图表边框上单击鼠标，选中图表。
2. 在“图表工具”→“布局”选项卡→“标签”组中，单击“图表标题”按钮。
3. 在下拉列表中选择“图表上方”项。
4. 在图表上方添加的标题文本框中，输入文本“销售统计”。

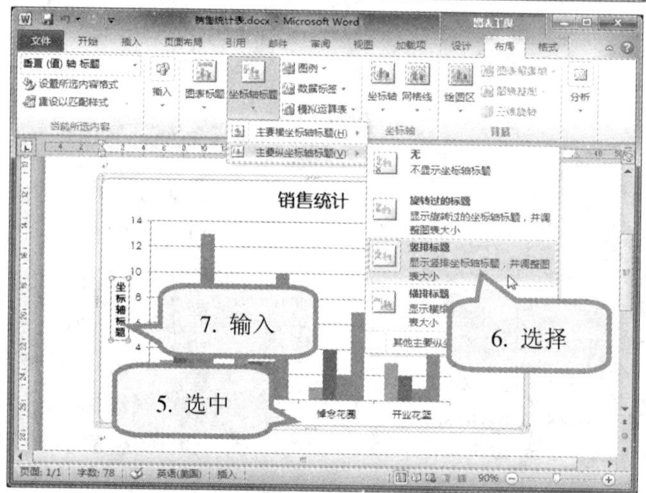

5. 单击图表边框，选中图表。
6. 单击“坐标轴标题”按钮，在下拉列表中，选择“主要纵坐标轴标题”→“竖排标题”项。
7. 在图表纵坐标轴左侧添加的文本空中输入文本“销量”。

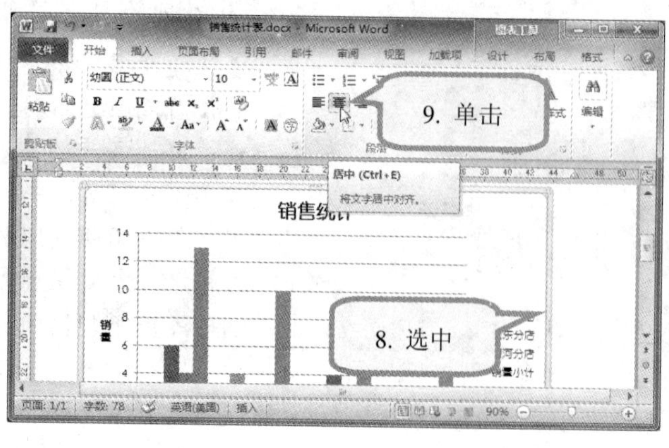

8. 单击图表边框，选中图表。
9. 在“开始”选项卡→“段落”组中，单击“居中”按钮，使图表居中显示。

»☞ 设置图表样式

选择图表后，在激活的选项卡中，还可以对图表进行美化，如为图表设置图表样式。

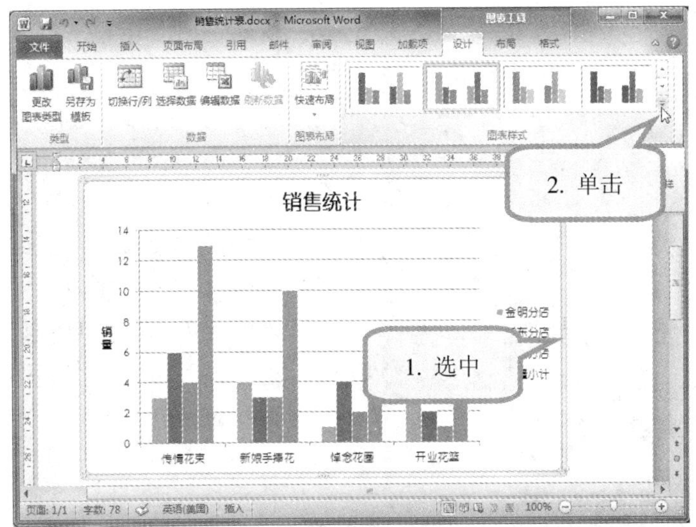

1. 在图表边框上单击鼠标，选中图表。

2. 在“图表工具”→“设计”选项卡→“图表样式”组中，单击“其他”按钮。

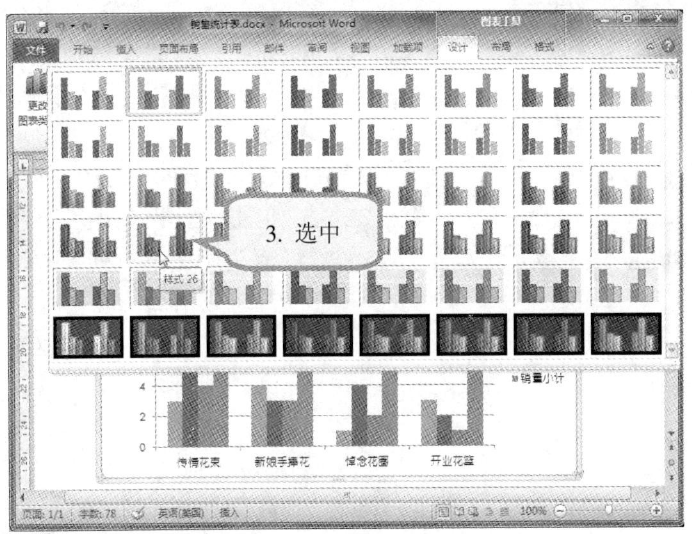

3. 在打开的下拉列表中，选中“样式 26”项。

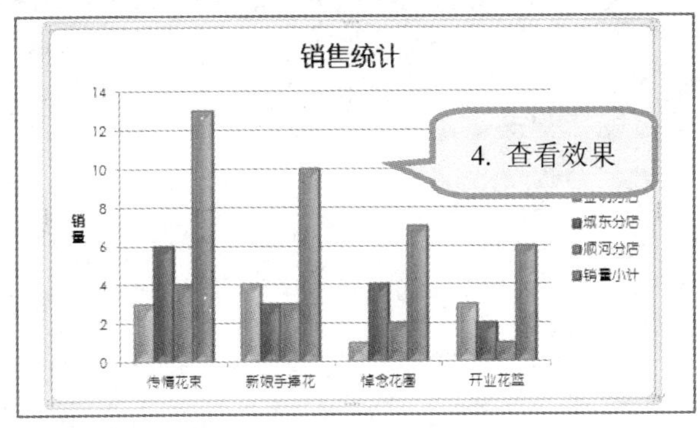

4. 选中样式后，返回到文档编辑窗口，可以查看效果。在本例中，可以看到本样式的应用已经为原柱形图的柱状添加上了轮廓、填充立体颜色等效果。

在“图表工具”→“设计”选项卡→“格式”组中，还可以对图表中的内容设置格式，例如，为文本添加效果，为图例添加形状轮廓等。

»☞ 设置图表背景

图表背景是指图表网格线所在的背景。

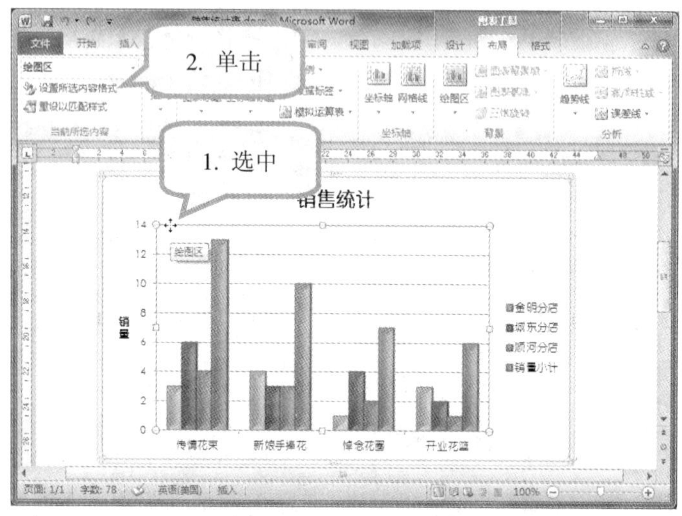

1. 在图表中，单击绘图区边框。

2. 在“图表工具”→“布局”选项卡→“当前所选内容”组中，单击“设置所选内容格式”按钮，将打开“设置绘图区格式”对话框。

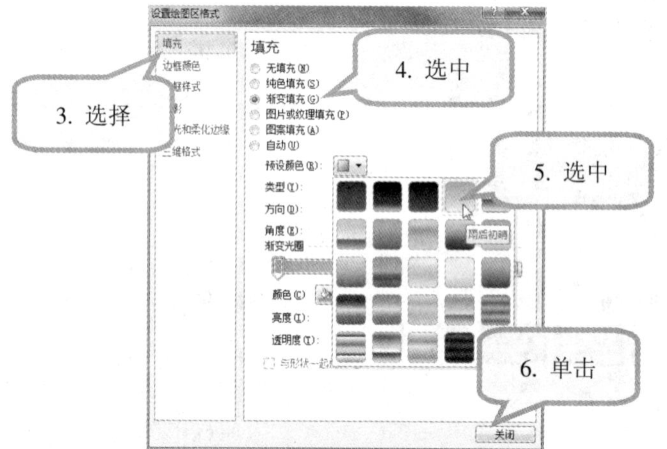

3. 在“设置绘图区格式”对话框中，选择“填充”选项卡。
4. 选中“渐变填充”项。
5. 单击“预设颜色”下拉箭头，在下拉列表中，选中“雨后初晴”项。
6. 单击“关闭”按钮返回文档编辑区。

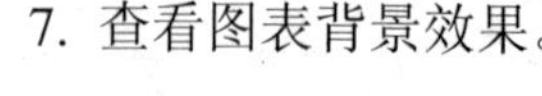

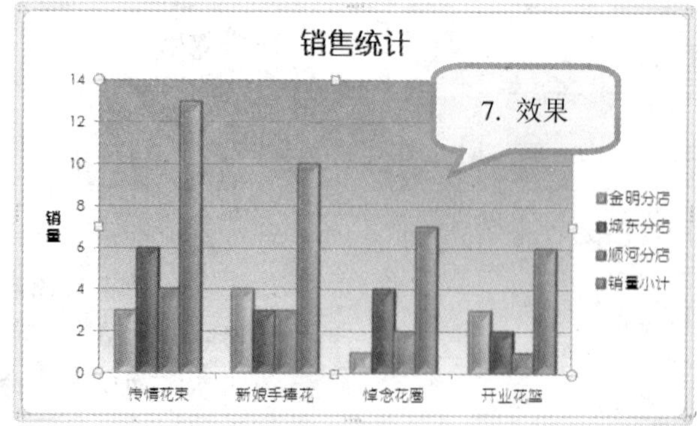

7. 查看图表背景效果。

»☞ 设置图表基底颜色

Word 所创建的图表默认使用白色基底，如果需要使用其他色彩的基底，则需要手动修改。

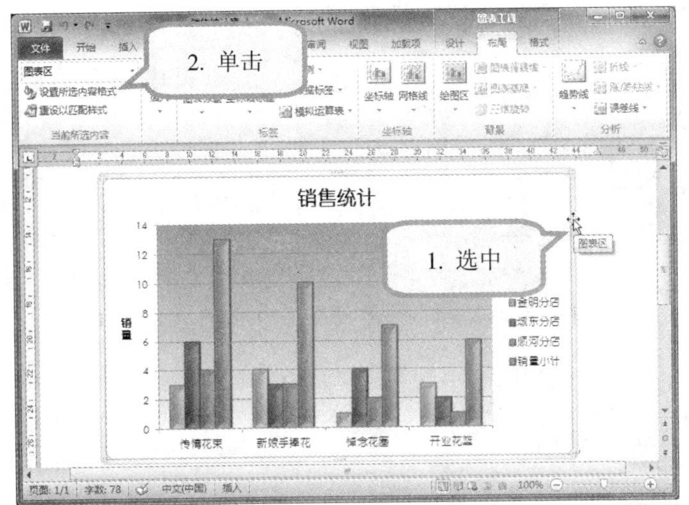

1. 在图表边框上单击鼠标，选中图表。

2. 在“图表工具”→“布局”选项卡→“当前所选内容”组中，单击“设置所选内容格式”按钮，将打开“设置图表区格式”对话框。

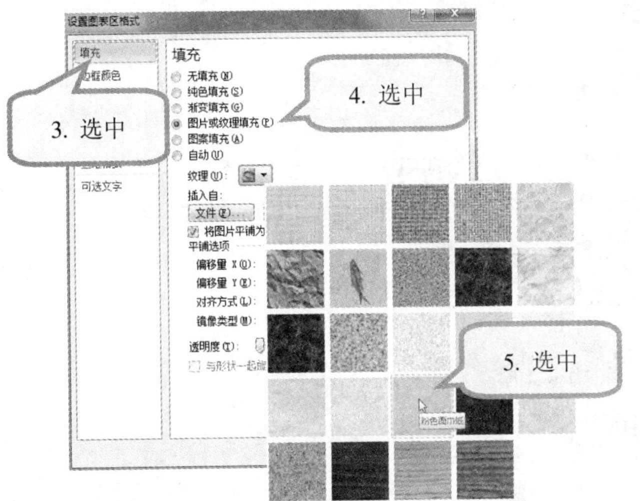

3. 在“设置图表区格式”对话框中，选中“填充”选项卡。

4. 选中“图片或纹理填充”项。

5. 单击“纹理”下拉箭头，在下拉列表中选中“粉色面巾纸”项。

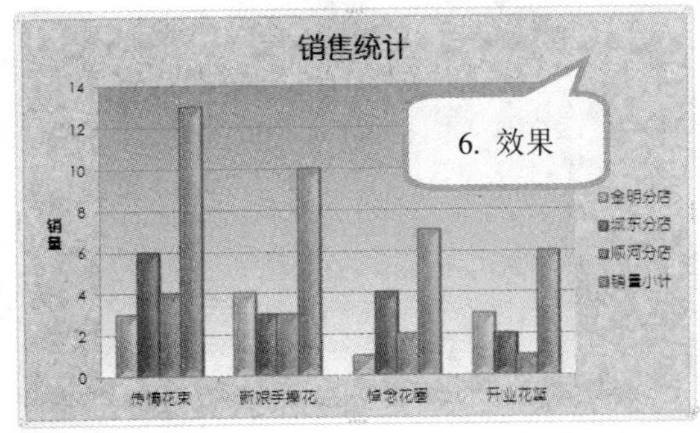

6. 单击“关闭”按钮返回文档编辑区，查看图表背景效果。

»☞ 添加数据标签

在默认设置的图表上，由于没有具体数值，我们只可以看出数据的大致范围和变化情况。如果把具体的数据标注在图表上，则可以让观看者更清楚地了解情况。

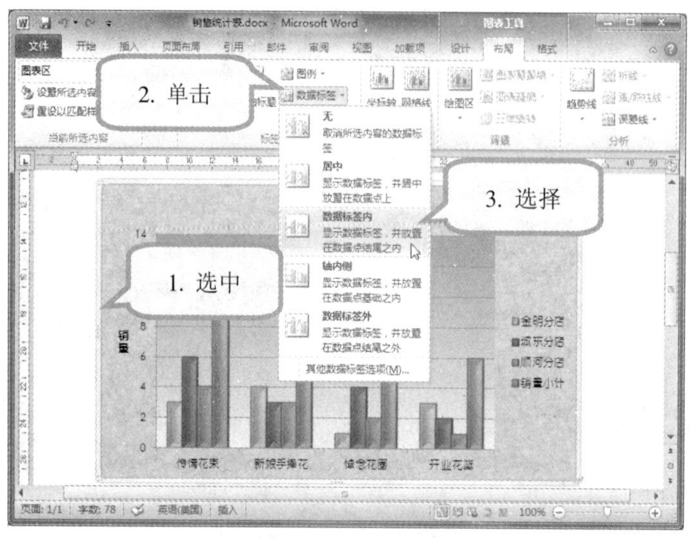

1. 在图表边框上单击鼠标，选中图表。

2. 在“图表工具”→“布局”选项卡→“标签”组中，单击“数据标签”按钮。

3. 在下拉列表中，选择“数据标签内”项。

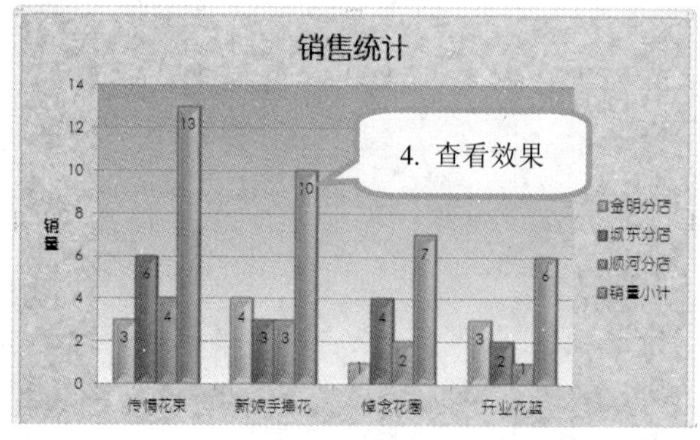

4. 在文档编辑窗口中，可以查看添加数据标签后的效果。

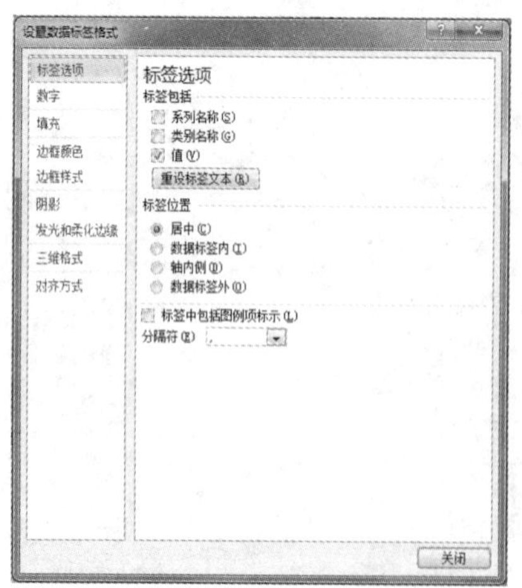

在“数据标签”下拉列表中，单击“其他数据标签选项”命令，将打开“设置数据标签格式”对话框。在该对话框中，可以对数据标签进行更加详细的设置。

»☞ 添加模拟运算表

我们可以在图表下方添加上数据表，这样就可以更清晰明了地查看各分项数据。

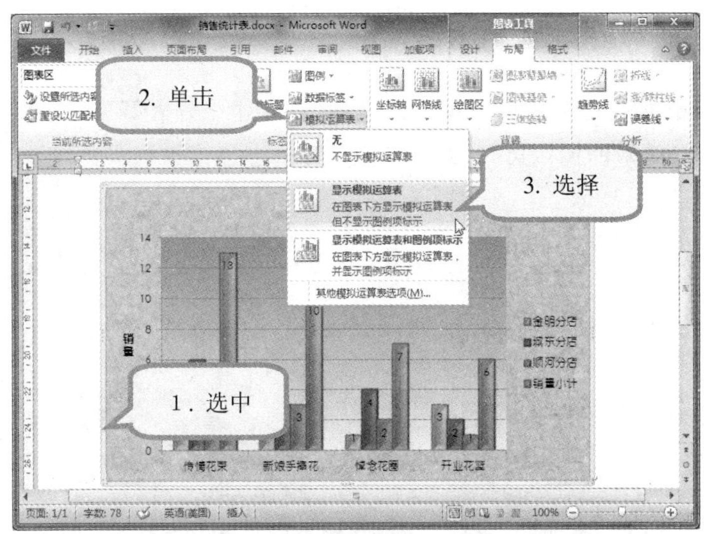

1. 在图表边框上单击鼠标，选中图表。

2. 在“图表工具”→“布局”选项卡→“标签”组中，单击“模拟运算表”按钮。

3. 在下拉列表中，选择“显示模拟运算表”项。

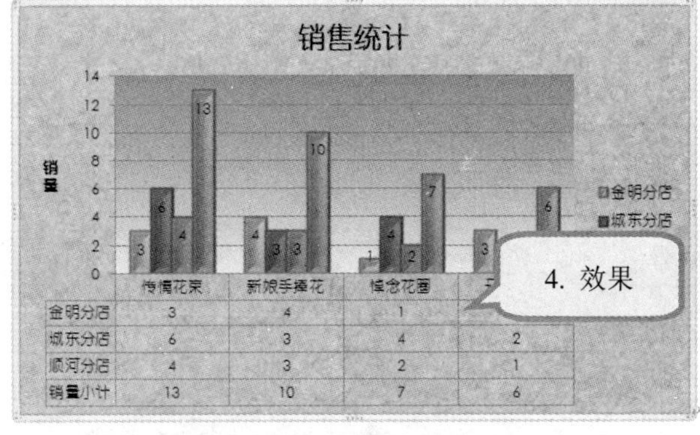

	传情花束	新娘手捧花	悼念花圈	开业花篮
金明分店	3	4	1	
城东分店	6	3	4	2
顺河分店	4	3	2	1
销量小计	13	10	7	6

4. 在文档编辑窗口中，可以查看添加模拟运算表后的效果。

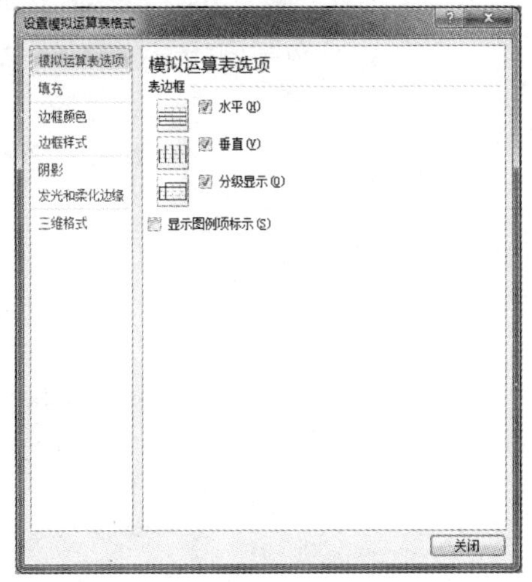

在“模拟运算表”下拉列表中，单击“其他模拟运算表选项”命令，将打开“设置数据标签格式”对话框。在该对话框中，可以对数据标签进行更加详细的设置。

实例 11　撰写新闻稿

☞ 学习情境

某市在开展创建卫生城市和精神文明先进城市活动中，涌现出了不少好人好事。小张将青年志愿者近日的活动情况撰写了新闻稿，供领导掌握情况。

☞ 编排效果

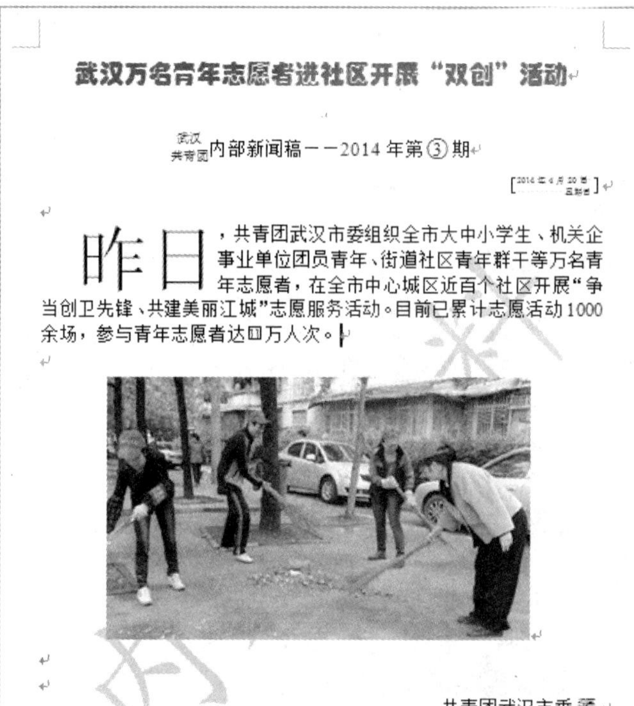

武汉万名青年志愿者进社区开展“双创”活动

武汉共青团内部新闻稿——2014 年第③期

[2014 年 4 月 20 日 星期日]

昨日，共青团武汉市委组织全市大中小学生、机关企事业单位团员青年、街道社区青年群干等万名青年志愿者，在全市中心城区近百个社区开展“争当创卫先锋、共建美丽江城”志愿服务活动。目前已累计志愿活动 1000 余场，参与青年志愿者达四万人次。

共青团武汉市委

☞ 掌握技能

通过本实例，将学会以下技能：

- 插入日期和时间。
- 添加带圈文字。
- 设置首字下沉。
- 设置中文版式(纵横混排、合并字符、双行合一等)。
- 统计字数。
- 屏幕截图。
- 添加水印。

»☞ 新建 Word 文档

在 Windows 桌面上，双击 Word 快捷方式图标新建 Word 文档。

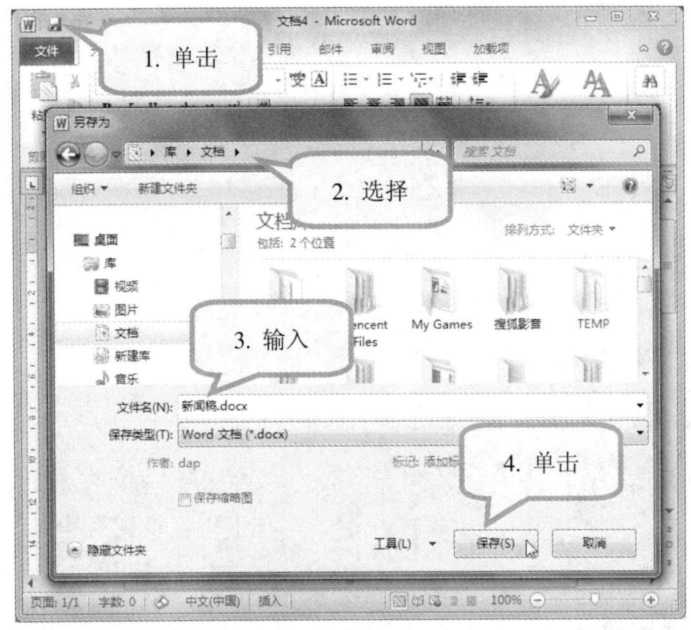

1. 在新建的 Word 文档中，单击标题栏上的“保存”按钮。

2. 在打开的“另存为”对话框中，选择需要保存的位置。

3. 在“文件名”框中，输入文件名称，如“新闻稿”。

4. 单击“保存”按钮返回文档编辑窗口。

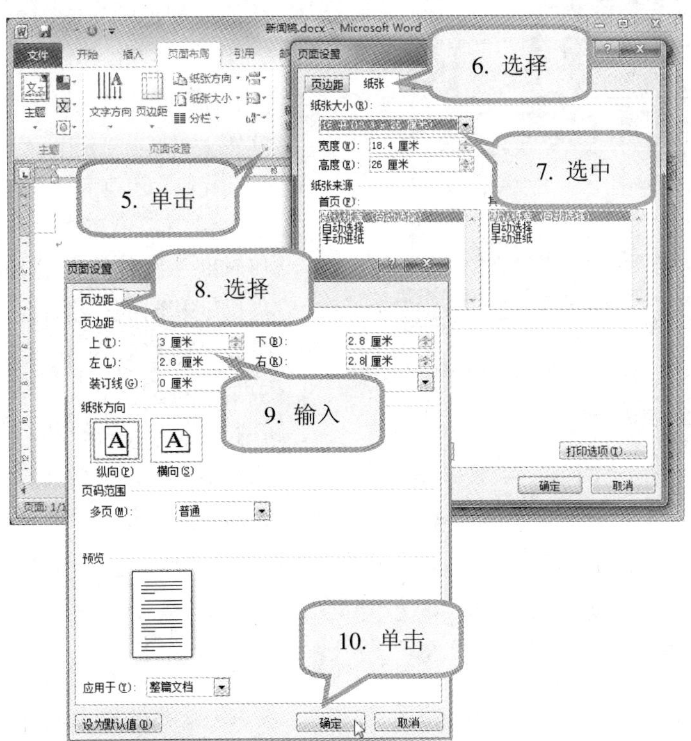

5. 单击“页面布局”选项卡→“页面设置”组→“功能扩展”按钮，将弹出“页面设置”对话框。

6. 选择“纸张”选项卡。

7. 在“纸张大小”下拉列表中，选中“16 开”。

8. 选择“页边距”选项卡。

9. 在上、下、左、右页边距框中，分别输入数值。

10. 单击“确定”按钮。

»☞ 插入日期和时间

在 Word 中编辑文档时，经常需要在文档最后输入时间和日期，除了手动输入外，可以使用更快捷的方法插入时间和日期。

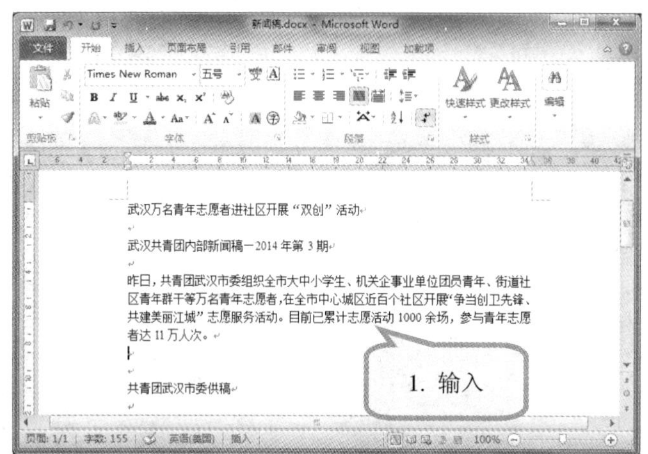

1. 在 Word 文档窗口中，输入文字内容。

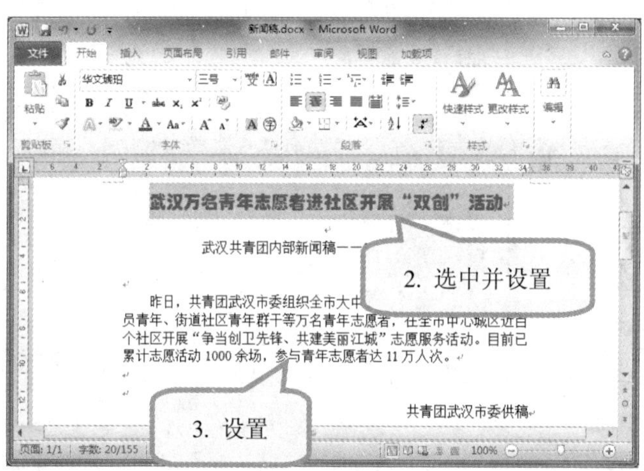
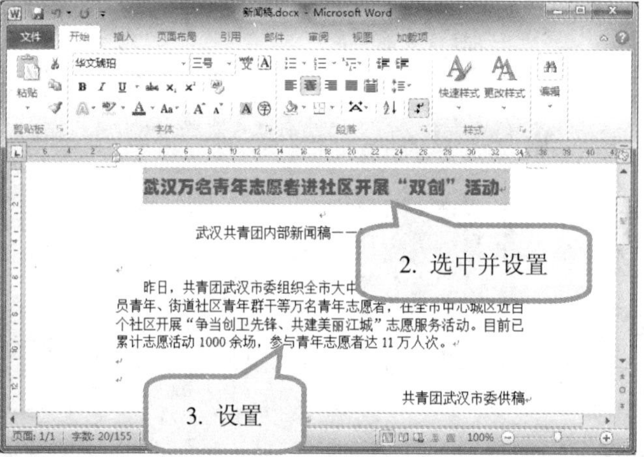

2. 选中标题，在“开始”选项卡中，设置为华文琥珀、三号、红色、居中。
3. 设置正文为小四号字。其他设置如图所示。

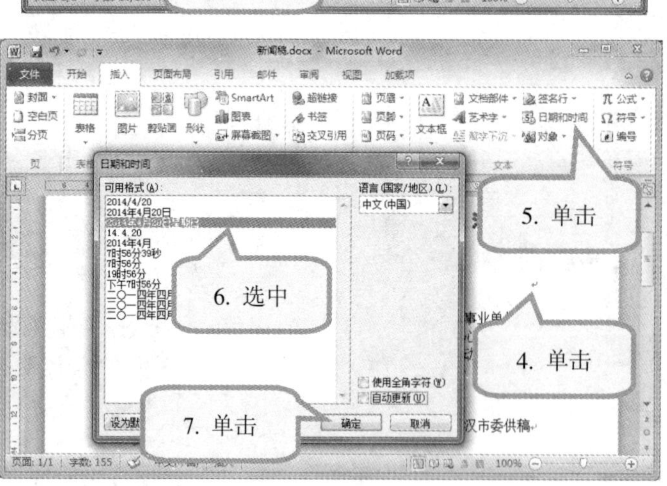

4. 单击需要插入日期的位置。
5. 在“插入”选项卡→“文本”组中，单击“日期和时间”按钮，将弹出“日期和时间”对话框。
6. 在“可用格式”中，选中某一日期格式。
7. 单击“确定”按钮返回文档编辑窗口，可以看到已经插入了当前日期。

在“日期和时间”对话框中，如果选中“自动更新”项，则插入的时间和日期将自动更新。

»☞ 添加带圈字符

在编辑文档时，有时需要在文档中添加带圈字符以强调文本，如输入带圈数字等。一般情况下，10 以内的带圈数字，可以通过输入法软键盘进行输入；10 以上的带圈数字，则可通过 Word 的带圈字符功能进行添加。

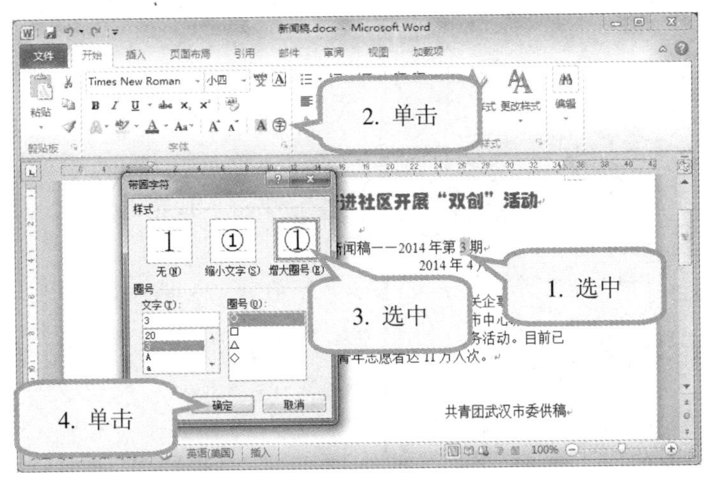

1. 选中需要设置带圈字符的文本，如“3”。
2. 在“开始”选项卡→“字体”组中，单击“带圈字符”按钮，将弹出“带圈字符”对话框。
3. 在“样式”栏中，选中“增大圈号”项。
4. 单击“确定”按钮返回到文档编辑窗口，在文档的其他位置单击鼠标，取消文本的选中状态，即可查看添加的带圈字符。

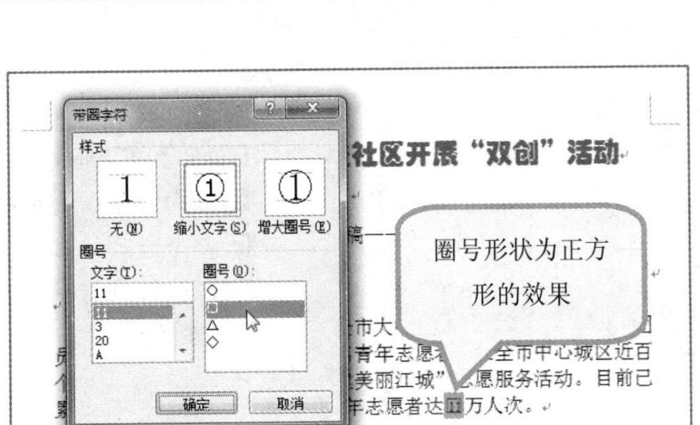

在“带圈字符”对话框中，可以为带圈字符设置不同的样式和圈号形状。

»☞ 设置首字下沉

在报刊和杂志中，常会看到文章开头第一个文字被放大数倍，并采用下沉的显示效果，这种版式的使用可以使文档更突出和醒目。

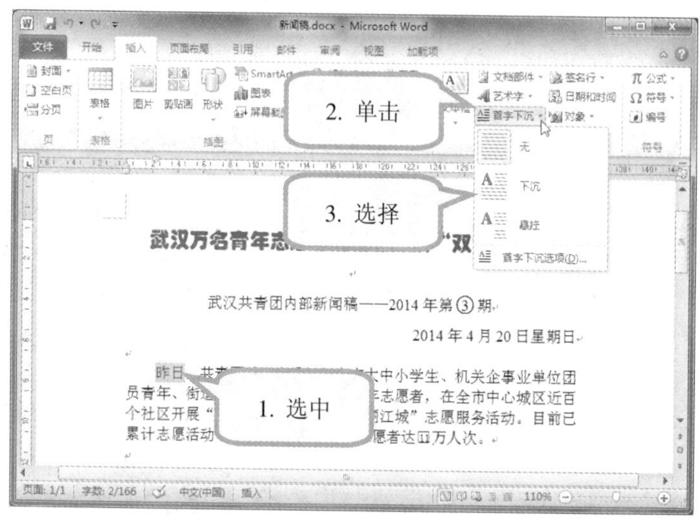

1. 选中文档开始处的“昨日”文本。

2. 在“插入”选项卡→“文本”组中，单击“首字下沉”按钮。

3. 在下拉列表中，选择“下沉”命令。

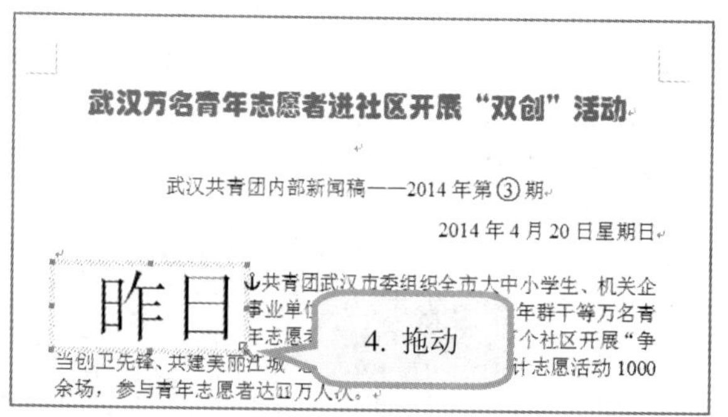

4. 将鼠标指针移到“昨日”图文框右下角的控制点上，当鼠标指针变为斜向双箭头时，按住鼠标左键不放，调整文本的大小和首字下沉的效果。

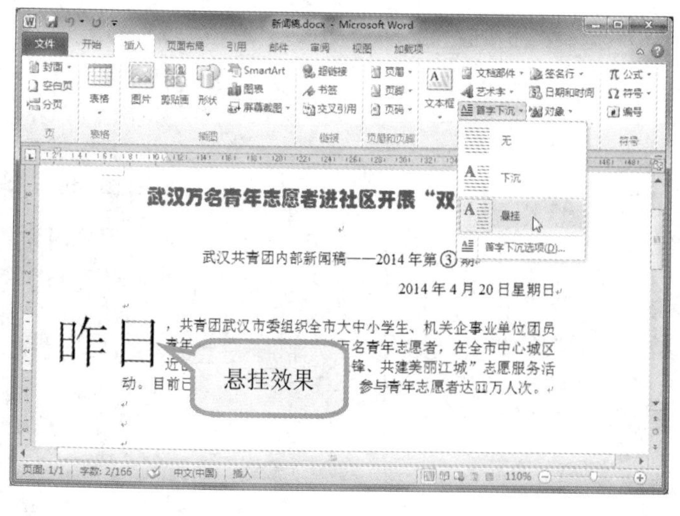

如果在“首字下沉”下拉列表中，选择“悬挂”项，可为首字设置悬挂效果，整个段落的文本都为悬挂缩进，且首字悬挂在整个段落旁。

设置纵横混排

在文字排版时，使用 Word 中的“纵横混排”功能可使文档中既有横排文字，也有竖排文字。

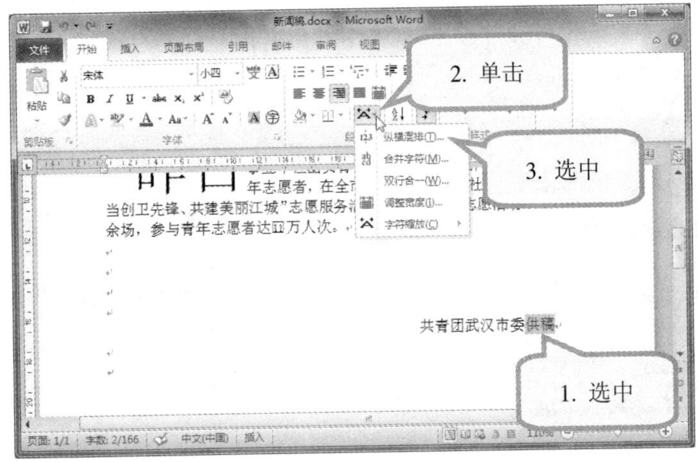

1. 选中文档最后的“供稿”文本。
2. 在“开始”选项卡→“段落”组中，单击“中文版式”按钮。
3. 在下拉列表中，选择“纵横混排”命令，将打开“纵横混排”对话框。

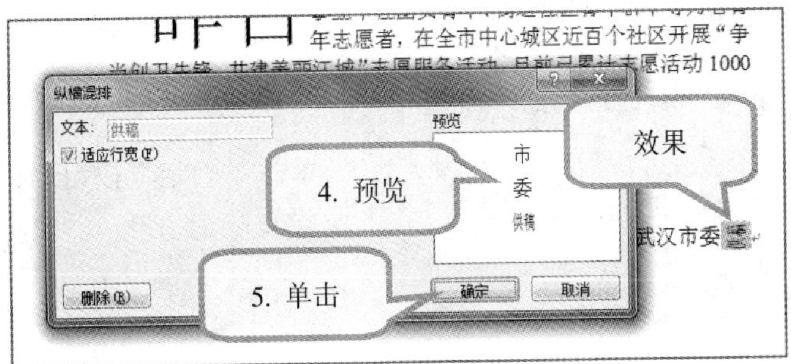

4. 在右侧的“预览”栏中，可预览纵横混排的效果。
5. 单击“确定”按钮确认设置，返回文档编辑窗口。

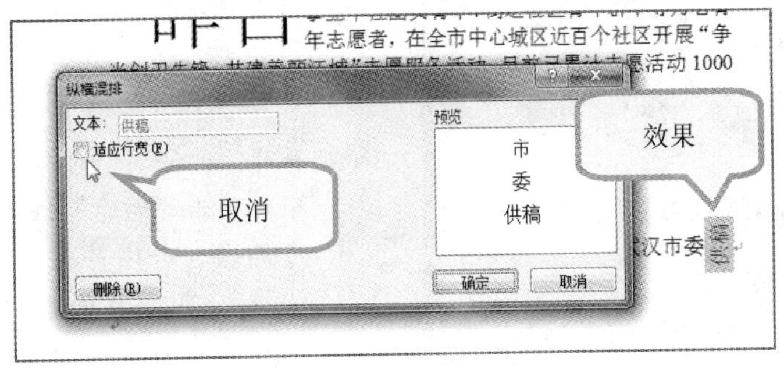

如果在“纵横混排”对话框中，取消选中的“适应行宽”项，可取消行宽对纵横混排的约束，不改变文字原本的字号和字形，效果如左图所示。

»☞ 使用合并字符功能

合并字符功能可以使多个字符以一个字符的宽度在两行中显示。

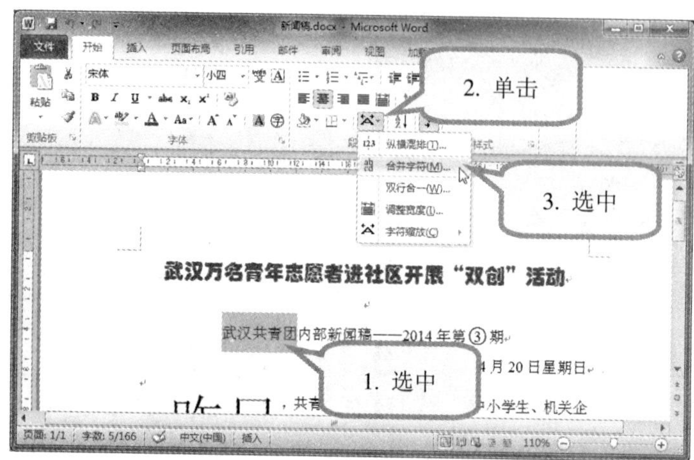

1. 选中标题下的“武汉共青团”文本。

2. 在“开始”选项卡→“段落”组中，单击“中文版式”按钮。

3. 在下拉列表中，选择“合并字符”命令，将打开“合并字符”对话框。

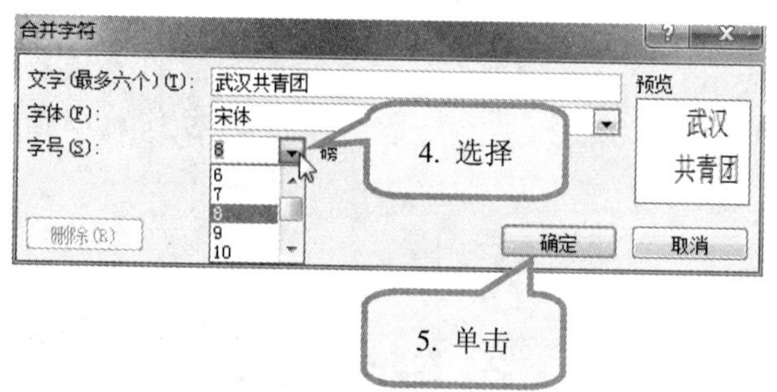

4. 在“字号”下拉列表中，选择“8”。

5. 单击“确定”按钮确认设置。

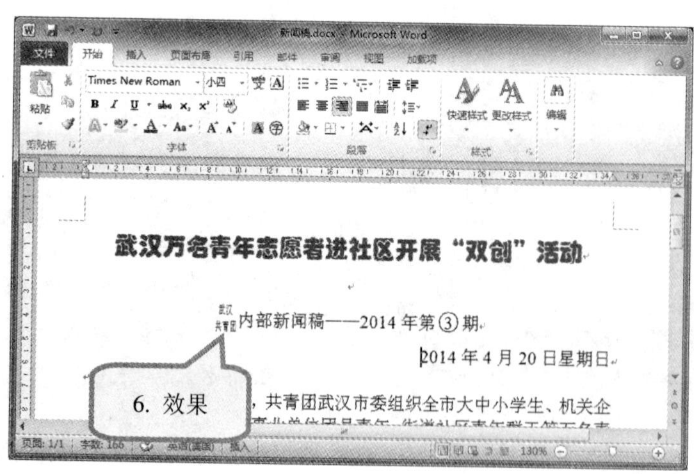

6. 关闭对话框后返回文档编辑窗口，即可查看字符合并后的效果。

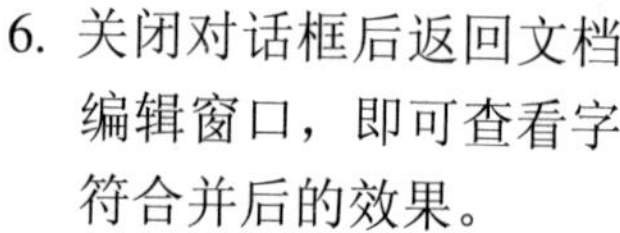

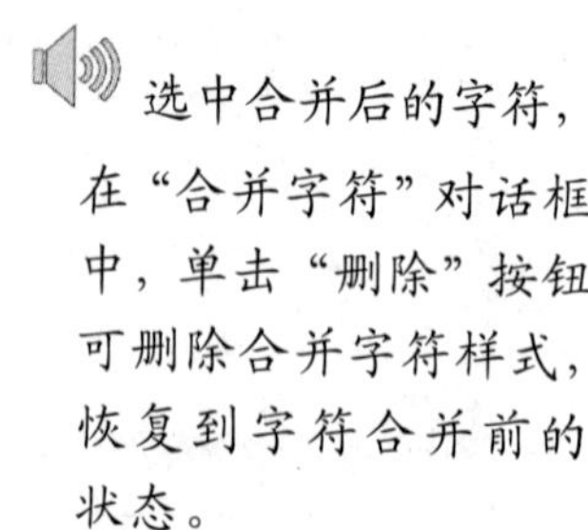

选中合并后的字符，在“合并字符”对话框中，单击“删除”按钮可删除合并字符样式，恢复到字符合并前的状态。

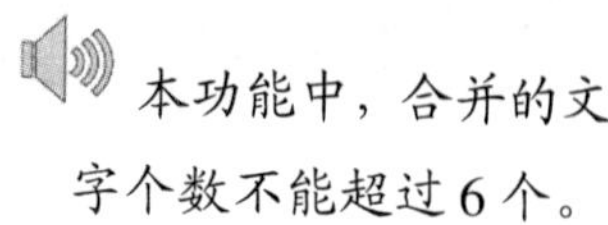

本功能中，合并的文字个数不能超过 6 个。

»☞ 设置双行合一

双行合一是指将两行文字显示在一行文字的宽度内，其功能与合并字符类似，但不受字符数的限制。

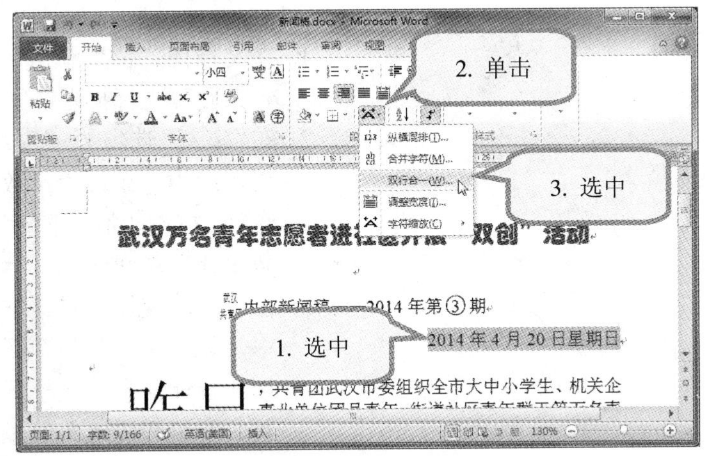

1. 选中日期文本。
2. 在“开始”选项卡→“段落”组中，单击“中文版式”按钮。
3. 在下拉列表中，选择“双行合一”命令，将打开“双行合一”对话框。

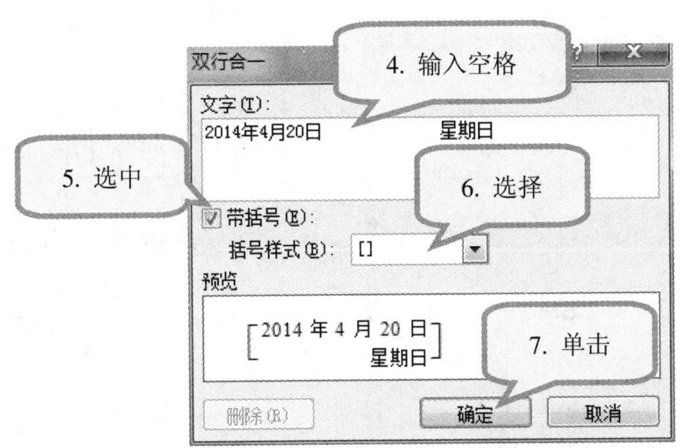

4. 在“文字”框中，在合适的地方输入若干个空格，注意观察“预览”框中的效果，直到满意为止。
5. 选中“带括号”项。
6. 在“括号样式”下拉列表中选择合适的样式。
7. 单击“确定”按钮确认设置。

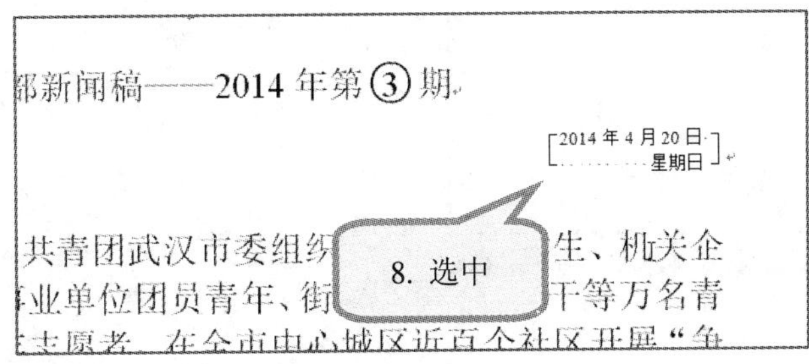

8. 关闭对话框后返回文档编辑窗口，即可查看双行合一后的效果。

在“双行合一”对话框中，单击“删除”按钮可删除双行合一样式。

»☞ 统计字数

使用字数统计功能可查看文档中某一段、某一页或整篇文档的字数，并可查看当前文档的字数、页数和行数等相关参数的统计结果。

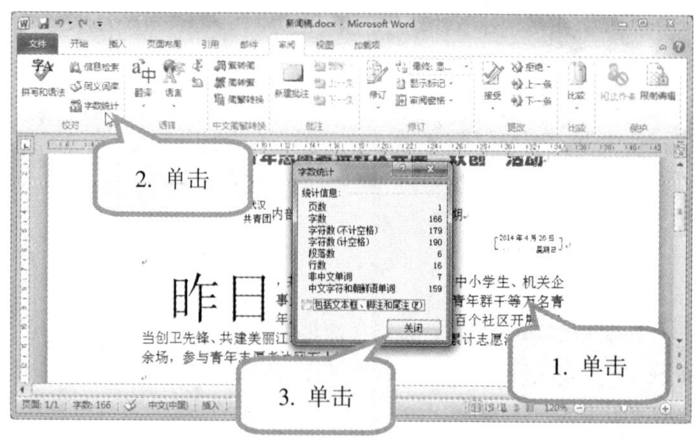

1. 在文档任意位置单击鼠标，定位光标插入点。
2. 在“审阅”选项卡→“校对”组中，单击“字数统计”按钮，将打开“字数统计”对话框。
3. 在“字数统计”对话框中，显示了当前整个文档的统计信息，包括页数、字数和段落数等。单击“关闭”按钮关闭对话框。

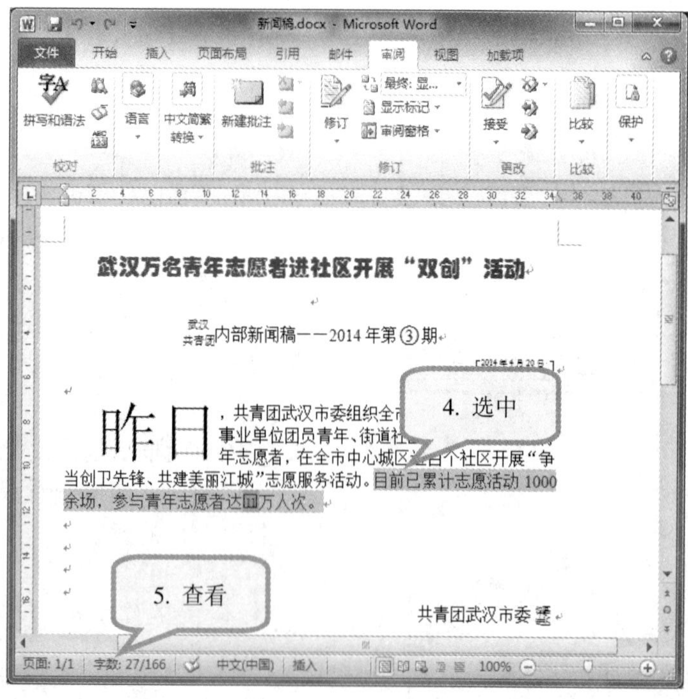

4. 返回文档编辑窗口，选择某一部分文字。
5. 在状态栏中，可以查看所选文本的字数。

»☞ 使用屏幕截图功能

屏幕截图功能是 Word 2010 新增功能，通过该功能可以对屏幕进行截图，并将截取的图像插入到文档中。

1. 用照片查看器工具，打开图片文件。

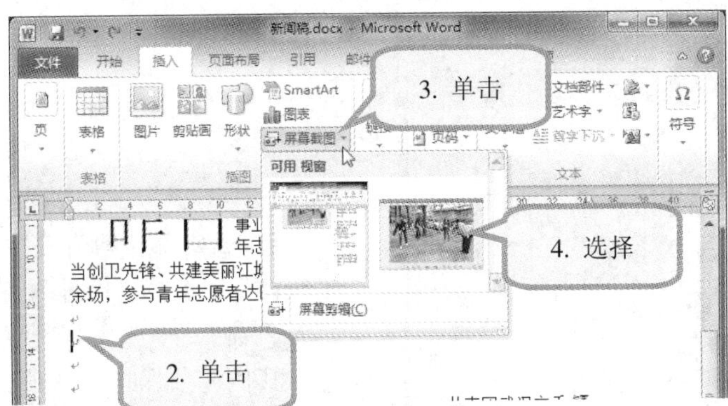

2. 返回“新闻稿”文档，在需要插入图片的位置单击鼠标，定位光标插入点。
3. 在“插入”选项卡→“插图”组中，单击“屏幕截图”按钮。
4. 在下拉列表中，选择打开图片的窗口，此时图片窗口嵌入到文档中。

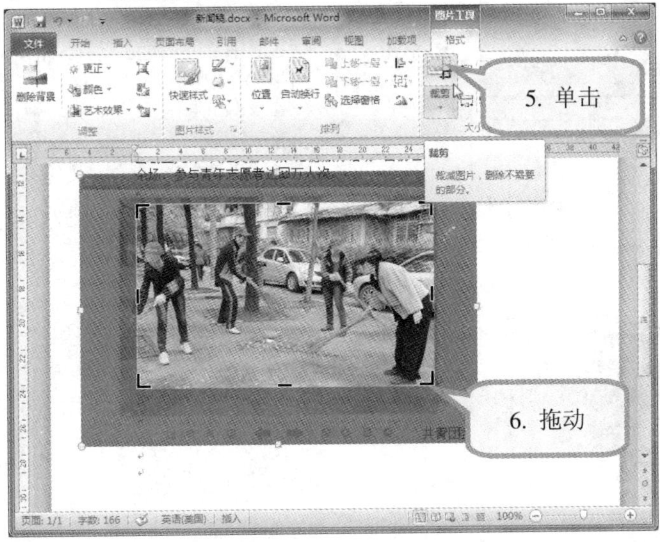

5. 在“图片工具”→“格式”选项卡→“大小”组中，单击“裁剪”按钮。
6. 拖动图片四周的控制柄，将图片多余的部分裁减掉。完成后再次单击“裁剪”按钮退出裁剪状态。

对图片的其他操作，如调整图片的位置和大小，可参照前面实例介绍的内容进行。

»☞ 添加水印

制作公司文档时，为表明公司文档的所有权和出处，可为文档添加水印背景，如添加“机密”水印等。

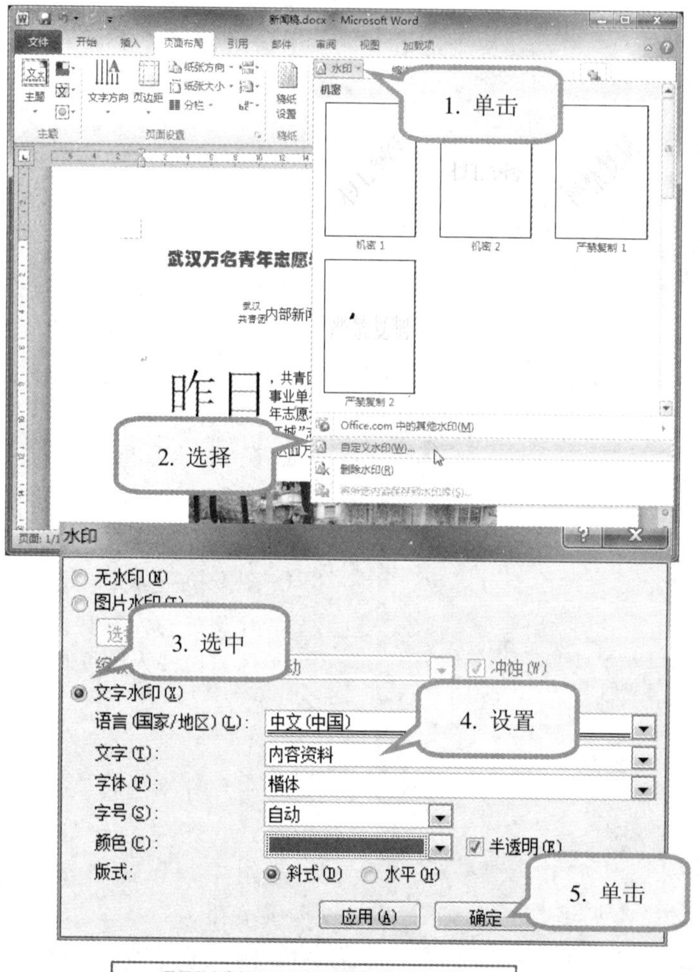

6. 效果

1. 在“页面布局”选项卡→“页面背景”组中，单击“水印”按钮。

2. 在下拉列表中，选择“自定义水印”命令，将打开“水印”对话框。

3. 选项“文字水印”项。

4. 在“文字”下拉列表中输入“内部资料”；在“字体”中选择“楷体”；在“颜色”中选择“红色”。其他选项保持默认值。

5. 单击“确定”按钮。

6. 返回文档编辑窗口，即可查看添加水印的效果。

实例 12　制作工作简报

☞ 学习情境

绿城社区每月都要出一份工作简报，社区办事处主任把这个任务交给了办公室的小李，小李用了一天的时间收集了所有素材，并决定本次工作简报要用电子报刊的形式来制作，图文并茂地来反映当月的工作任务，这样不仅便于修改，又能发到社区网站上便于业主们阅读。

☞ 编排效果

☞ 掌握技能

通过本实例，将学会以下技能：

- 设置页眉。
- 设置艺术字、图片、文本框。
- 设置文本分栏。
- 应用书签及超链接。
- 添加页面边框。

»☞ 新建文档并保存

在 Windows 桌面，双击 Word 的快捷方式图标。在打开的 Word 窗口中，将自动新建名为“文档 1”的空文档。

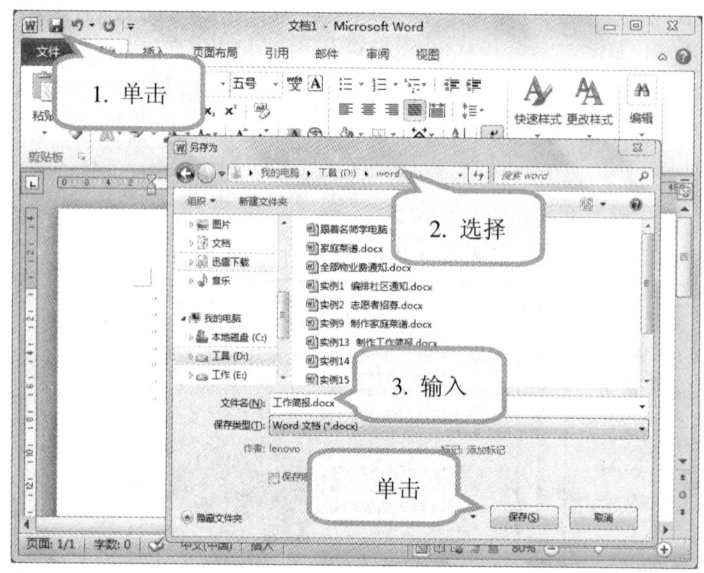

1. 单击标题栏左侧的“保存”按钮，将弹出“另存为”对话框。

2. 在地址栏中选择合适的位置。

3. 在“文件名”文本框中输入文件名称。

4. 单击“保存”按钮。

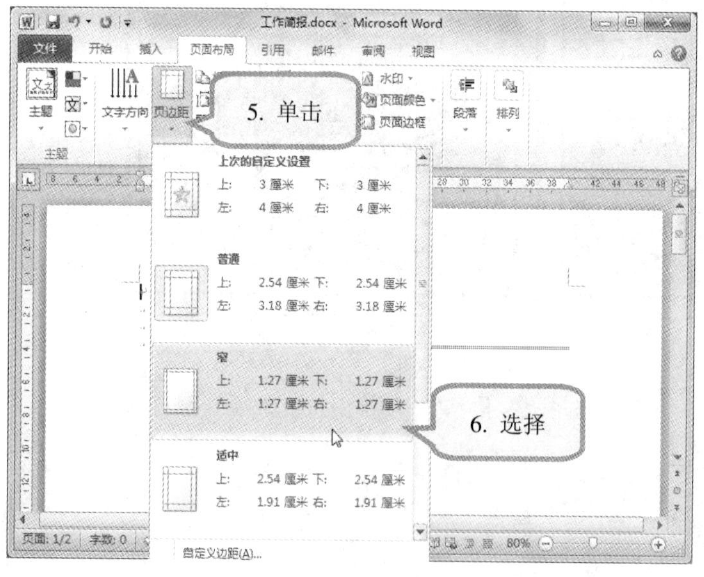

5. 在“页面布局”选项卡→“页面设置”组中，单击“页边距”按钮。

6. 在弹出的下拉列表中，选择“窄”选项。

为了突出内容，电子报刊页边距一般要设的比普通文档小。

»☞ 插入页眉

页眉是显示在文档页面最上面的内容，在页眉中一般要显示文件的章节、版数、页数等内容。

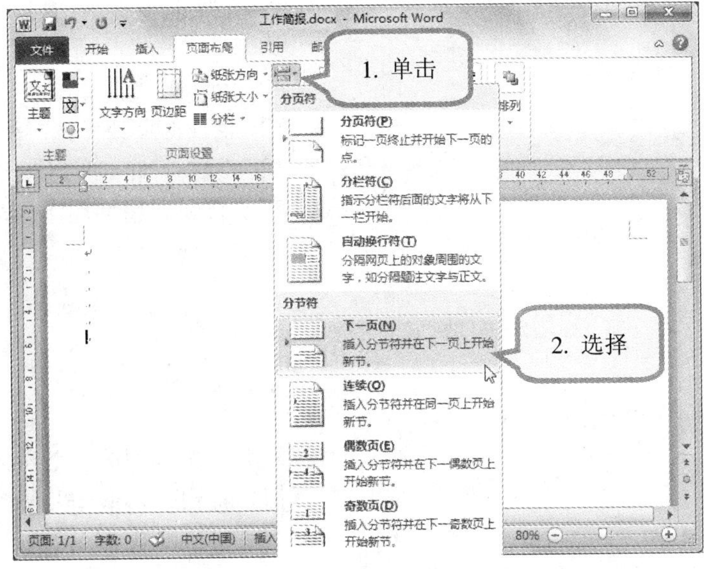

1. 在“页面布局”选项卡→“页面设置”组中，单击“分隔符”按钮。

2. 在弹出的下拉列表中，选择“下一页”项，文件将自动创建包含两页的文档，并且两页分别为两节内容。

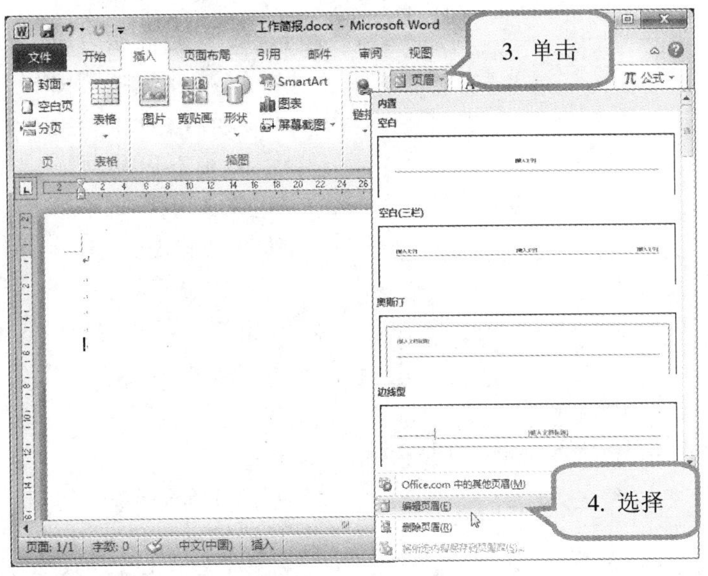

3. 在“插入”选项卡→“页眉和页脚”组中，单击“页眉”按钮。

4. 在弹出的“内置”下拉列表中，选择“编辑页眉”选项。

也可在页眉处双击打开页眉的编辑状态。

»☞ 设置页眉

默认状态下整个文档设置的页眉是相同的，但也可以通过修改节与节之间的链接状态，使每节设置不同的页眉。

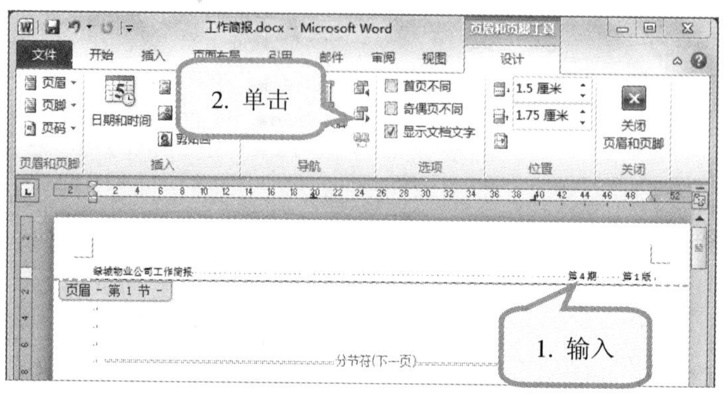

1. 在页眉部分输入所需内容。
2. 在“设计”选项卡→“导航”组中，单击“下一节”按钮，将转至下一节页眉处。

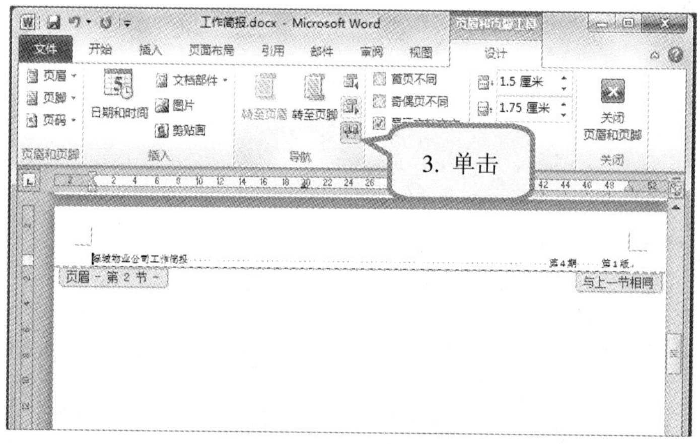

3. 单击“链接到前一节页眉”按钮，将取消与上一节链接的状态。

默认情况下，节与节之间是链接在一起的，页眉的内容也是相同的，为了给每一节设置不同的页眉，可以取消节与节之间的链接状态。

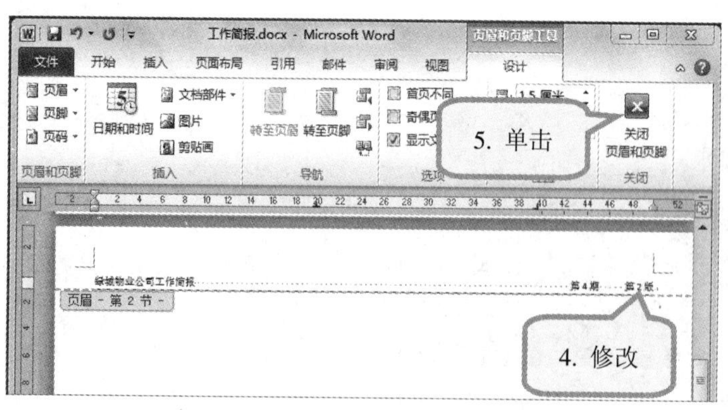

4. 在第 2 节的页眉处，修改“第 1 版”为“第 2 版”。
5. 页眉设置完成后，单击“关闭页眉和页脚”按钮，结束页眉修改状态。

»☞ 报头设计——文字

报头是一个报刊的关键部分，其中包含的信息一般会有期刊的名称、主办单位、编辑人员以及期刊的期数和版面数等信息。

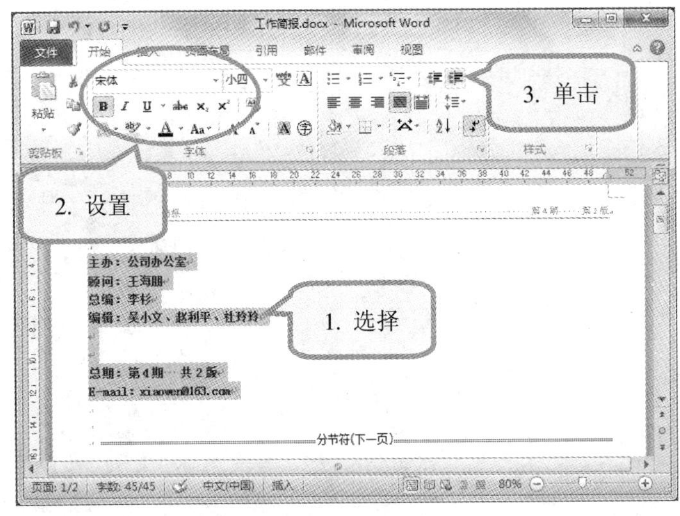

1. 选中输入的文本。

2. 在“开始”选项卡→“字体”组中，设置为宋体、小四、加粗。

3. 单击两次“增加缩进量”按钮。

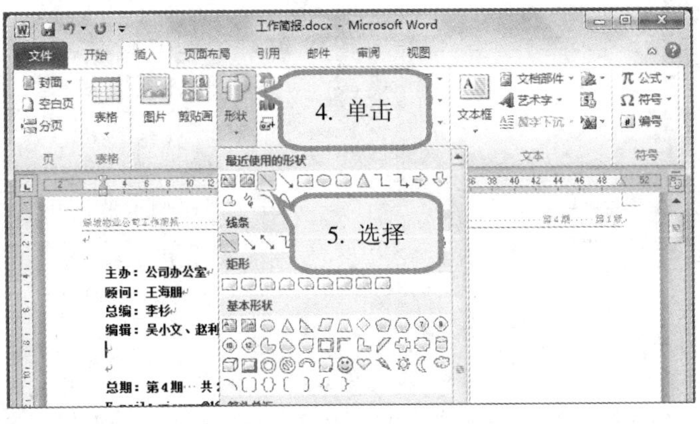

4. 在“插入”选项卡→“插图”组中，单击“形状”按钮。

5. 在弹出的下拉列表中，选择“直线”。

主办：公司办公室
顾问：王海朋
总编：李杉
编辑：吴小文、赵利平、杜玲玲

6. 拖动

总期：第4期　共2版
E-mail：xiaowen@163.com

6. 按着键盘上的 Shift 键，拖动鼠标划出一条直线。

»☞ 报头设计——直线

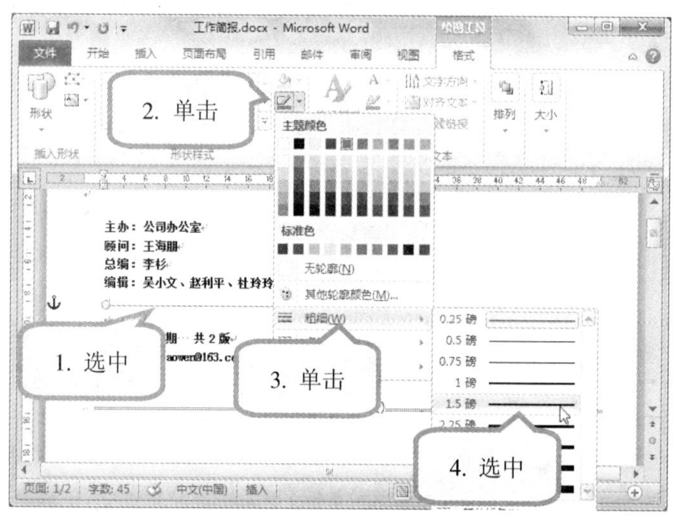

1. 选中直线。

2. 在“格式”选项卡→“形状样式”组中，单击“形状轮廓”按钮。

3. 在弹出的下拉列表中，单击“粗细”项。

4. 在弹出的二级下拉列表中，选中“1.5 磅”。

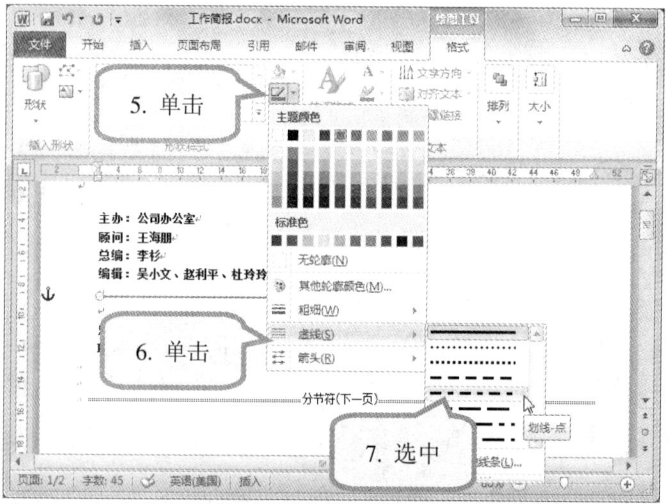

5. 再次单击“形状轮廓”按钮。

6. 在弹出的下拉列表中，单击 “虚线”项。

7. 在弹出的二级下拉列表中，选中“划线-点”项，完成线条的设置。

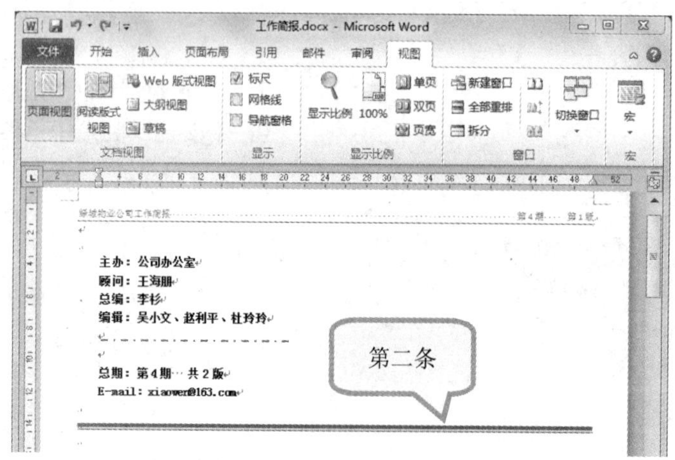

同样的方法，在合适的位置插入第二条直线，设置参数为“颜色：蓝色，宽度：6.5 磅，复合类型：由粗到细”。

»☞ 报头设计——艺术字

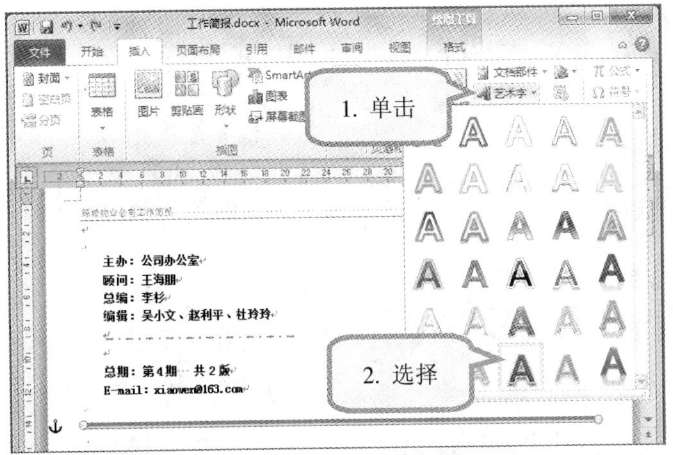

1. 在“插入”选项卡→“文本”组中，单击“艺术字”按钮。

2. 在弹出的下拉列表中，选择一种合适的艺术字样式。

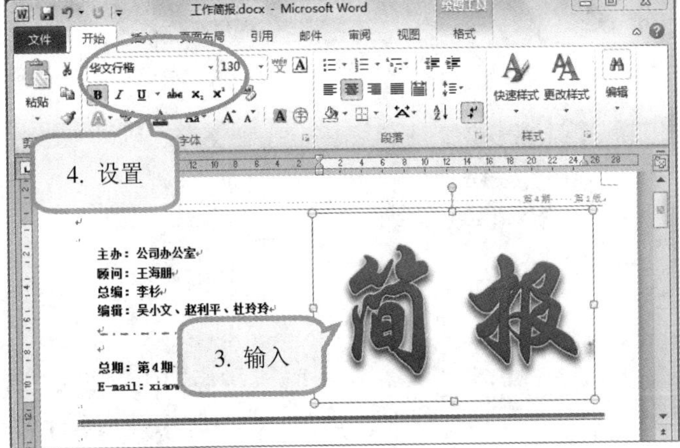

3. 在文本框中输入文本，如“简报”。

4. 在“开始”选项卡→“字体”组中，设置字体为“华文行楷”，字号为“130”，加粗。

5. 在“格式”选项卡→“形状样式”组中，单击“形状效果”按钮。

6. 在弹出的下拉列表中，选择“三维旋转”项。

7. 在弹出的二级下拉列表中，选中“倾斜右上”项。

»☞ 报头设计——文本框

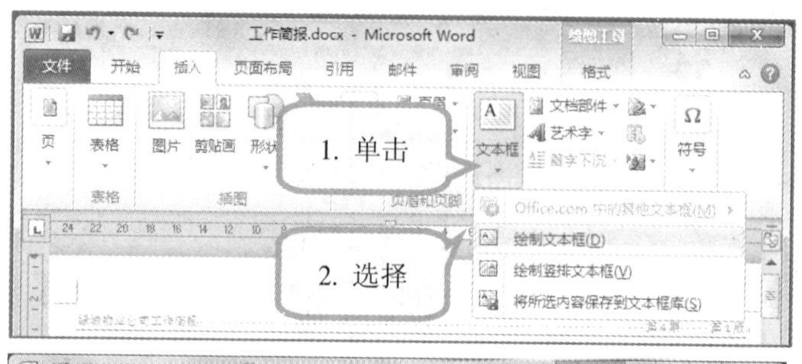

1. 在“插入”选项卡→“文本”组中，单击“文本框”按钮。

2. 在弹出的下拉列表中，选择“绘制文本框”。

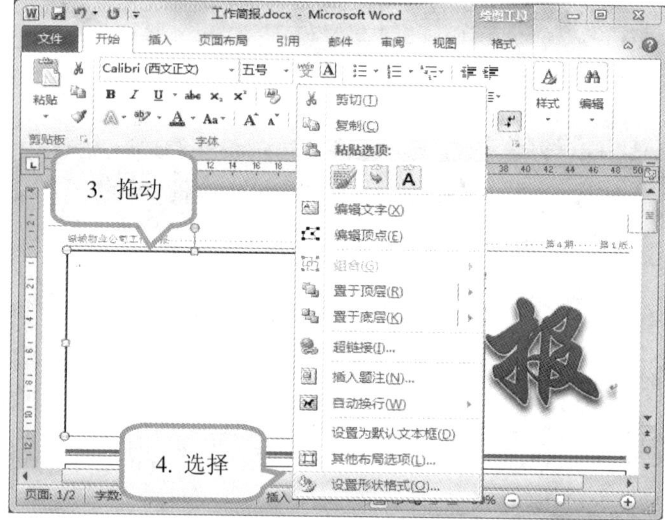

3. 按着鼠标左键拖出一个矩形，单击鼠标右键。

4. 在弹出的快捷列表中，选择“设置形状格式”项。

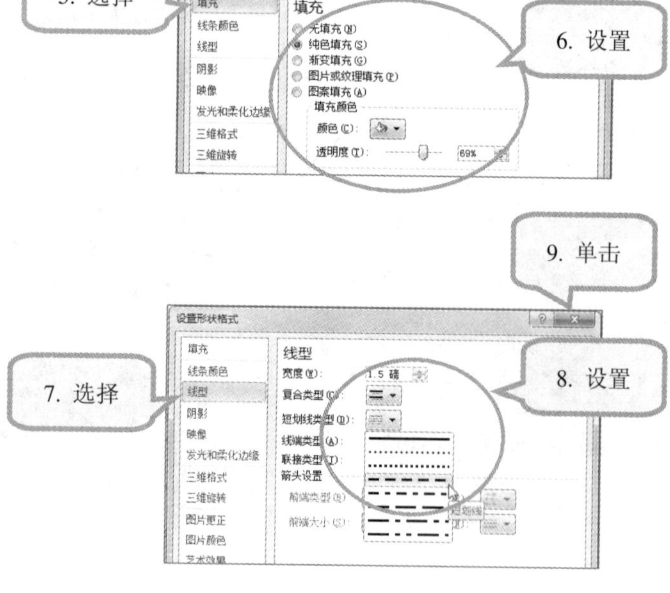

5. 在弹出的“设置形状格式”对话框中，选择“填充”项。

6. 设置“纯色填充，蓝色，69%透明”。

7. 在“设置形状格式”对话框中，选择“线型”项。

8. 设置“1.5 磅，短划线”。

9. 设置完成后，单击“关闭”按钮。

»☞ 添加所有文本框

同样的方法，在正文中适当的位置添加其它文本框，并对其进行相应的设置。

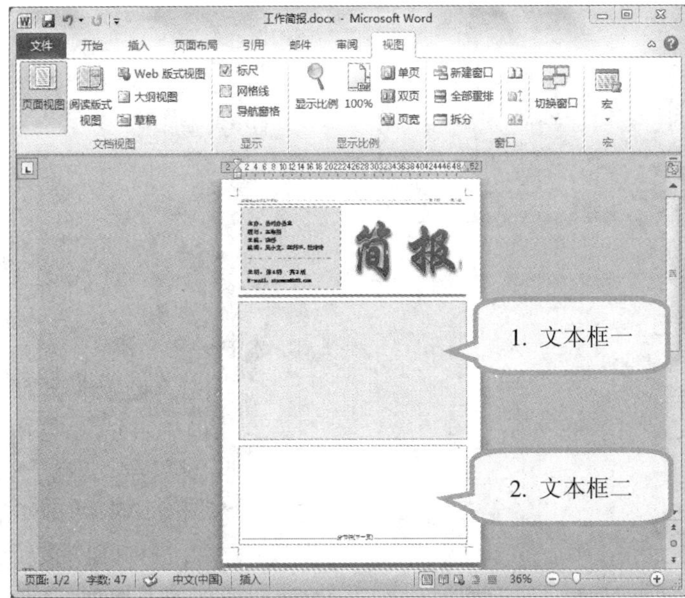

1. 第一个文本框为横排文本框，设置填充项为纹理：画布，透明度：60%；线条颜色项为实线：深蓝；线形项为宽度：1.5 磅，短划线类型：圆点。

2. 第二个文本框为竖排文本框，设置填充项为无填充；线条颜色项为实线：橙色；线形项为宽度：1.5 磅，短划线类型：方点。

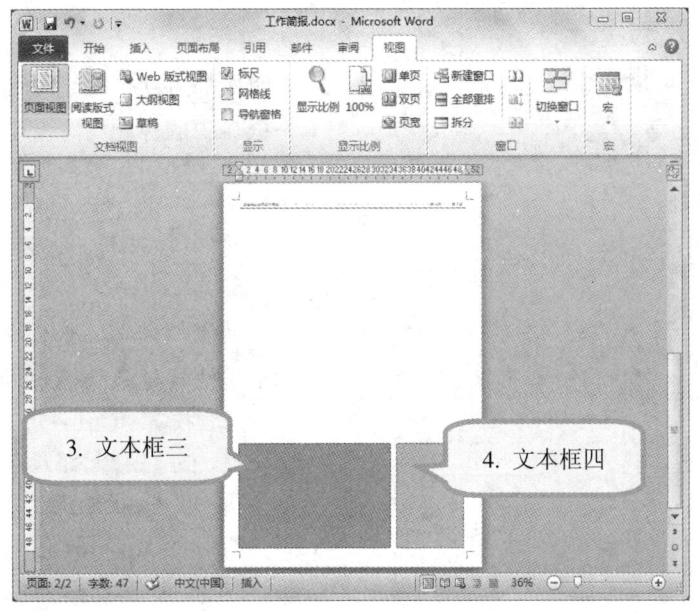

3. 第三个文本框为横排文本框，设置填充项为纯色填充，颜色：淡紫色；线条颜色项为实线：深紫色；线形项为宽度：1.5 磅，短划线类型：方点。
4. 第四个文本框为横排文本框，设置填充项为纯色填充，颜色：淡绿色；线条颜色项为实线：深绿色；线形项为宽度：1.5 磅，短划线类型：方点。

文本框的位置为大致位置，可根据内容适当调整大小和位置。

»☞ 添加文本

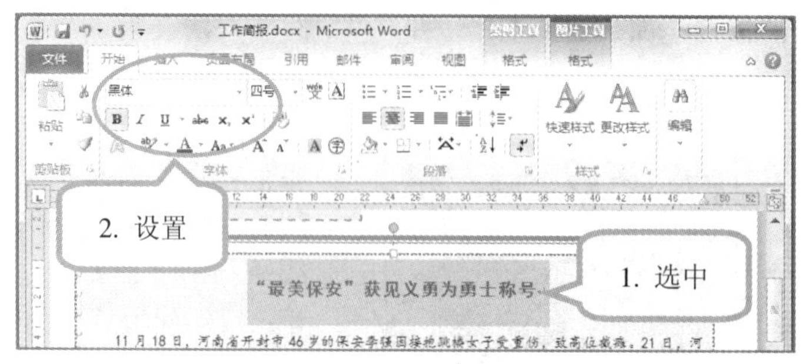

1. 选中标题文本。
2. 在“开始”选项卡→“字体”组中，设置“黑体，四号，加粗，红色”。

3. 选中正文文本。
4. 在“开始”选项卡→“字体”组中，设置“楷体，小四，黑色”。
5. 在“段落”组中，单击“行和段落间距”按钮。
6. 在弹出的下拉列表中，选择“1.5”倍行距。

7. 同样的方法，设置文本框二中的标题为“黑体，四号，加粗，黑色”。
8. 正文为“楷体，小四，黑色，25 磅行间距”

调整行距时，也可以利用快捷键来快速设置行距。按下“Ctrl+1”组合键，可将行间距设置为单倍行距；按下“Ctrl+2”组合键，可将行间距设置为双倍行距；下“Ctrl+5”组合键，可将行间距设置为 1.5 倍行距。

»☞ 更改文本框设置

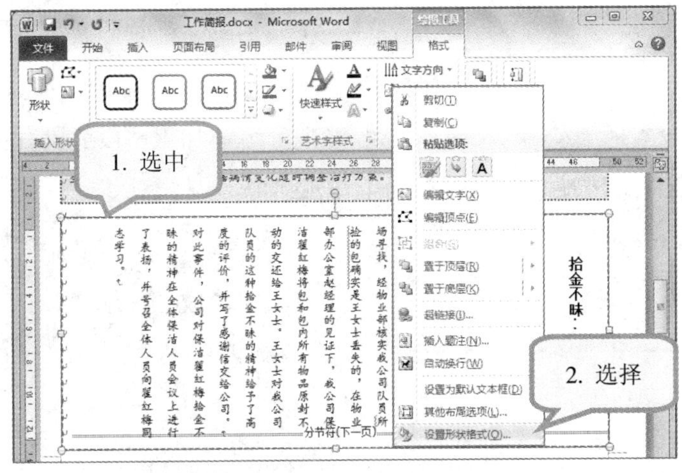

1. 选中文本框，单击鼠标右键。

2. 在弹出的快捷菜单中，选择“设置形状格式”项。

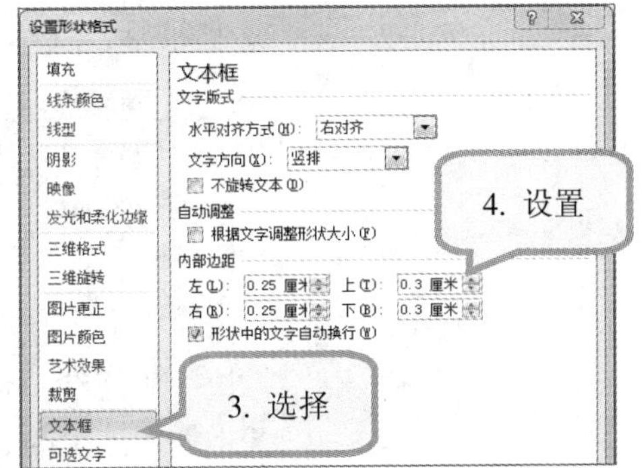

3. 在弹出的“设置形状格式”对话框中，选择“文本框”选项卡。

4. 设置上下边距各为“0.3厘米”。

5. 选择“填充”选项卡。
6. 选中“图片或纹理填充”。
7. 单击“文件”按钮。
8. 在弹出的“插入图片”对话框中，选择图片所在位置。
9. 双击需要的图片，将自动关闭“插入图片”对话框，返回“设置图片样式”对话框。
10. 设置完毕后，关闭“设置图片格式”对话框。

»☞ 文本分栏

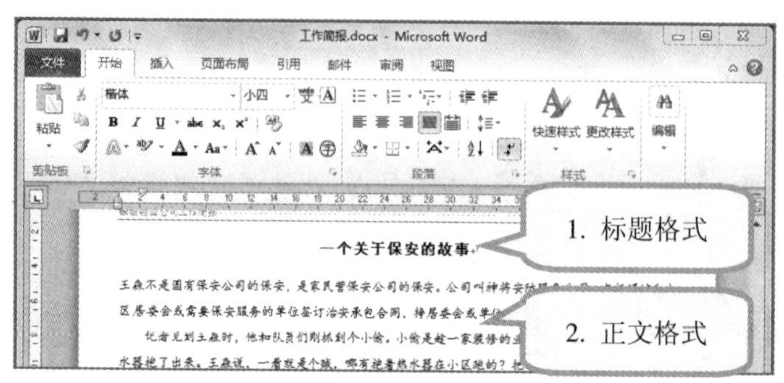

1. 设置标题为“黑体，四号，加粗，段前段后各空一行”。
2. 设置正文为“楷体，小四，1.5 倍行距”。

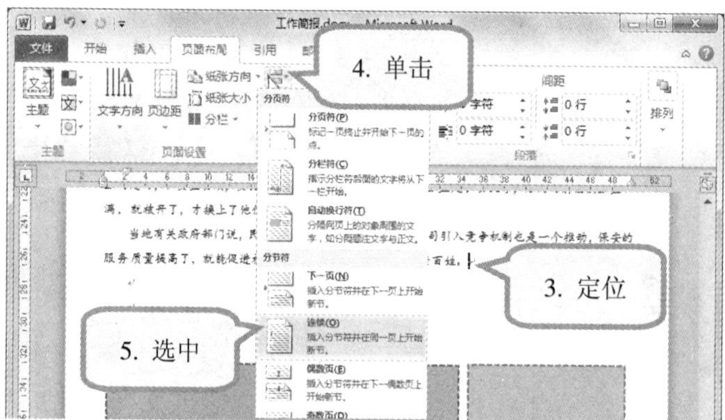

3. 光标定位在文本末尾。
4. 在“页面布局”选项卡→“页面设置”组中，单击“分隔符”按钮。
5. 在弹出的下拉列表中，选中“连续”项，给文本插入连续的分节符。

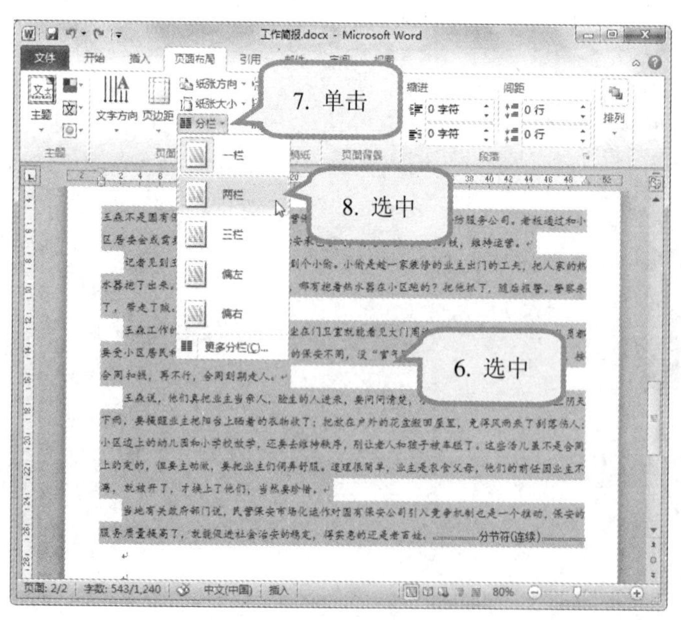

6. 选中所有正文文本。
7. 在“页面设置”组中，单击“分栏”按钮。
8. 在弹出的下拉列表中，选中“两栏”选项，把正文分为两栏显示。

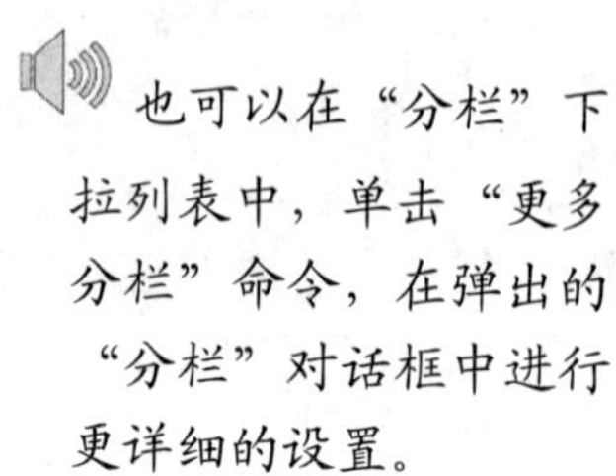

也可以在“分栏”下拉列表中，单击“更多分栏”命令，在弹出的“分栏”对话框中进行更详细的设置。

»☞ 设置首字下沉并插入图片

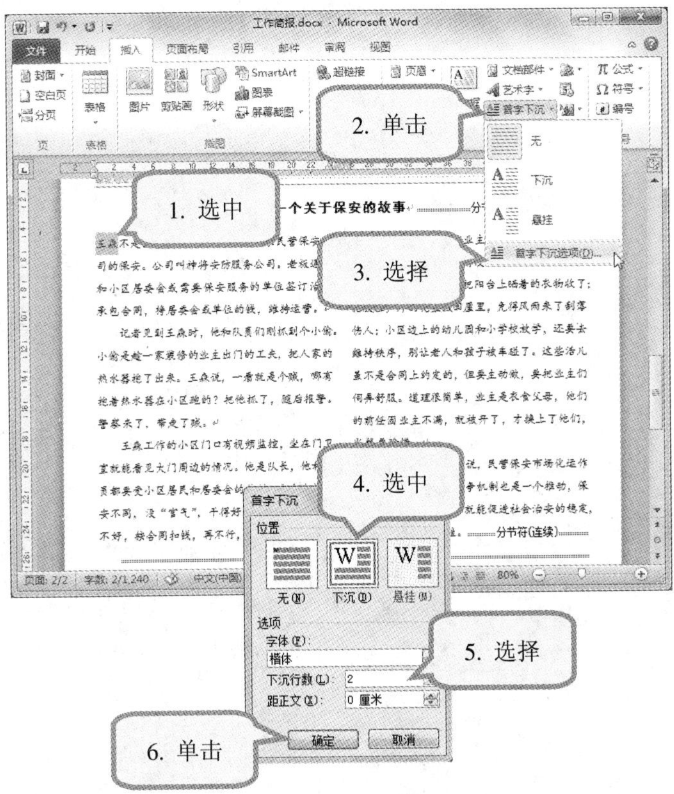

1. 选中字符“王森”。

2. 在“插入”选项卡→“文本”组中，单击“首字下沉”按钮。

3. 在弹出的下拉列表中，选择“首字下沉选项”命令。

4. 在弹出的“首字下沉”对话框中，选中“下沉”。

5. 选择下沉行数为“2”。

6. 单击“确定”按钮。

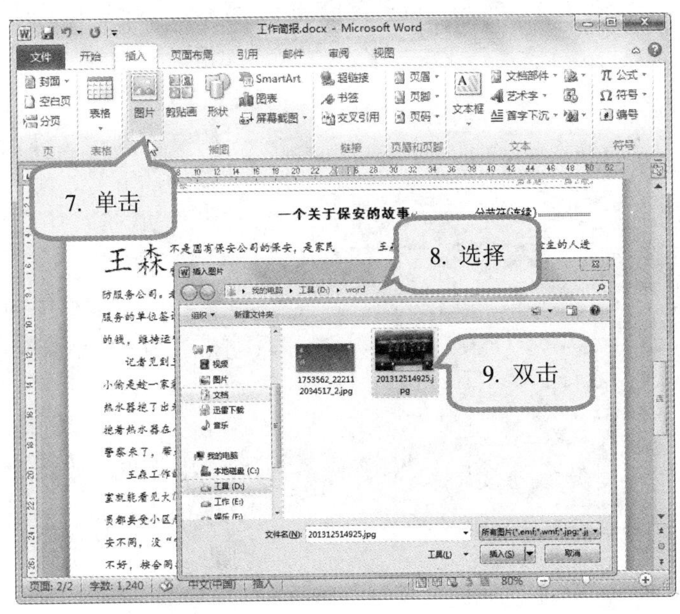

7. 在“插入”选项卡→“插图”组中，单击“图片”按钮。

8. 在弹出的“插入图片”对话框中，选择图片存放的位置。

9. 双击图片，将自动关闭“插入图片”对话框，图片也将插入到文档中。

»☞ 修改图片格式并插入文本

图片插入到文档后，默认的格式是“嵌入型”，可以通过改变图片的格式，使文字环绕图片周围，不仅美观，也可以节省空间。

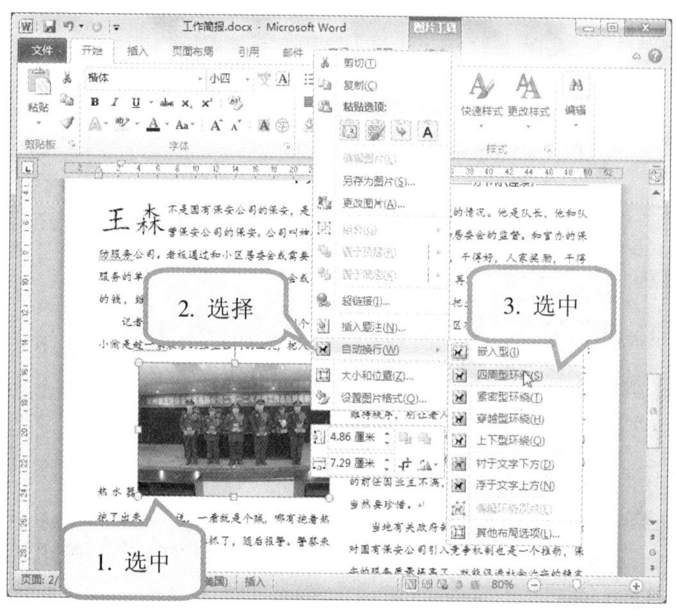

1. 选中图片，单击鼠标右键。

2. 在弹出的快捷菜单中，选择“自动换行”项。

3. 在弹出的二级列表中，选中“四周型环绕”。

此时，可随意移动位置，更改图片大小，直到满意为止。

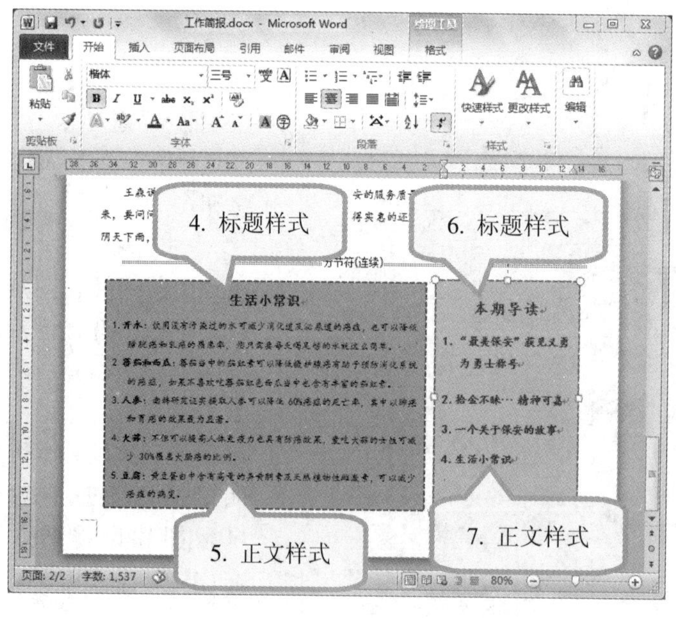

4. 设置左侧文本框中的标题格式为“黑体，四号，加粗，蓝色”。

5. 左侧文本框正文格式为“楷体，五号，黑色，行距为 20 磅”。

6. 设置右侧文本框中的标题格式为“楷体，三号，加粗，红色”。

7. 右侧文本框正文格式为“楷体，小四，加粗，红色，行距为 1.5 倍”。

»☞ 添加书签并设置超链接

书签即为文档中的某个特定点指定一个名称，在建立超链接后，可以点击链接后直接跳转到这个书签所指定的特定点。

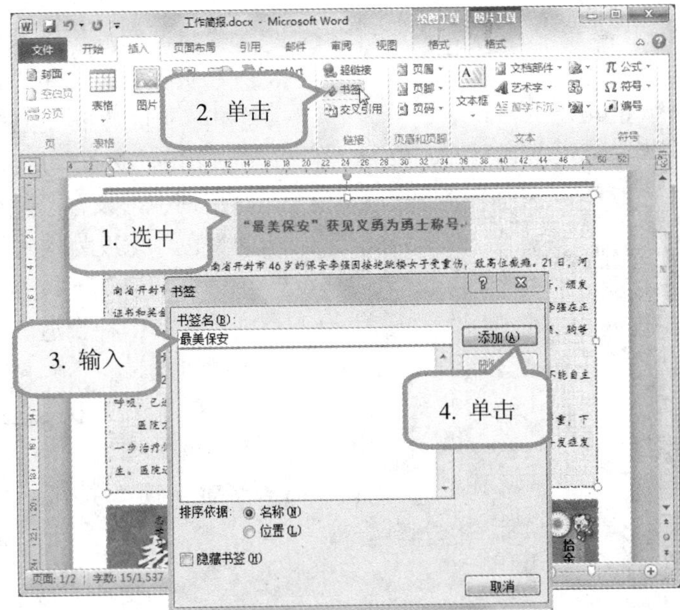

1. 选中要建立书签的文本。
2. 在“插入”选项卡→“链接”组中，单击“书签”按钮。
3. 在弹出的“书签”对话框中，输入书签名称。
4. 单击“添加”按钮，即可退出“书签”对话框。

同样的方法，给文本中其它标题建立书签。

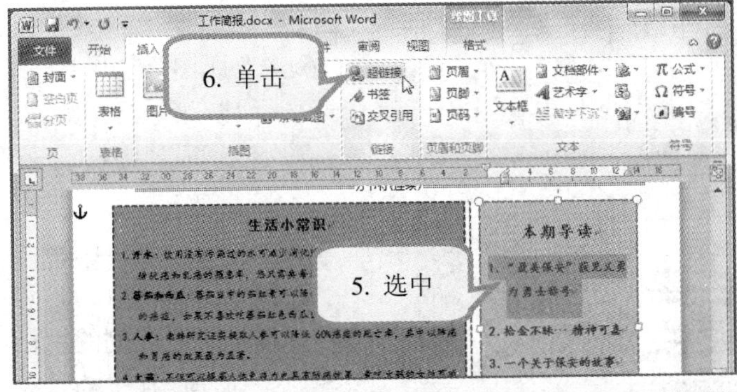

5. 选中要建立超链接的文本。

6. 在“链接”组中，单击“超链接”按钮。

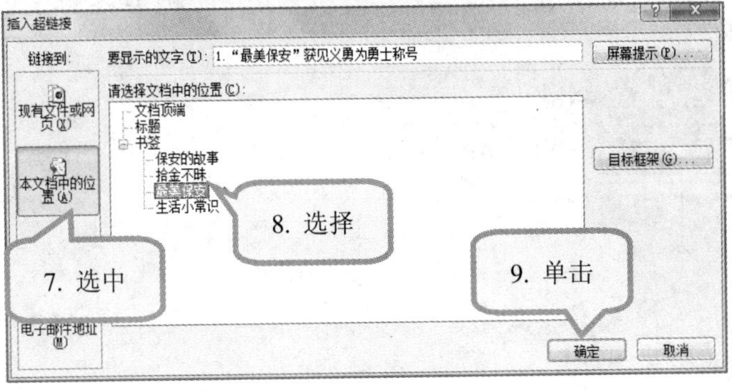

7. 在弹出的“插入超链接”对话框中，选中“本文档中的位置”。
8. 在书签列表中，选择已经建立的对应的书签。
9. 单击“确定”按钮。

同样的方法，建立其它超链接。

添加页面边框并保存

页面边框是在整个文档编辑完成后，对页边的一种修饰，可以起到美化页面的效果。

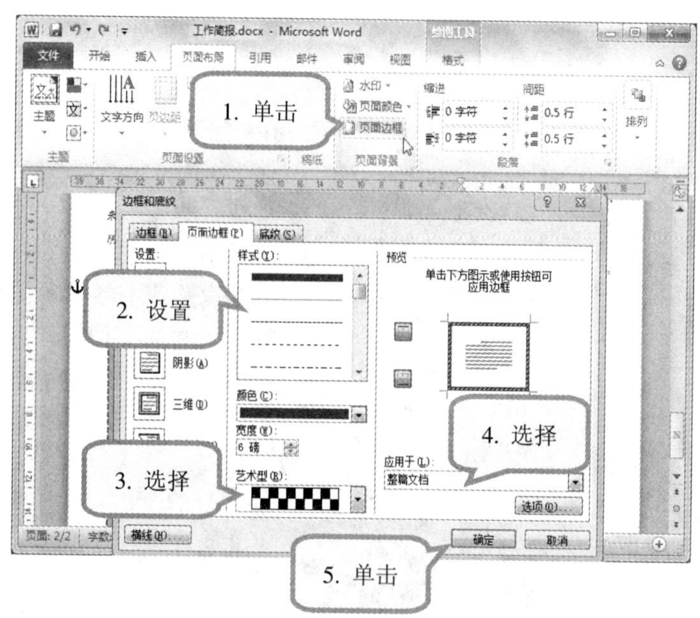

1. 在“页面布局”选项卡→“页面背景”组中，单击“页面边框”按钮。
2. 在弹出的“边框和底纹”对话框中，设置“颜色为紫色，宽度为 6 磅”。
3. 在“艺术型”下拉列表中，选择一种合适的艺术型边框。
4. 在“应用于”中，选择“整篇文档”。
5. 单击“确定”按钮。

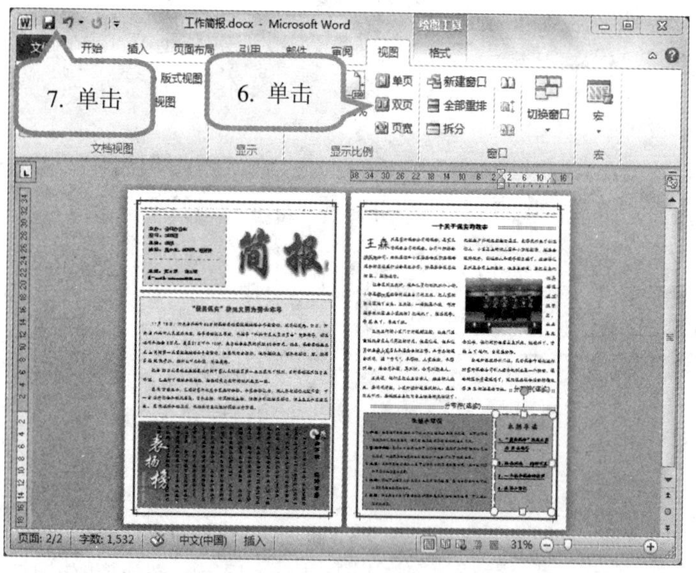

6. 在“视图”选项卡→“显示比例”组中，单击“双页”按钮，预览最终效果。
7. 预览效果满意后，可单击标题栏左侧的“保存”按钮，保存文档。

第 3 篇

文档的查看和输出

前面我们已经学习了在 Word 中进行文档的编辑、排版、美化方法。我们在使用 Word 时，还要经常对文档进行查看、审阅、输出等工作。

本篇内容：

实例 13　对比查看文档

实例 14　制作物业费通知单

实例 15　批改学生作文

通过以上 3 个实例，您将学会 Word 文档的查看和输出工作，包括：

1. Word 的视图操作。
2. 添加和删除网格线。
3. 使用文档结构图、标尺。
4. 多窗口操作。
5. 邮件合并。
6. 文档密码保护。
7. 自动拼写与语法检查，自动处理错误。
8. 添加批注、修订文档。

实例 13　对比查看文档

☞ 学习情境

绿城社区的王阿姨在做好自己的家庭菜谱电子稿之后，惊喜地发现 Word 中还有很多方法可以全方位查看文档，即在不同的浏览模式下可以修改文档，查找文档中的内容，同时还可以将文档和别的文档之间形成对比，多个窗口之间还可以实现切换。王阿姨这个发现让她对电脑的学习兴趣倍增。

☞ 掌握技能

通过本实例，将学会以下技能：

- 切换文档的视图状态。
- 使用标尺、网格线及导航窗格。
- 设置文档显示比例。
- 新建和拆分窗口。
- 并排查看文档。
- 切换窗口。
- 设置文档密码保护。

»☞ 打开文档

1. 在 Windows 7 桌面，双击“我的电脑”图标，即可打开资源管理器窗口。

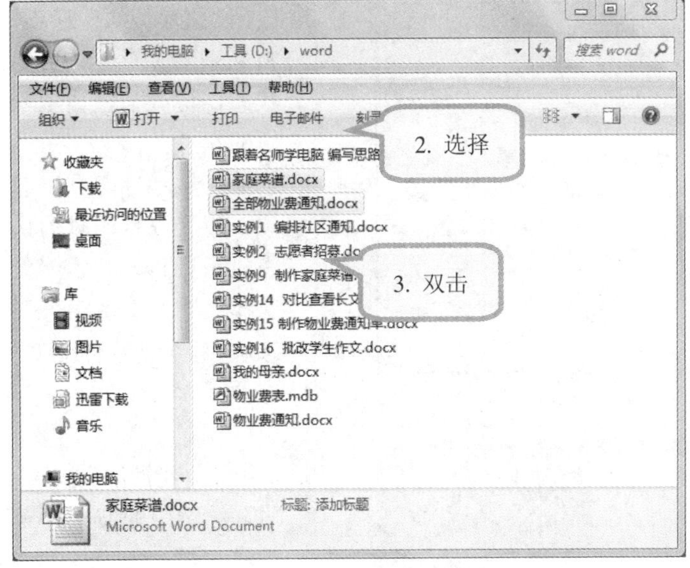

2. 在地址栏中，选择文档存放的位置。

3. 双击要打开的文档，即可打开文档。

此种打开文档的方法相对简单，但前提是电脑上已经安装了 Word 软件。

»☞ 文档视图——阅读版式视图

打开一个文档时，Word 默认的视图方式是页面视图，也可以根据自己的需要改变文档的视图方式。

1. 在“视图”选项卡→“文档视图”组中，单击“阅读版式视图”按钮，将打开阅读版式窗口。

在阅读版式下，默认可以同时查看两屏内容，并且没有完全显示页边距。

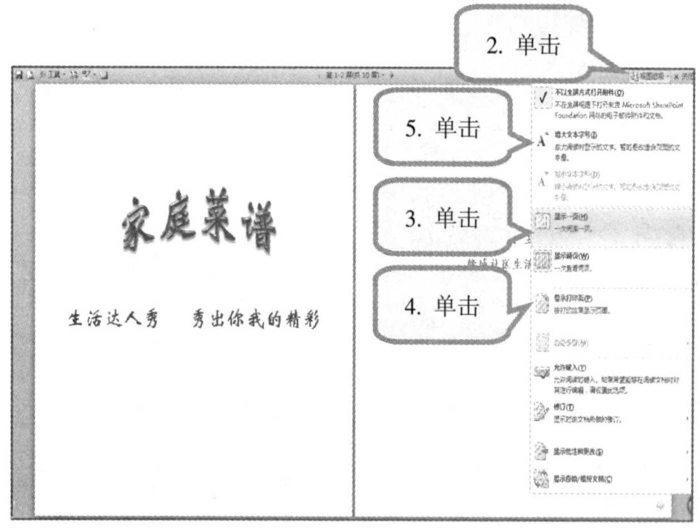

2. 单击“视图选项”按钮，将弹出下拉列表。
3. 选择“显示一页”选项，将原来同时查看两页的状态，更改为只显示一页的状态。
4. 选择“显示打印页”选项，将会以打印时的状态显示页面。
5. 选择“增大文本字号”选项，将会使字体变大，方便阅读。

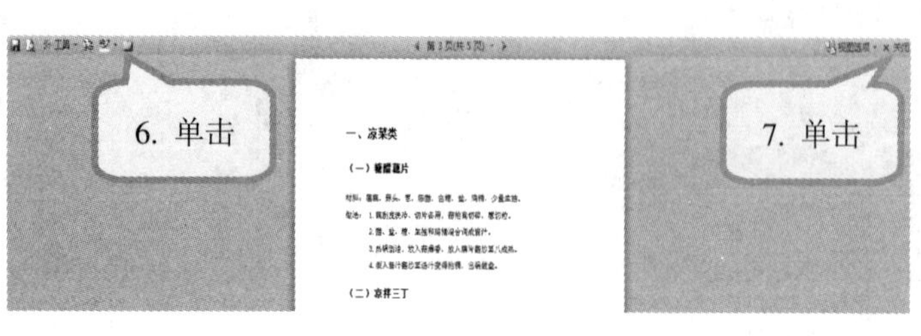

6. 单击“新建批注”按钮，可以给选中的文字建立批注。
7. 单击“关闭”按钮，将关闭阅读版式状态，返回页面视图状态。

»☞ 文档视图——大纲视图

在撰写或组织文档时，利用“大纲视图”可以显示、修改或创建文档的大纲，突出文档的框架结构，显示文档中的各级标题和章节目录等，以便对文档的层次进行调整。

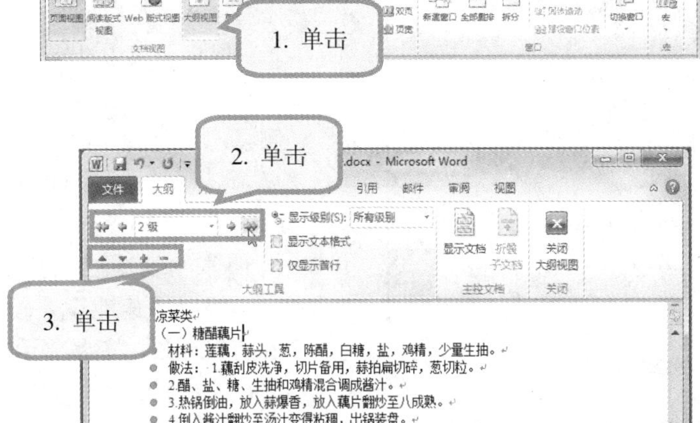

1. 在“视图”选项卡→“文档视图”组中，单击“大纲视图”按钮，将打开大纲视图窗口。
2. 在“大纲”选项卡→“大纲工具”组中，单击级别控制按钮，可使当前标题范围下的内容整体升级或降级。
3. 单击级别改变按钮，可使当前标题升级或降级，也可展开或合并当前标题范围下的内容。

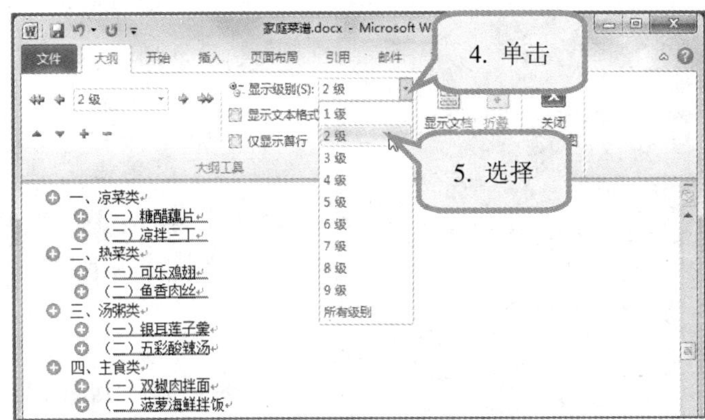

4. 单击“显示级别”下拉箭头，将弹出下拉列表。
5. 选择“2 级”，文档内容将只显到二级标题。

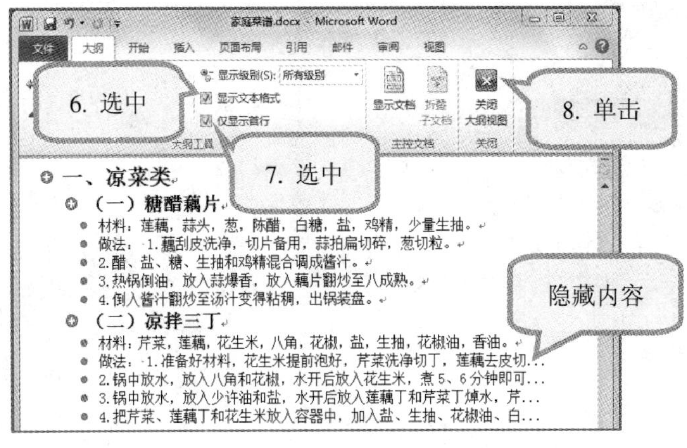

6. 选中“显示文本格式”项，将显示文本的格式。
7. 选中“仅显示首行”项，将用省略号隐藏首行后面内容。
8. 单击“关闭大纲视图”按钮，将关闭大纲视图状态，返回页面视图状态。

»☞ 标尺

标尺可以用来测量或对齐文档中的对象，作为字体大小、行间距等的参考。另外，标尺上面有明暗分界线，可以作为设置页边距、分栏的栏宽、表格列宽和行高等的快速调整依据。

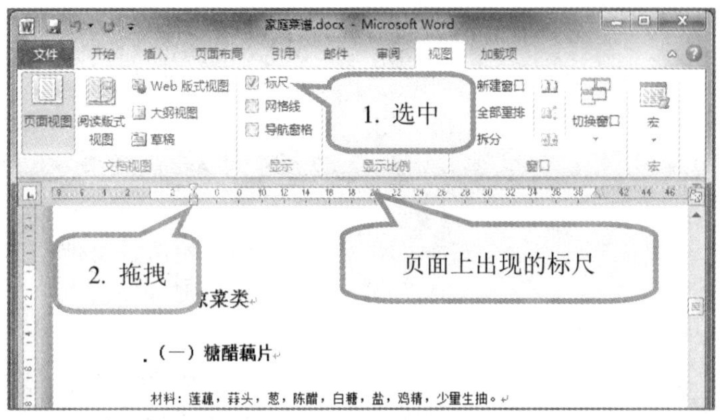

1. 在“视图”选项卡→“显示”组中，选中“标尺”项，在页面的上侧和左侧将出现标尺，通过标尺可以直观地看到页边距的大小。
2. 拖拽水平标尺上的滑块，可以快速地设置段落的左缩进、右缩进和首行缩进。比在“段落”对话框中进行设置，使用标尺不仅方便，而且十分直观。

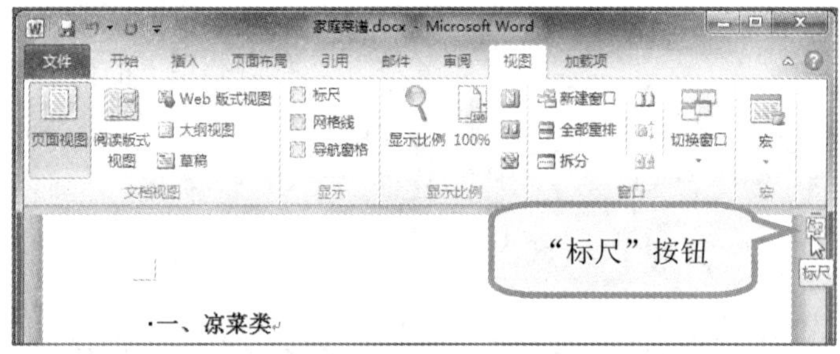

也可以单击文档窗口右上角的“标尺”按钮，来快速显示标尺。

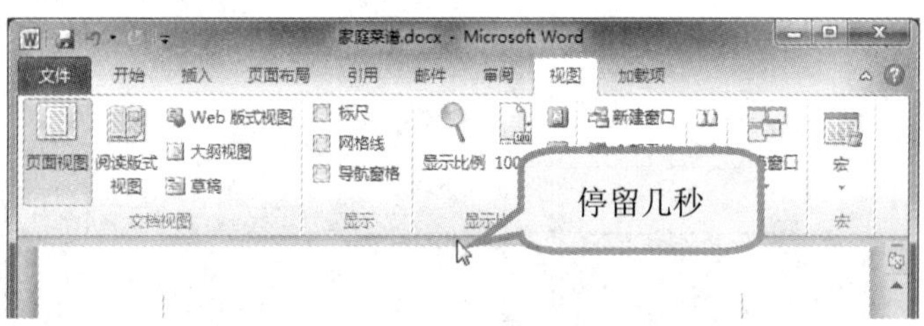

移动鼠标指针到工作区上端的灰色区域处，停留几秒，即可显示标尺。

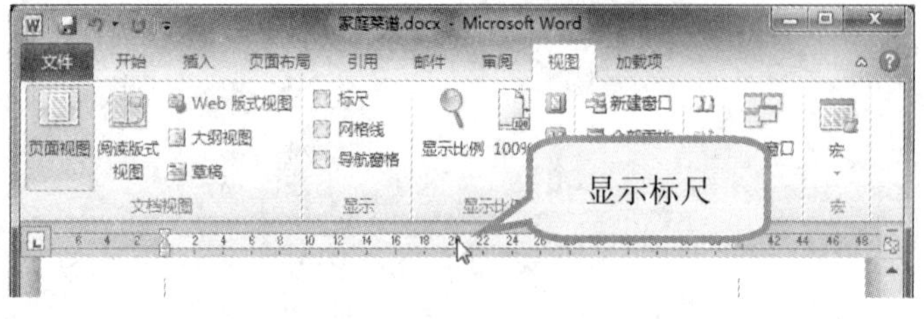

当选中表格中部分内容时，标尺上面会显示分界线，拖拽即可调整。拖拽的同时按着 Alt 键可以实现微调。

»☞ 网格线

使用网格线可以方便地将文档中的对象沿网格线对齐，例如移动对齐图形或文本框。

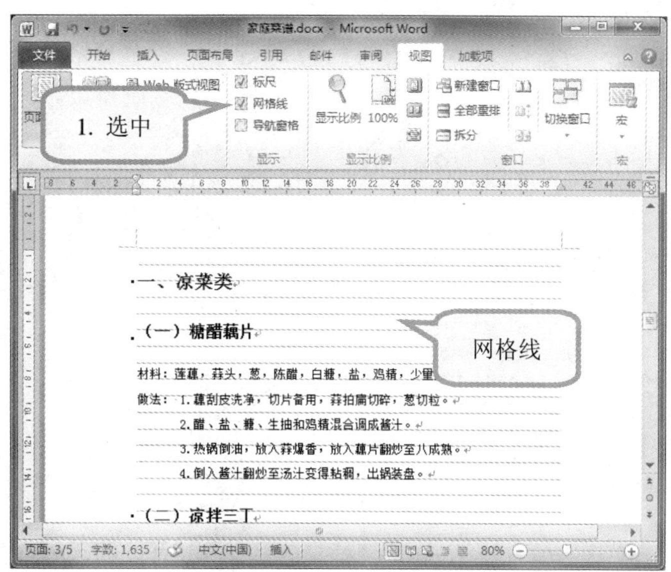

1. 选中“网格线”复选框，将在页面上显示出网格线。

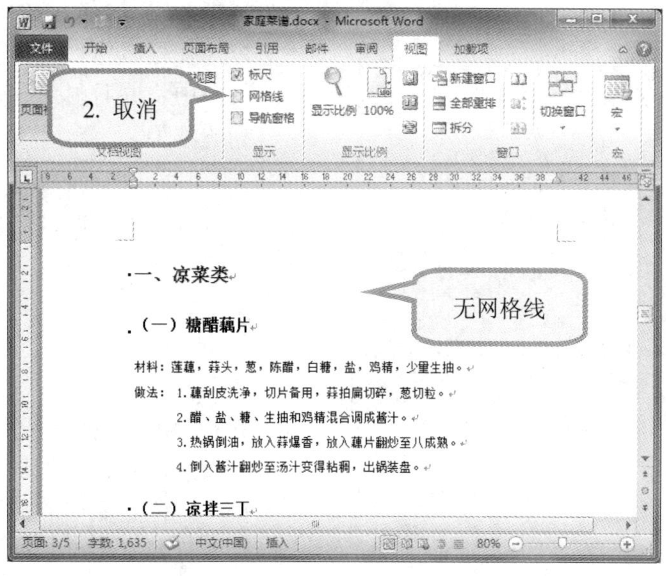

2. 取消“网格线”的选中状态，网格线将消失。

Word 中的网格线主要用于帮助用户将 Word 文档中的图形、图像、文本框、艺术字等对象沿网格线对齐。在打印时，网格线不被打印出来。

»☞ 导航窗格

导航窗格是在文档中一个单独的窗格中显示文档标题，可使文档结构一目了然，可以通过按标题、页面或通过搜索文本或对象来进行导航。

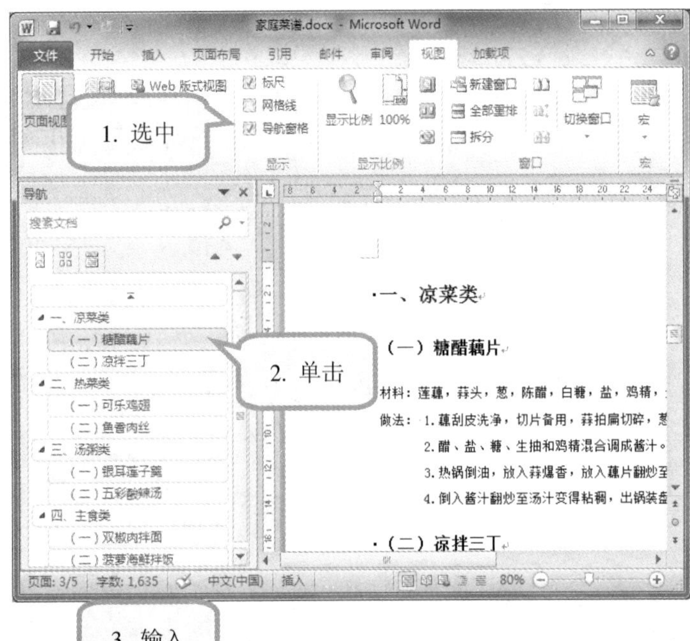

1. 选中“导航窗格”项，将弹出导航窗口。

2. 在导航窗口中，单击某个标题，在内容窗口中将直接定位到相应的内容，查找起来很方便。

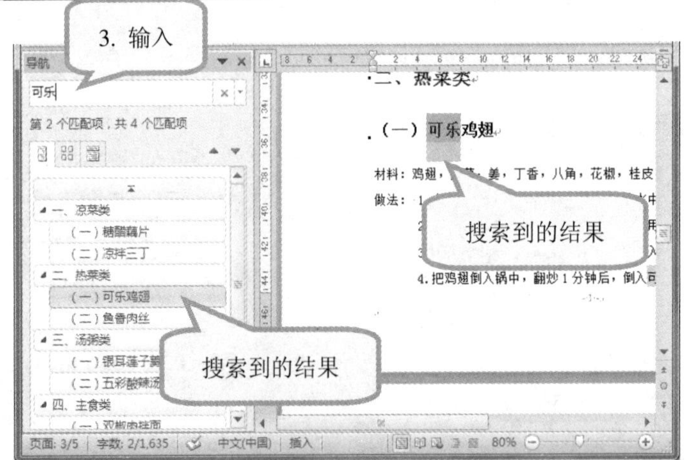

3. 在“导航”窗口的搜索框中，输入要搜索的内容，在导航窗口和内容窗口中将同时显示搜索到的结果。

4. 单击“转至文档的开头”项，在内容窗口中将会直接定位到文档的首页开始位置。

»☞ 显示比例

显示比例指的是在查看文档时，可以设置不同的文档显示比例以适应窗口的大小，此操作不会改变文档的原始大小。

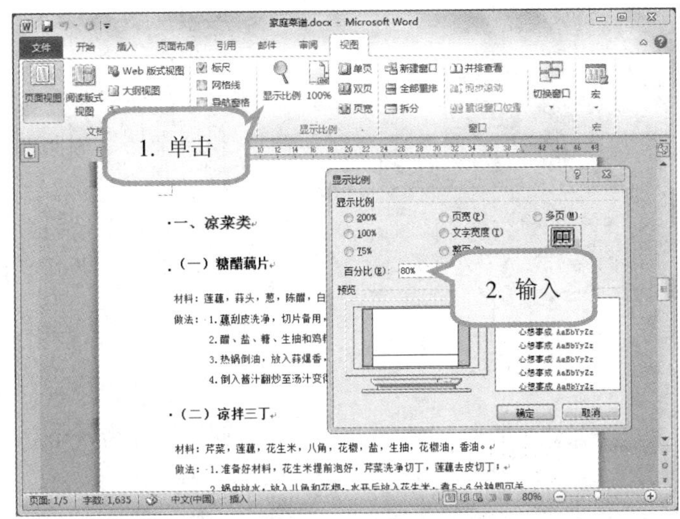

1. 在“视图”选项卡→“显示比例”组中，单击“显示比例”按钮，将弹出“显示比例”对话框。

2. 在对话框中，可以选择不同的显示比例，也可在“百分比”框中，输入合适的显示数值。

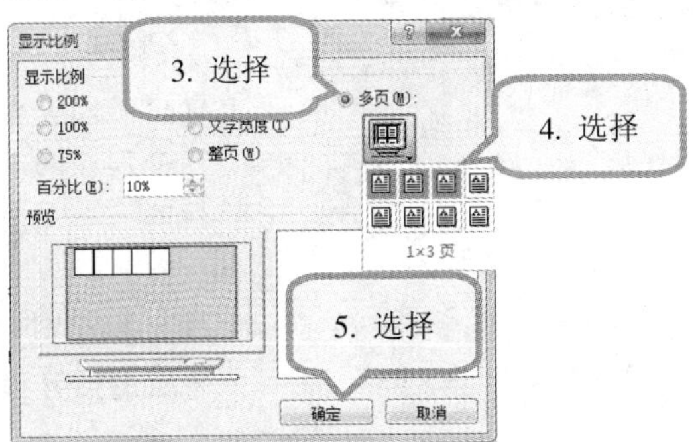

3. 选择“多页”项。

4. 在弹出的列表中，选择“1×3 页”项，将同时显示 3 页。

5. 单击“确定”按钮。

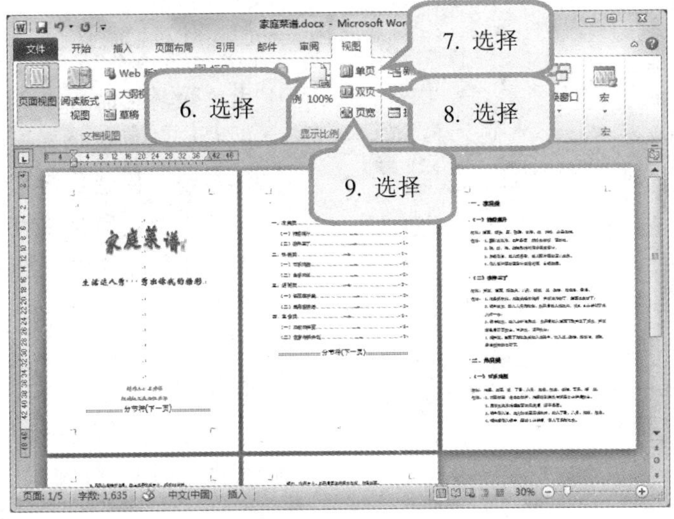

6. 在“显示比例”组中，单击“100%”按钮，将按文档 100%的比例显示文档。
7. 单击“单页”按钮，将只显示完整的一页。
8. 单击“双页”按钮，将同时显示两页。
9. 单击“页宽”按钮，将按整个窗口的宽度来显示页面。

»☞ 新建和拆分窗口

为了查看和编辑方便，可以直接新建一个相同内容的窗口，或者将文档的显示窗口拆分为二，编辑完成后取消拆分状态即可。

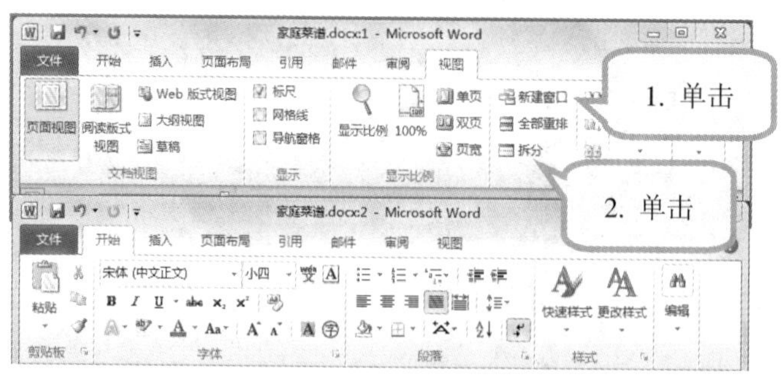

1. 在“视图”选项卡→“窗口”组中，单击“新建窗口”按钮，将新建一个和原来名字相同的新文档。
2. 单击“拆分”按钮，窗口中将出现一条随光标游动的拆分线。

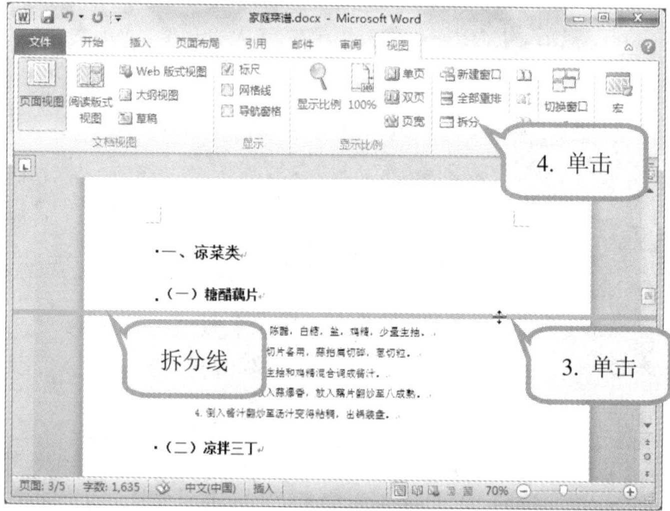

3. 在合适的位置单击，可将窗口拆分为两个。

此时可以在两个窗口中对比查看文档，也可分别在两个窗口中编辑同一个文档。

4. 再次单击“拆分”按钮，将取消拆分状态。

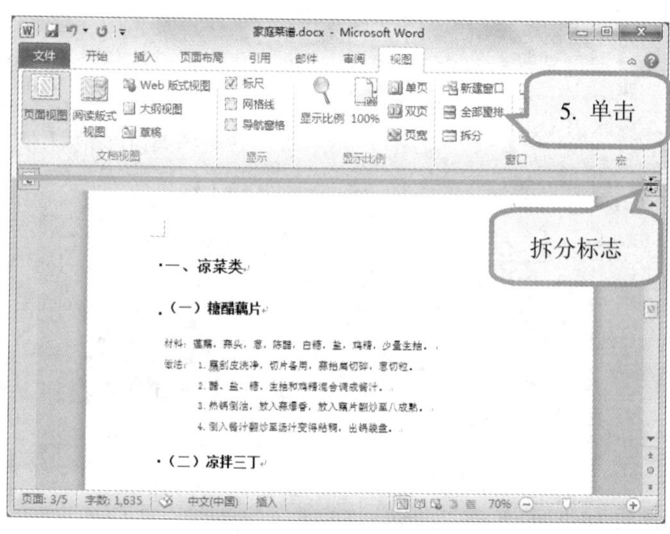

也可使光标定位在文档编辑区的右上角，当光标变为双向箭头的标志时，按着鼠标左键向下拖动，到合适的位置松开鼠标左键，也可实现窗口的拆分。

5. 单击“全部重排”按钮，可在屏幕上并排平铺所有打开的 Word 窗口。

»☞ 并排查看文档

在查看和编辑文档时，除了可以在垂直方向上拆分窗口来查看同一个文档外，也可以在水平方向上同时并排查看两个文档，对比文档的内容，或者执行复制粘贴等操作。

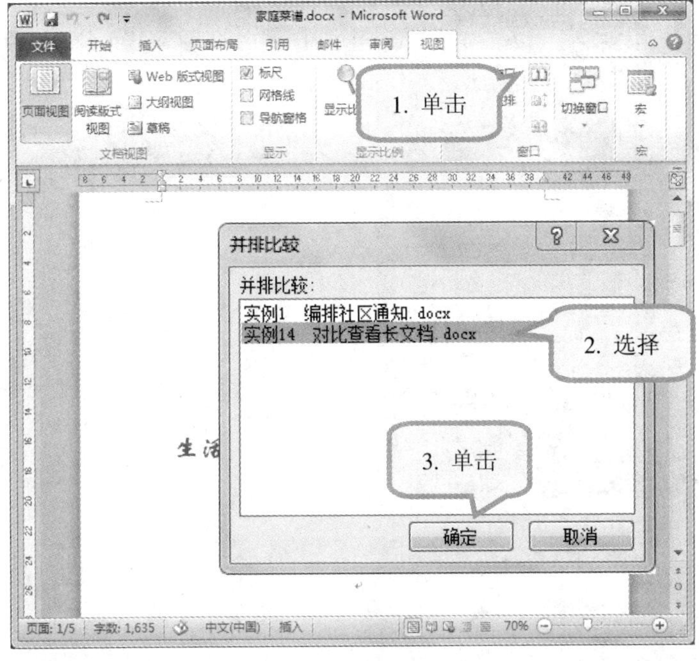

1. 在“视图”选项卡→“窗口”组中，单击“并排查看”按钮。

2. 将弹出“并排比较”对话框，选择其中一个文档。

3. 单击“确定”按钮，将并排打开另一个文档。

在并排查看窗口下，“同步滚动”按钮自动选中，即滚动鼠标或者拖动滚动条时两个文档内容同步滚动。

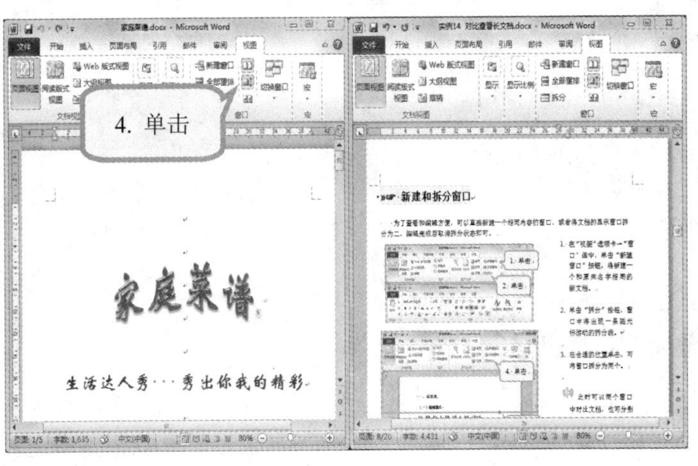

4. 单击两个窗口下的“同步滚动”按钮，将取消同步滚动状态，此时可以单独查看其中任何一个文档，另一文档不受影响。

虽然能同时显示多个文档窗口，但是当前的激活窗口只有一个。标题栏是高亮显示的窗口为当前的激活窗口。

»☞ 重设窗口及切换窗口

在并排查看文档时，窗口的左右位置可以改变，同时也可以选择查看并排查看文档以外的其它文档。

1. 在“视图”选项卡→“窗口”组中，单击“重设窗口位置”按钮，将改变左右文档窗口位置。

2. 单击“切换窗口”按钮，将弹出下拉列表。
3. 在下拉列表中，选择另一文档，活动窗口将切换为除并排查看两个窗口之外的另一窗口。

Word 可以在 Windows 窗口中同时显示多个文档窗口，这样进行编辑时可以避免窗口之间的重复转换，从而提高工作效率。但是如果同时显示的文档窗口太多，那么每个文档所占的空间就会变小，操作起来则不方便，因此最好一次只显示两三个文档。

设置文档密码保护

为文档设置密码，可以控制其他人对文档的访问或防止未经授权查阅和修改文档。

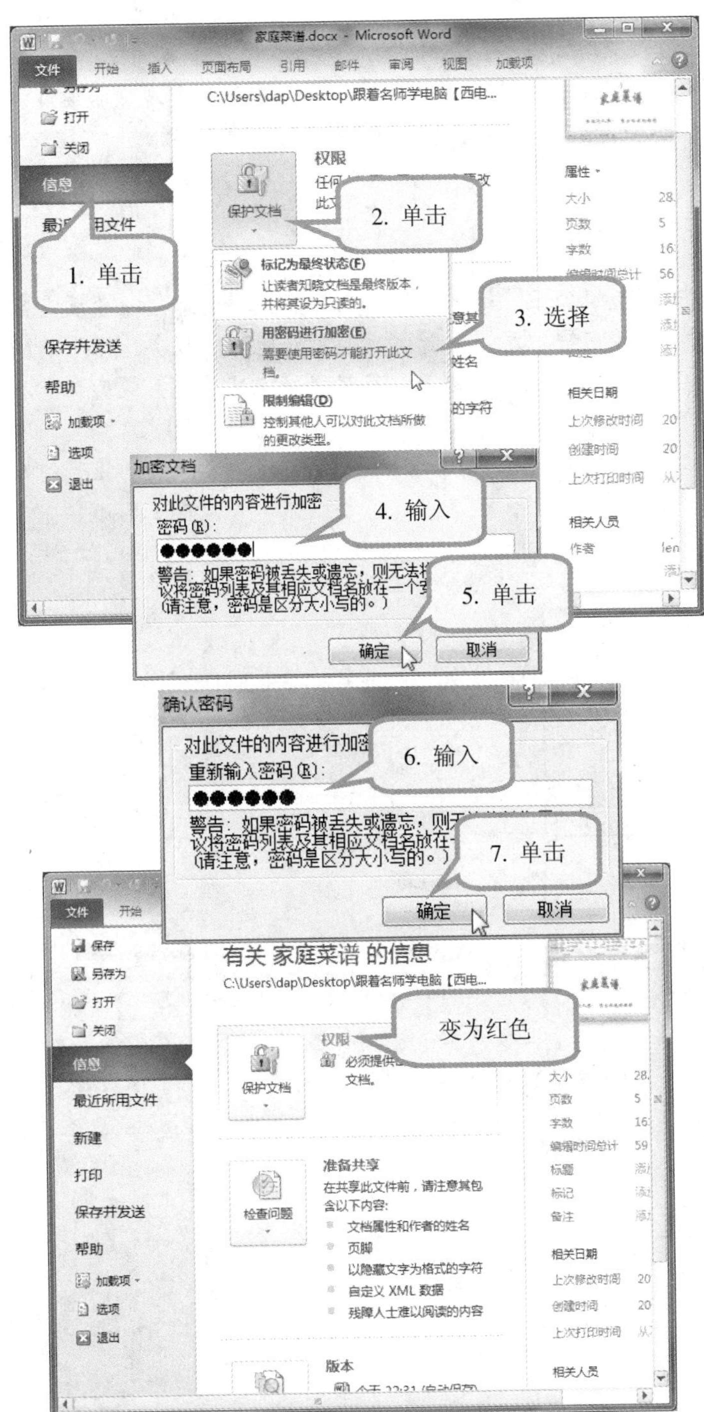

1. 单击“文件”选项卡→“信息”项。

2. 单击“保护文档”按钮。

3. 在下拉列表框中，选择“用密码进行加密”项。

4. 在弹出的“加密文档”对话框的“密码”中，输入密码。

5. 单击“确定”按钮。

6. 在继续弹出的“确认密码”中，再次输入密码。

7. 单击“确定”按钮，这样就为文档进行了加密。此时“保护文档”按钮右侧的“权限”两个字也由原来的黑色变为红色。

再次启动文档时，将弹出“密码”对话框，输入正确密码后才能打开文档。

实例 14　制作物业费通知单

学习情境

一季度已经结束，但绿城社区有部分业主没有及时缴纳一季度物业费，现绿城物业管理处小李需要制作一份告知每位未交费业主的通知，发送到每位业主的收件箱。

通知原文如下：

住址：

姓名：

您好！一季度在您好的大力支持与配合下，小区秩序一切井然，现通知您一季度需交纳的物业管理综合服务费　　元，公摊水费　元；为保证我们更好地为您服务，保障您的物业升值与保值，请您收到此函后 10 日内，与我处联系，及时缴纳上述费用。最后祝您及您的全家幸福安康，万事如意！

绿城物业管理处

2014 年 4 月 2 日

编排效果

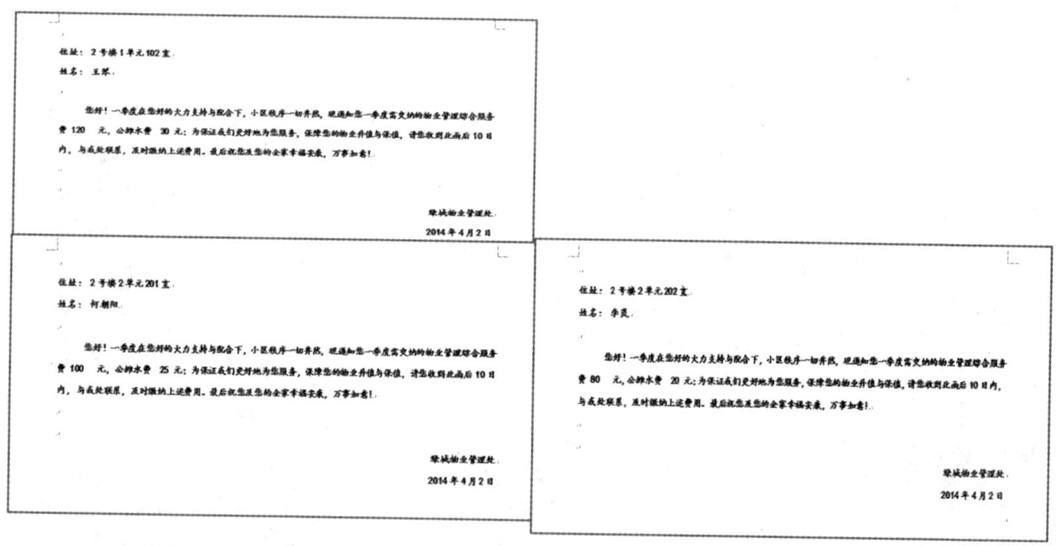

住址：2 号楼 1 单元 102 室

姓名：王琛

您好！一季度在您好的大力支持与配合下，小区秩序一切井然，现通知您一季度需交纳的物业管理综合服务费 120　元，公摊水费　30 元；为保证我们更好地为您服务，保障您的物业升值与保值，请您收到此函后 10 日内，与我处联系，及时缴纳上述费用。最后祝您及您的全家幸福安康，万事如意！

绿城物业管理处

2014 年 4 月 2 日

住址：2 号楼 2 单元 201 室

姓名：何朝阳

您好！一季度在您好的大力支持与配合下，小区秩序一切井然，现通知您一季度需交纳的物业管理综合服务费 100　元，公摊水费　25 元；为保证我们更好地为您服务，保障您的物业升值与保值，请您收到此函后 10 日内，与我处联系，及时缴纳上述费用。最后祝您及您的全家幸福安康，万事如意！

绿城物业管理处

2014 年 4 月 2 日

住址：2 号楼 2 单元 202 室

姓名：李昊

您好！一季度在您好的大力支持与配合下，小区秩序一切井然，现通知您一季度需交纳的物业管理综合服务费 80　元，公摊水费　20 元；为保证我们更好地为您服务，保障您的物业升值与保值，请您收到此函后 10 日内，与我处联系，及时缴纳上述费用。最后祝您及您的全家幸福安康，万事如意！

绿城物业管理处

2014 年 4 月 2 日

掌握技能

通过本实例，将学会以下技能：

- 创建信函。
- 制作收件人列表。
- 合并邮件。
- 预览和合并信函。

»☞ 新建文档并设置页面

在 Windows 7 桌面，双击 Word 2010 快捷方式图标，将自动新建名为“文档 1”的空白文档。

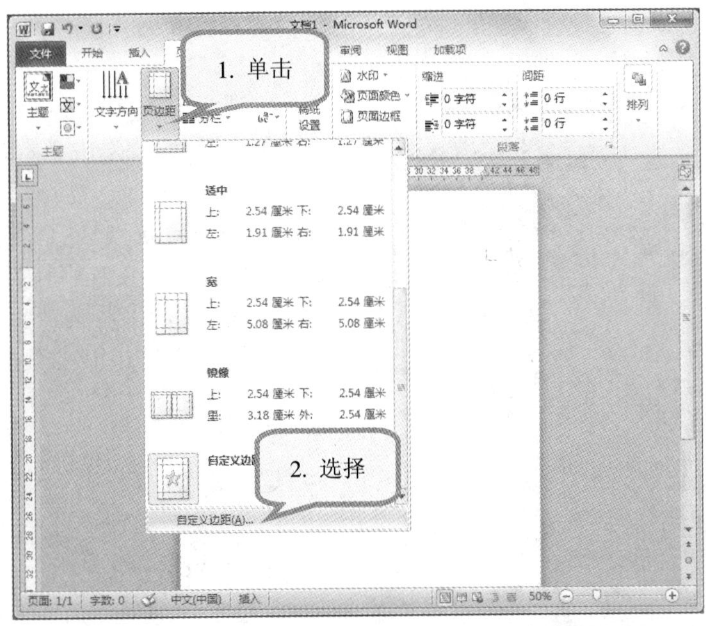

1. 在“页面布局”选项卡→“页面设置”组中，单击“页边距”按钮。

2. 在弹出的下拉列表中，选择“自定义边距”项，将弹出“页面设置”对话框。

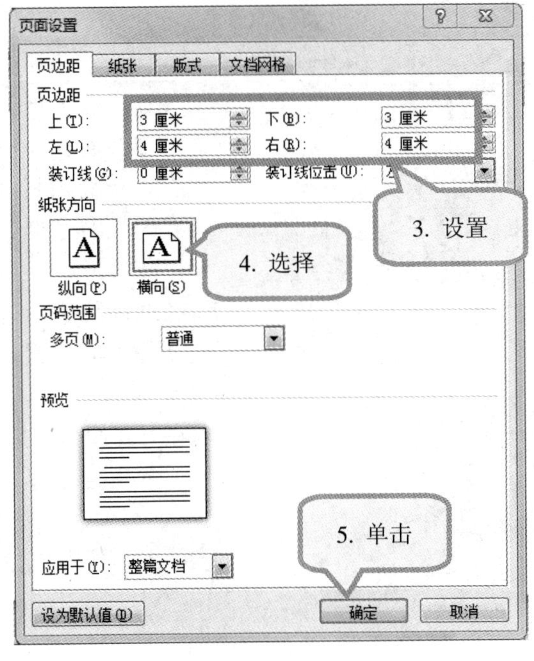

3. 在“页边距”项中，设置上、下页边距各为“3 厘米”，左、右页边距各为“4 厘米”。

4. 在“纸张方向”项中，选择“横向”选项。

5. 单击底部的“确定”按钮。

»☞ 设置文字和段落并保存文档

输入物业费通知的内容，并根据内容排版，在费用处预留空格。

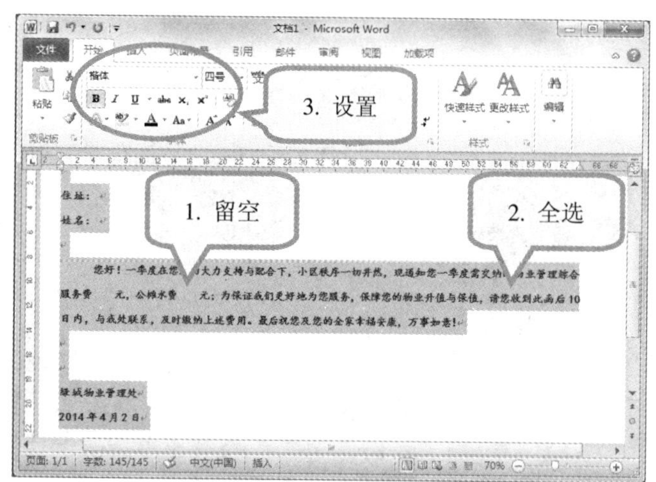

1. 输入文本内容，并在费用处预留空格。
2. 按键盘上的“Ctrl+A”组合键，全部选中文本。
3. 在“开始”选项卡→“字体”组中，设置字体为“楷体”，字号为“四号”，单击“加粗”按钮，字体颜色为“黑色”。

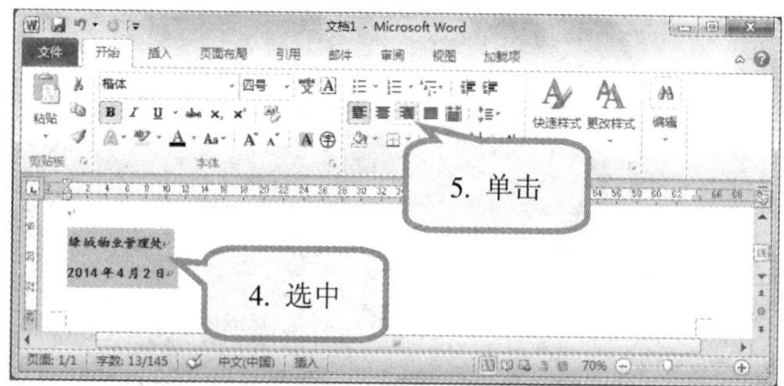

4. 选中落款内容。
5. 单击“段落”组中的“右对齐”按钮。

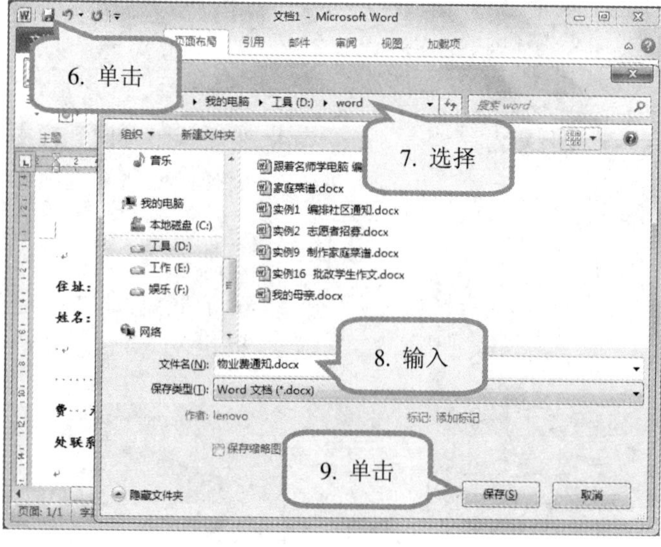

6. 单击标题栏左侧的“保存”按钮，将弹出“另存为”对话框。
7. 在地址栏中，选择文档要保存的位置。
8. 在“文件名”文本框中，输入文档名称。
9. 单击“保存”按钮。

»☞ 制作收件人列表

当我们把通知的内容排好版后，接下来需要建立一个小区业主物业费收取情况表。

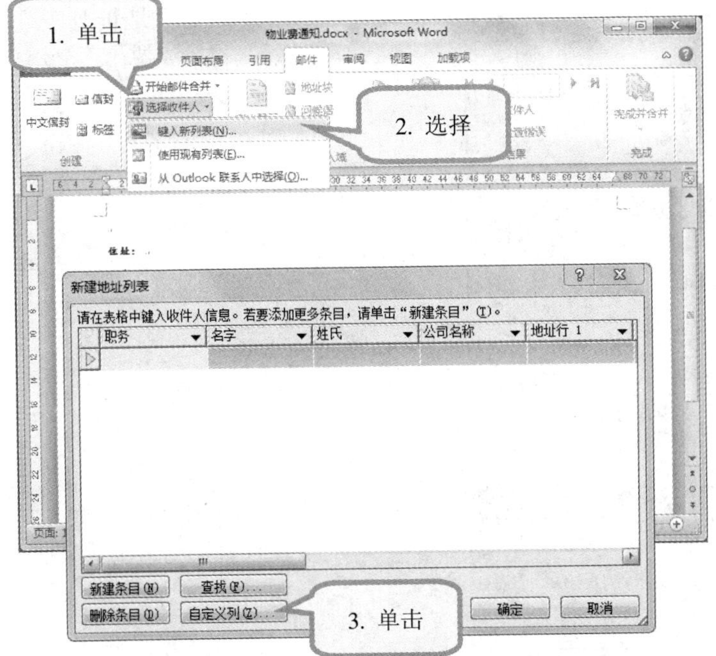

1. 在“邮件”选项卡→“开始邮件合并”组中，单击“选择收件人”下拉箭头。

2. 在弹出的下拉列表中，选择“键入新列表”项，将弹出“新建地址列表”对话框。

3. 目前显示的列表中字段太多，而且多数无用，因此单击“自定义列”按钮来修改字段。

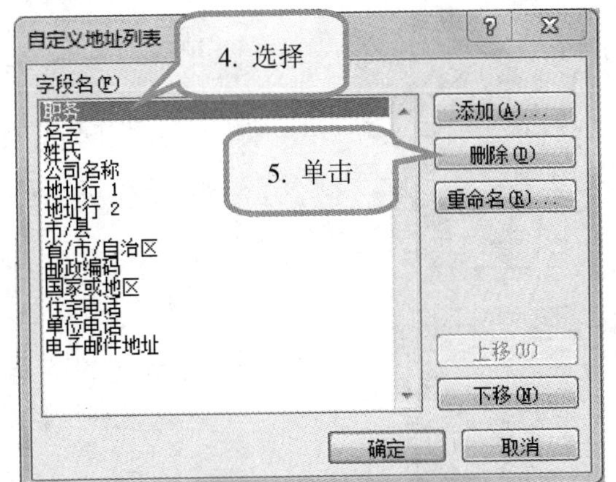

4. 在弹出的“自定义地址列表”对话框中，选择“职务”字段名。

5. 单击“删除”按钮，将弹出相应对话框。

6. 单击“是”按钮，确认删除“职务”字段。

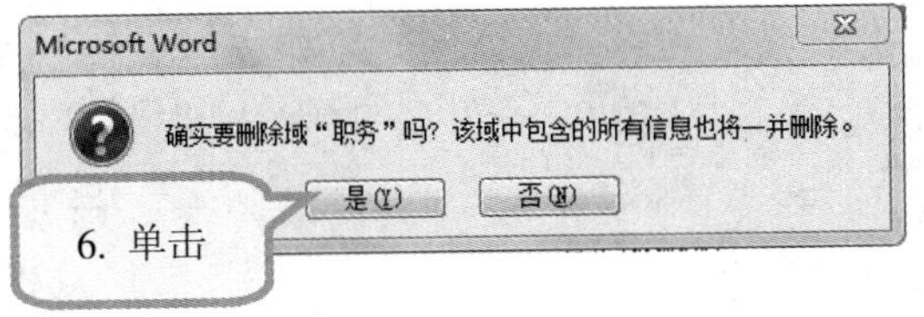

用同样的方法删除“名字”项以外的所有字段名。

»☞ 编辑列表中的字段名

在新建的收件人列表中，不仅可以删除字段名，也可以重命名，还可以添加新的字段名。

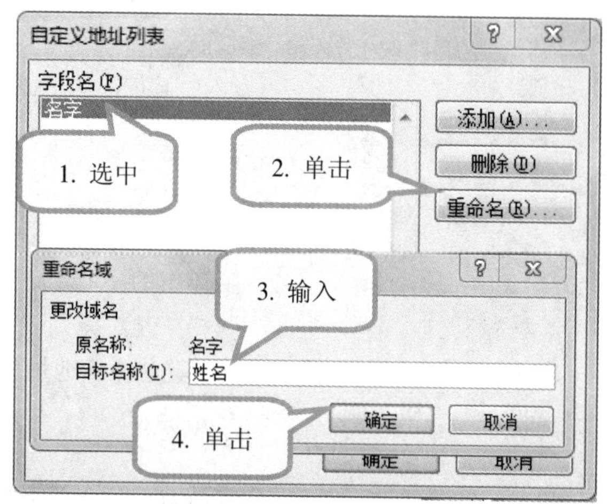

1. 在“自定义地址列表”对话框中，选中“名字”字段名。
2. 单击“重命名”按钮，将弹出“重命名域”对话框。
3. 在“目标名称”文本框中，输入“姓名”字段名。
4. 单击“确定”按钮。

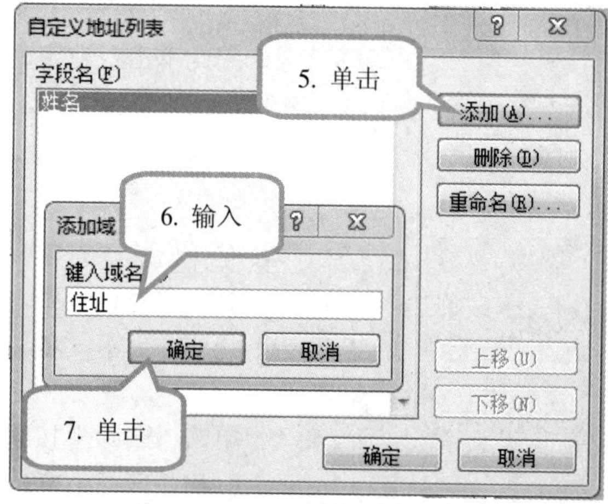

5. 在“自定义地址列表”对话框中，单击“添加”按钮。
6. 在弹出的“添加域”对话框中，输入“住址”。
7. 单击“确定”按钮，将返回上一级对话框。

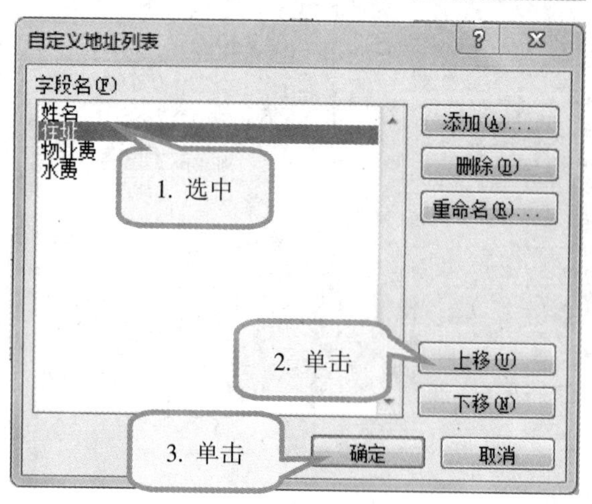

同样的方法，添加“物业费”和“水费”字段名。

1. 选中“住址”字段名。
2. 单击“上移”按钮。
3. 单击“确定”按钮，将返回上一级对话框。

»☞ 输入列表信息并保存列表

在字段名修改完后，可以将所有收件人信息输入到列表中，以备在后面的步骤中快速生成全部通知。

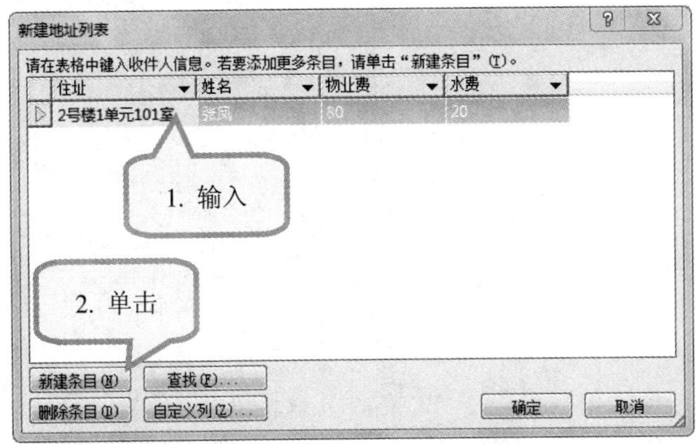

1. 在编辑好的收件人列表中，输入第一位收件人的信息。
2. 单击“新建条目”按钮，将新建一行。

同样的方法，输入所有收件人信息。

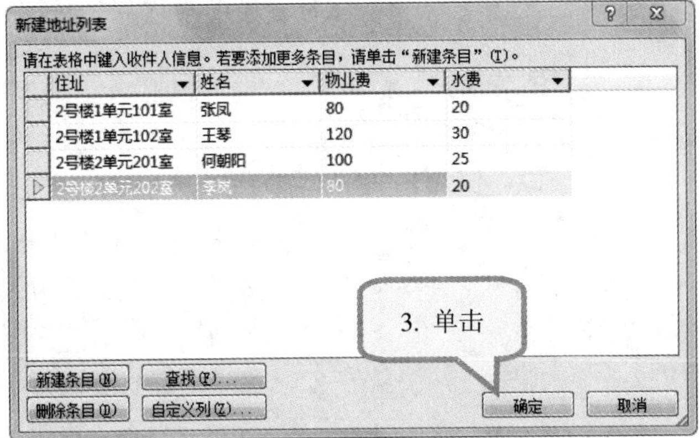

3. 输入完成后，单击“确定”按钮，将弹出“保存通讯录”对话框。

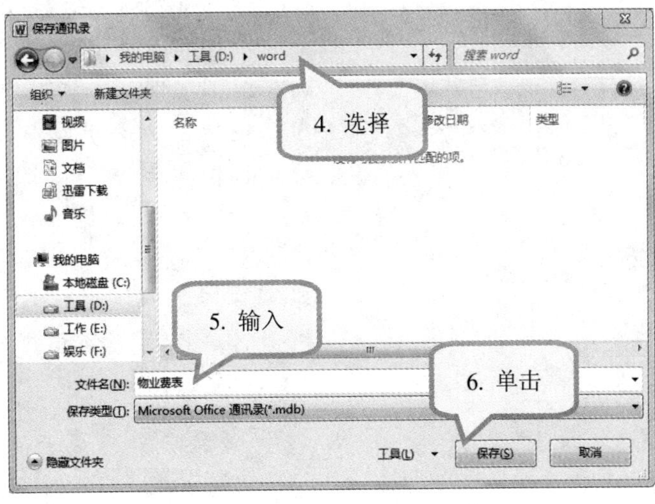

4. 在地址栏中，选择合适的保存位置。
5. 在“文件名”文本框中，输入文件名称。
6. 单击“保存”按钮，列表将被保存。

要记清列表文件保存的位置，以便在文档中创建多个收件人列表时方便找寻。

合并邮件

收件人列表创建好后，进行邮件合并，将列表中的信息插入到物业费通知正文中，可以快速生成多份通知。

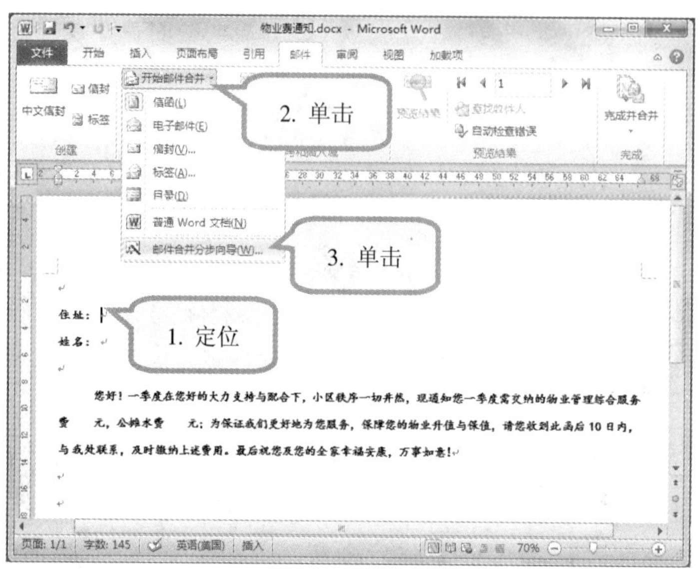

1. 将光标定位在要插入信息之处。

2. 在“邮件”选项卡→“开始邮件合并”组，单击“开始邮件合并”项。

3. 在弹出的下拉列表中，选择“邮件合并分步向导”，将打开“邮件合并”任务窗格。

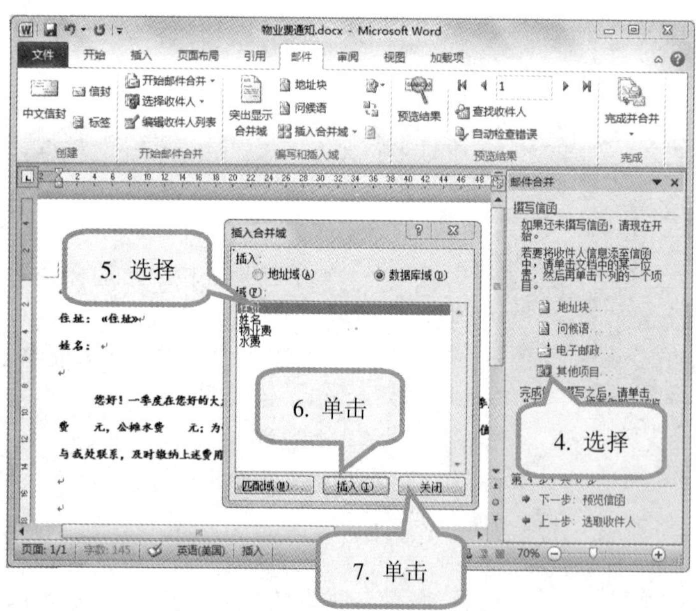

4. 选择“其它项目”选项，将弹出“插入合并域”对话框。
5. 选择“住址”域名。
6. 单击“插入”按钮，将“住址”插入到文档中合适的位置。
7. 单击“关闭”按钮，退出“插入合并域”对话框。

同样的方法，将其它域也插入到相应的位置。

»☞ 预览信函

所有的域都插入到正文之后，可以逐条预览通知内容，也可对通知内容进行修改。

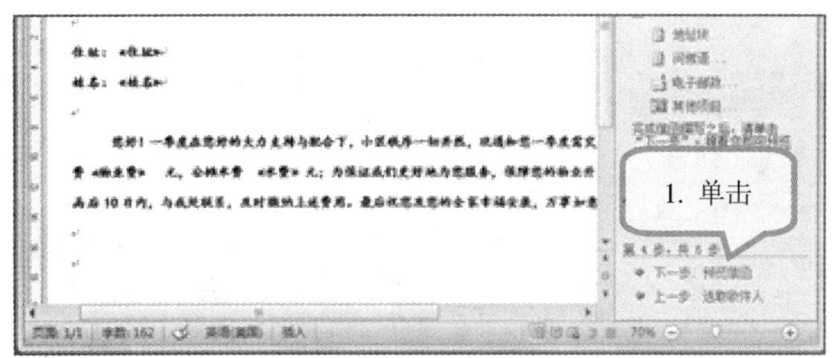

1. 所有域名全部插入到正文之后，单击“预览信函”选项，将看到收件人的具体信息已经全部插入到正文中。

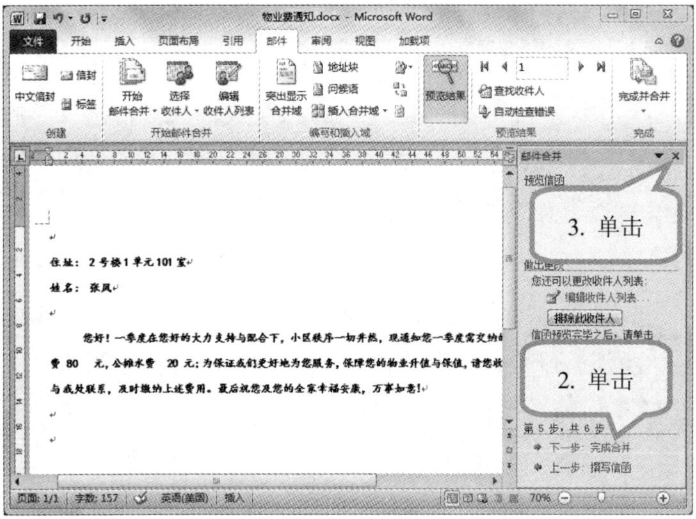

2. 单击“下一步：完成合并”项。
3. 单击此 按钮，将关闭“邮件合并”任务窗格。

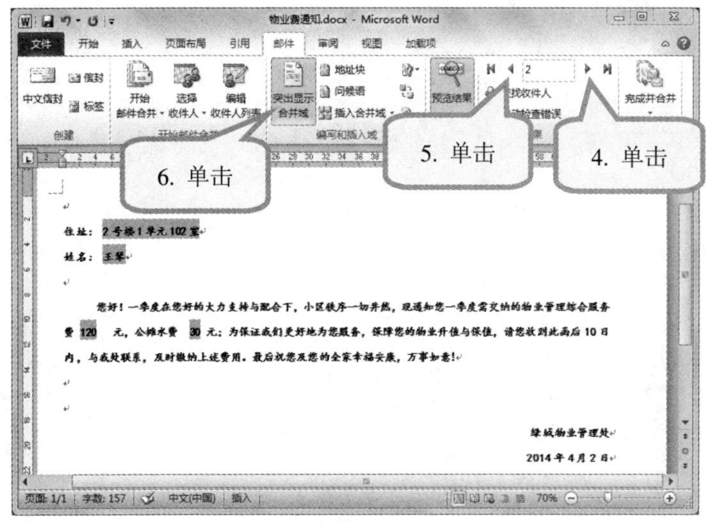

4. 单击“下一记录”按钮，可以查看下一条通知。
5. 单击“上一记录”按钮，可以查看上一条通知。
6. 单击“编写和插入域”组→“突出显示合并域”按钮，合并域将用灰色底色显示。

在预览时，若发现错误，也可以单个修改通知内容。

»☞ 合并文档并保存

逐个查看每个通知，确认无误后，可以将所有通知合并到一个新文档中，进行保存或打印。

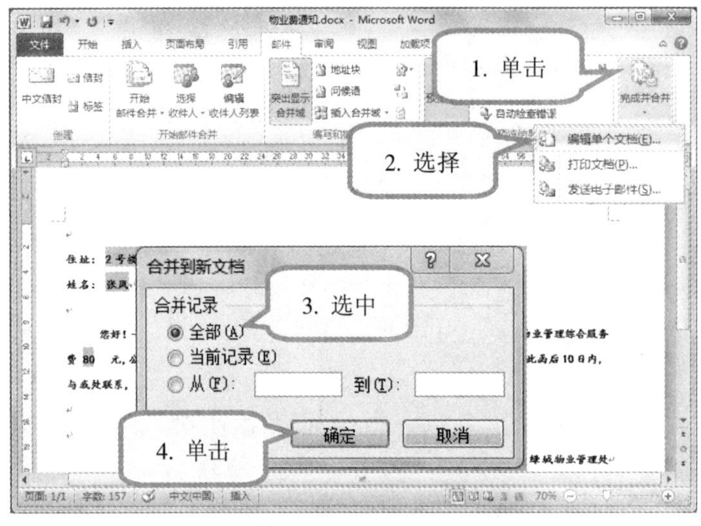

1. 逐个预览无误后，单击“邮件”选项卡→“完成并合并”按钮。
2. 在弹出的下拉列表中，选择“编辑单个文档”选项，将弹出“合并到新文档”对话框。
3. 选中“全部”选项。
4. 单击“确定”按钮，将生成名为“信函 1”的新 Word 文档，在“信函 1”文档中，包含了所有的通知文件。

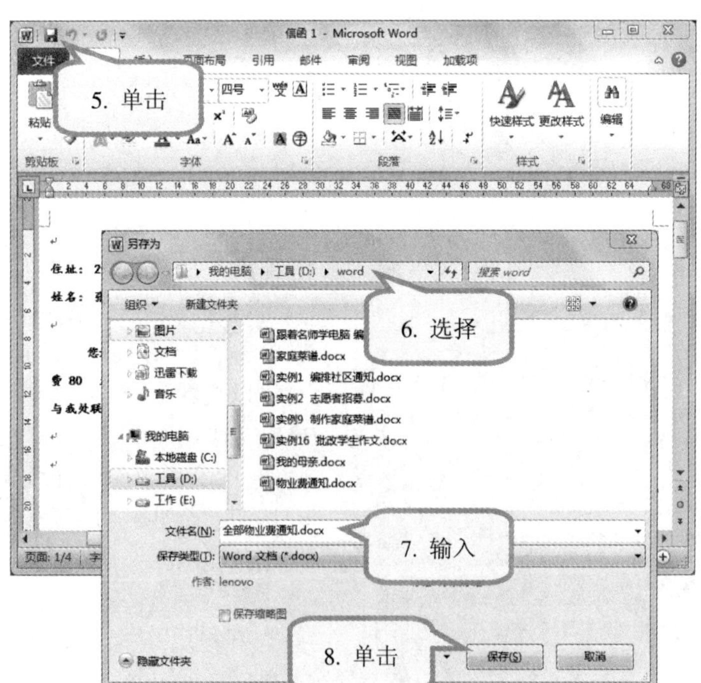

5. 单击标题栏左侧的“保存”按钮，将弹出“另存为”对话框。
6. 在地址栏中，选择文档将要存放的合适位置。
7. 在“文件名”文本框中输入文件名称。
8. 单击“保存”按钮。

»☞ 打印文档

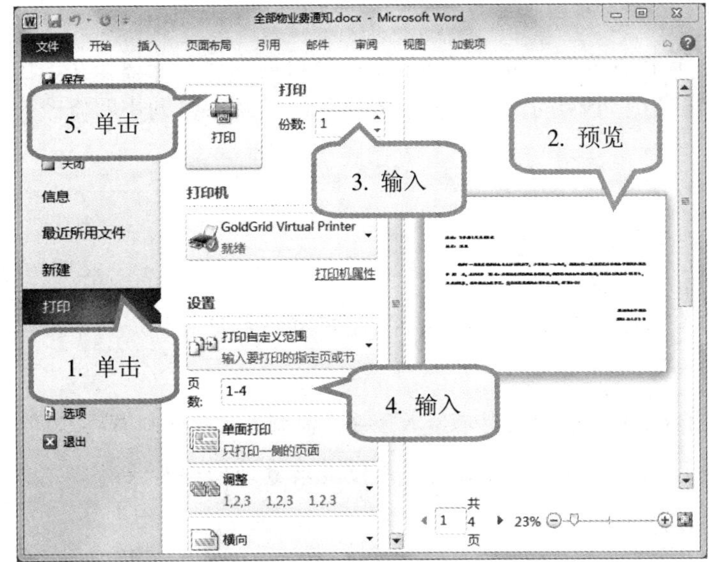

1. 在“文件”选项卡中，单击“打印”按钮。

2. 在该窗口中可以预览页面整体效果。

3. 输入需要打印的份数。

4. 在“页数”中输入需要打印的页数。

5. 单击“打印”按钮开始打印。

实例 15　批改学生作文

☞ 学习情境

社区王阿姨家的孙子小明今年上小学二年级，老师要求小明每周末要写一篇作文，由家长检查后打印，周一交给老师，由于小明的父母出差在外，王阿姨负责帮助小明修改作文并打印。

小明作文原文如下：

我的母亲

我的母亲中等身材，弯弯的眉毛，一双水灵灵的大眼睛，说起话来很有神，鼻梁上还架着一副金丝边眼境。

记得有一次，我数学考试得了 84 分，老师还要求家长签字。回到家，我跑到自己房间，悄悄地拿出试卷，把母亲的名字写在了试卷上。吃饭时，我总是有意地回避母亲的目光。我反常的举动并没有引起但是的注意。

第二天，交数学卷子的时侯一下子就被老师发现了，刘老师说晚上家长会上要给我母谈谈此事，老师的话让我心里紧张，羞愧不已。但母亲开家长会回来后并无反常表情，可我的愧疚感油然而生。我居然会欺骗母亲，我真的好后悔，我决定主动向母亲承认错误。

吃过晚饭，我小声地对母亲说："妈妈，我想向您承认一个错误"。我把事情的经过说了一遍，羞愧地低下了头，等着接受母亲严厉的批评。母亲轻轻地抚摸着我的头发，慈爱地说："好孩子，妈妈要表扬你能够勇于承认错误，知错就改！其实，开家长会时，老师已经把这件事告诉我了。我是想让你自己告诉妈妈，因为我知道，明明是个诚实的孩子"我一下扑进来母亲的怀里，泪水止不住夺框而出。母亲接着对我说："孩子，一个人在成长的过程中不可能一点错误不犯，犯了错误就应该勇于承认，勇于改正，这样才能不断地进步。"

这就是我的母新，一位很能宽容理解别人，善良温柔的母新，我爱我的母亲。

☞ 编排效果

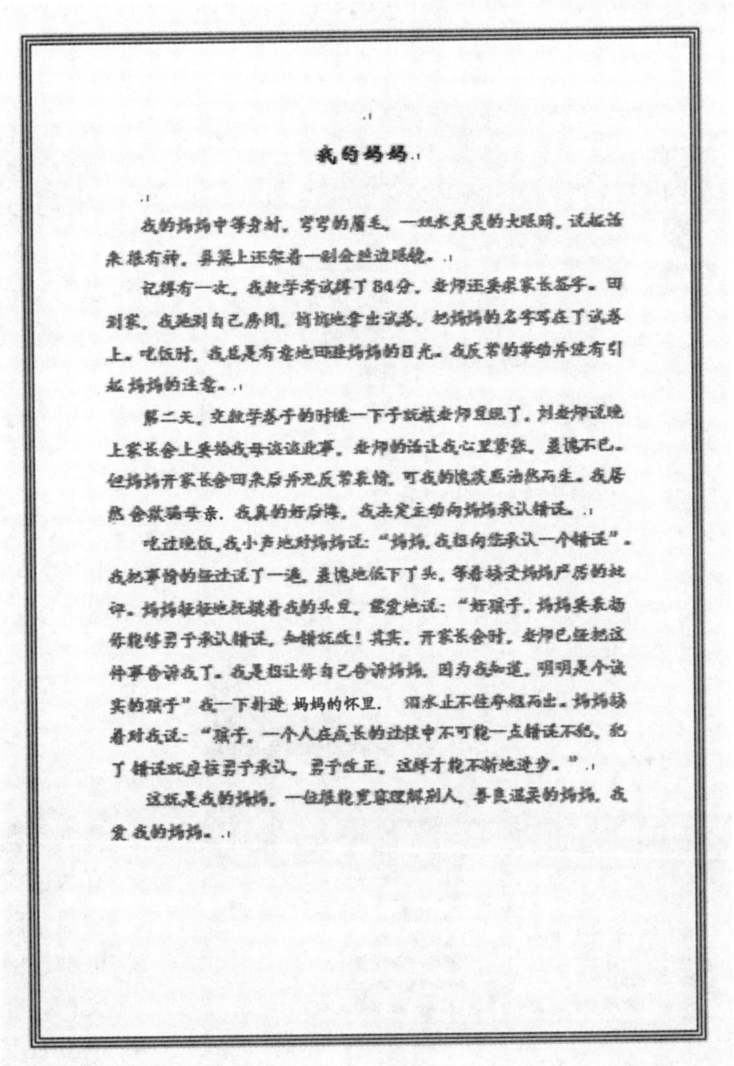

我的妈妈

我的妈妈中等身材，弯弯的眉毛、一双水灵灵的大眼睛，说起话来很有神，鼻梁上还架着一副金丝边眼镜。

记得有一次，我数学考试得了84分，老师还要求家长签字。回到家，我跑到自己房间，悄悄地拿出试卷，把妈妈的名字写在了试卷上。吃饭时，我总是有意地回避妈妈的目光。我反常的举动并没有引起妈妈的注意。

第二天，交数学卷子的时候一下子就被老师发现了，刘老师说晚上家长会上要给我母亲谈谈此事。老师的话让我心里紧张，羞愧不已。但妈妈开家长会回来后并无反常表情，可我的愧疚感油然而生。我居然会欺骗母亲，我真的好后悔，我决定主动向妈妈承认错误。

吃过晚饭，我小声地对妈妈说：“妈妈，我想向您承认一个错误”。我把事情的经过说了一遍，羞愧地低下了头，等着接受妈妈严厉的批评。妈妈轻轻地抚摸着我的头发，微笑地说：“好孩子，妈妈要表扬你能够勇于承认错误，知错就改！其实，开家长会时，老师已经把这件事告诉我了。我是想让你自己告诉妈妈，因为我知道，明明是个诚实的孩子”我一下扑进 妈妈的怀里，　泪水止不住夺眶而出。妈妈接着对我说：“孩子，一个人在成长的过程中不可能一点错误不犯，犯了错误就应该勇于承认，勇于改正，这样才能不断地进步。”

这就是我的妈妈，一位能宽容理解别人、善良温柔的妈妈，我爱我的妈妈。

☞ 掌握技能

通过本实例，将学会以下技能：

- 自动修改拼写和语法错误。
- 批量修改文本中的内容。
- 统计文本中的字数、行数等信息。
- 添加和修改文本批注。

»☞ 打开文档

在 Windows 7 桌面，双击 Word 2010 的快捷方式图标。在打开的 Word 窗口中，将自动新建名为“文档 1”的空文档。

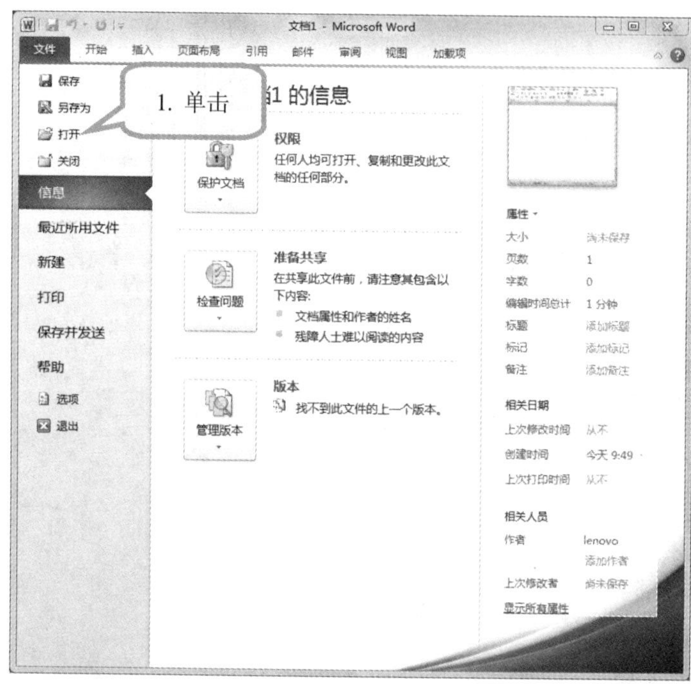

1. 在“文件”选项卡中，单击“打开”项，将弹出“打开”对话框。

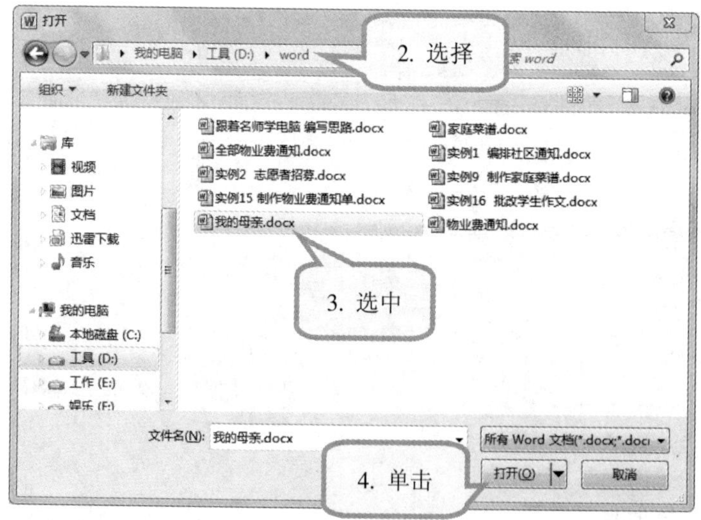

2. 找到文档“我的母亲”存放的位置，在地址栏中显示路径信息。
3. 单击选中“我的母亲”文档。
4. 单击右下角的“打开”按钮，即可打开文件。

打开文档时也可以在“我的电脑”中，先找到“我的母亲”所在位置，在文档上直接双击。

»☞ 检查拼写和语法

输入文档时难免里面会存在拼写和语法错误，有时也有可能是我们的习惯性用法，Word 自带了拼写和语法检查功能，可以帮助我们快速找到错误。

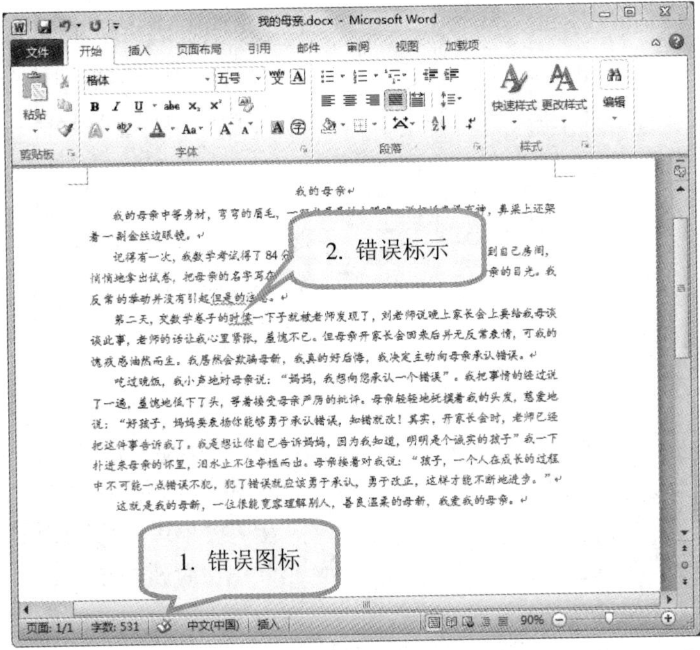

1. 打开文档后，在底部的状态栏中，会看到此 图标。说明文档中可能存在语法或拼写错误。

2. 在文档中会看到用绿色或红色的波浪线，其中绿色表示可能存在的语法错误，红色表示可能存在的拼写错误。

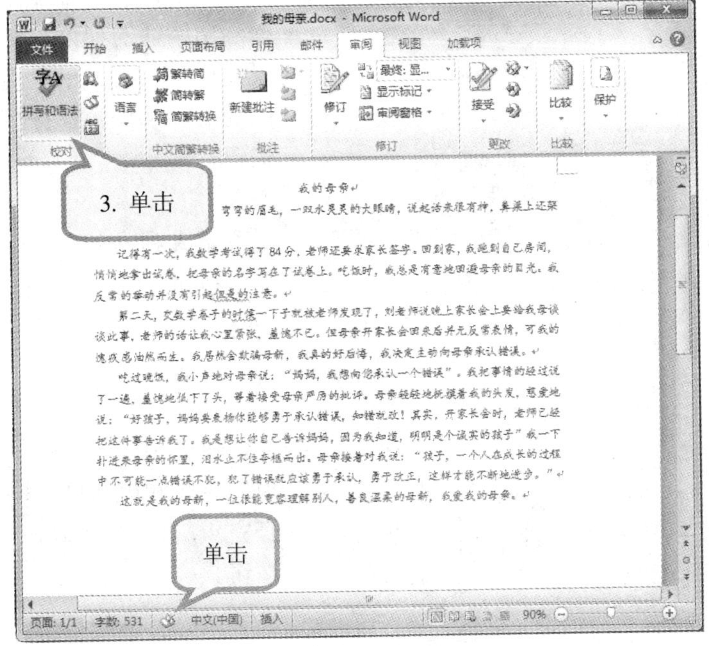

3. 在“审阅”选项卡→“校对”组中，单击“拼写和语法”按钮，弹出“拼写和语法”对话框。

也可单击状态栏上的“拼写和语法错误图标”，在弹出的快捷菜单中选择“语法”，也可以弹出“拼音和语法检查”对话框。

»☞ 自动处理拼写和语法错误

Word 中自带了拼写和语法修改功能，可以帮助我们快速修改文档中存在的语法和拼写错误。

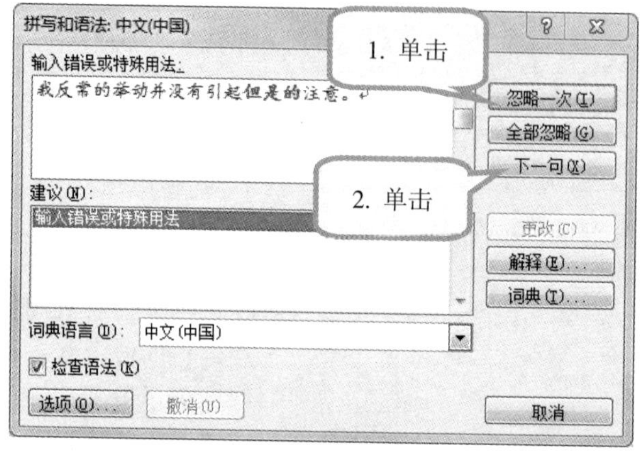

1. 在弹出的“拼写和语法”对话框中，如果确认不是语法错误，可以单击“忽略一次”铵钮。

2. 如果是语法错误，先修改，然后单击“下一句”按钮。

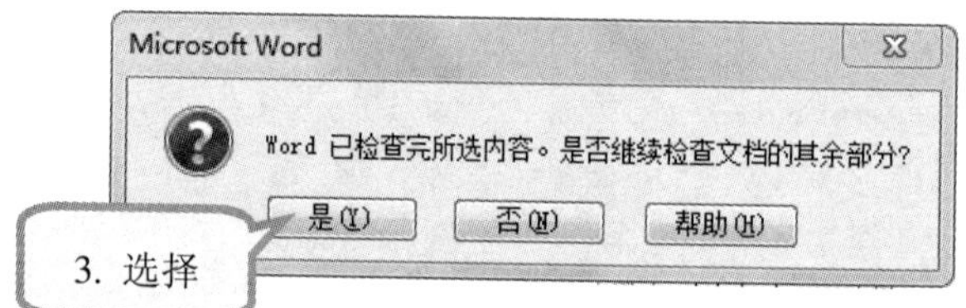

3. 当弹出左侧对话框时，说明语法错误检查完毕。可单击“是”按钮，开始检查拼写错误。

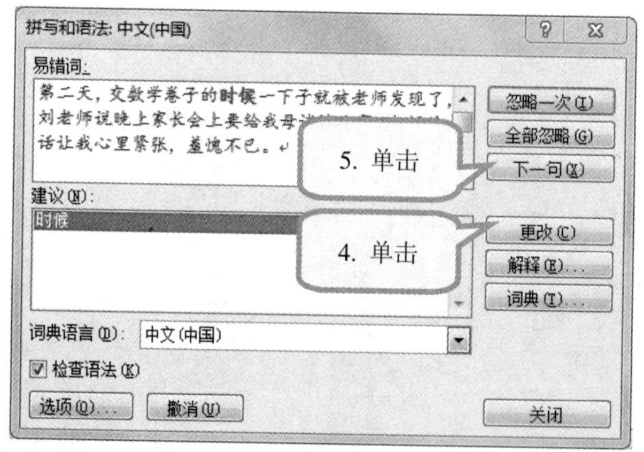

4. 在“易错词”中用红色标示出错误的词语，在“建议”中给出了正确的词语，可单击“更改”按钮。

5. 更改完成后单击“下一句”按钮。

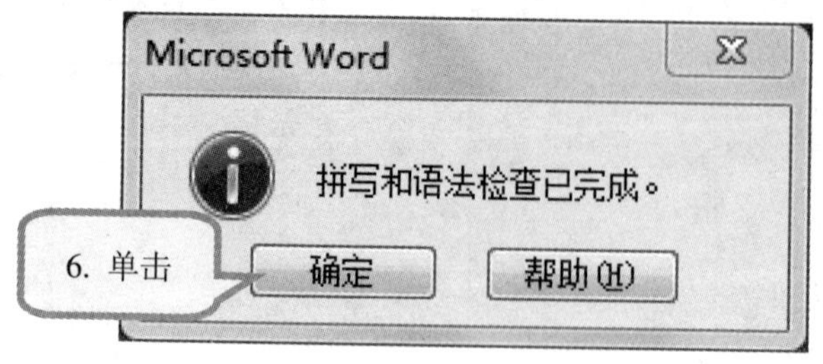

6. 直到弹出左侧对话框，说明拼写和语法错误检查完毕，可单击“确定”按钮。

»☞ 批量修改信息

在文档中重复出现了“母亲”这个词语，但后期可能觉得不合适想修改，一个一个修改特别麻烦，也容易漏词，Word 中自带了批量修改信息的功能，可以快速帮助我们修改重复的词语。

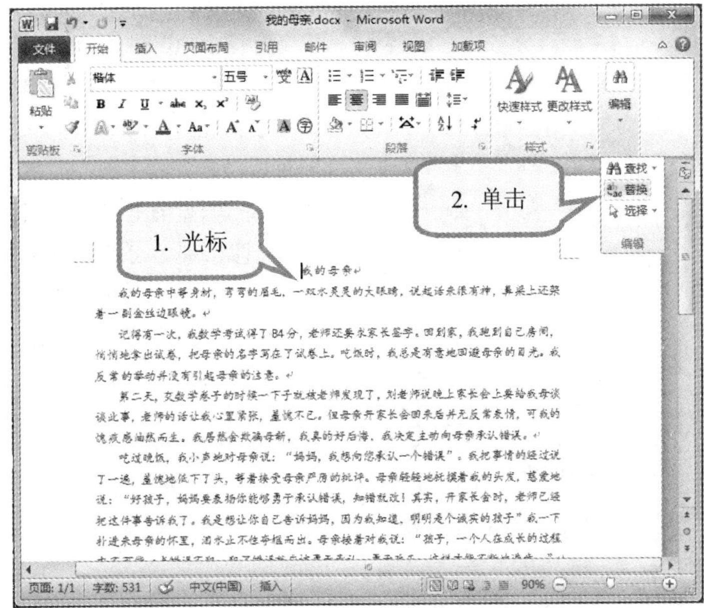

1. 将光标定位在文档的第一个字符前。

2. 在“开始”选项卡→“编辑”组中，单击“替换”按钮。将弹出“查找与替换”对话框。

也可按键盘上的“Ctrl+H”组合键快速打开“查找与替换”对话框。

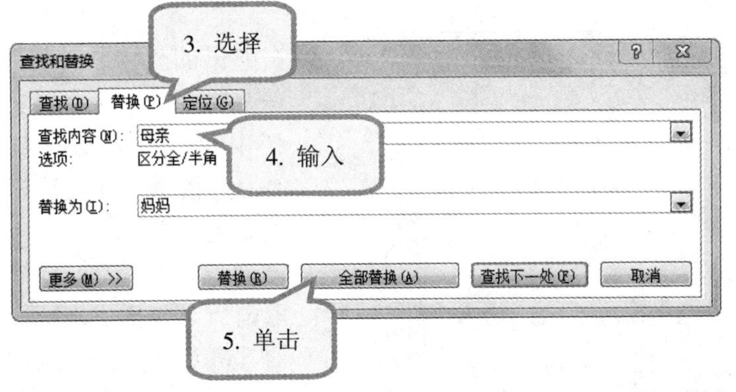

3. 选择“替换”选项卡。
4. 在“查找内容”和“替换为”文本框中填上相应的内容。
5. 单击“全部替换”按钮，将弹出提示信息。

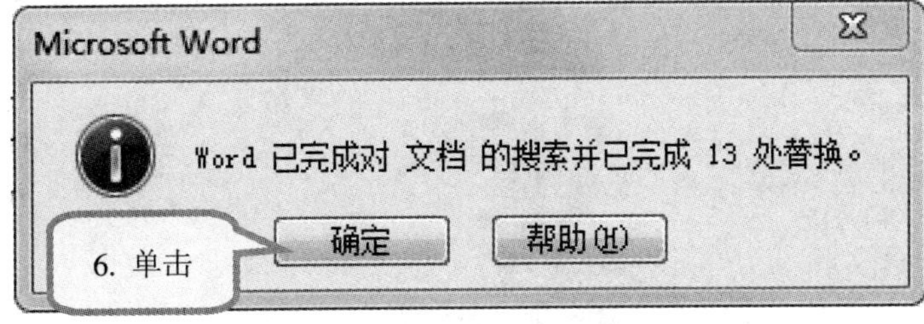

6. 提示信息中显示，本例中替换掉了 13 处错误。单击“确定”按钮，将返回“查找和替换”对话框继续替换内容。

»☞ 字数统计

老师要求小明的作文字数在 400 字以上，但统计字数也是个麻烦的工作，Word 中自带了字数统计功能，只用一次点击便可显示文档的字数。

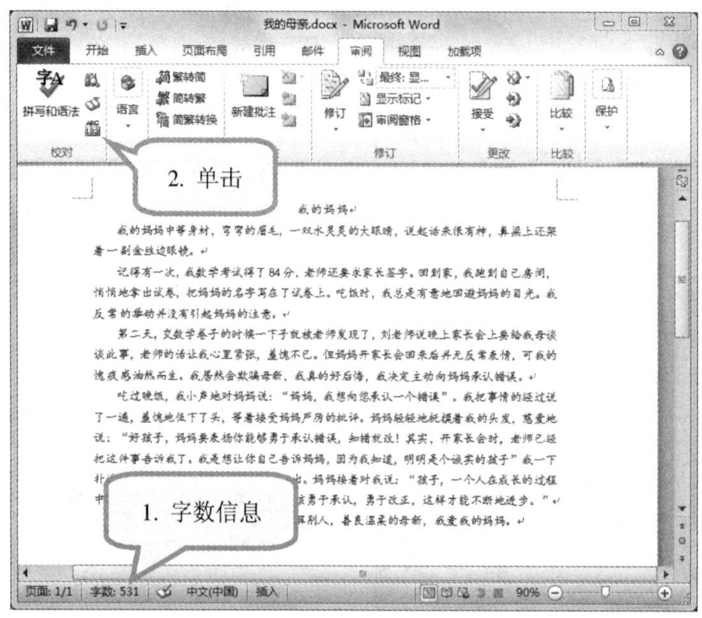

1. 在窗口底部的状态栏中，显示了文档中包含的字数。

2. 但若想查看详细的字数统计信息，可在“审阅”选项卡→“校对”组中单击“字数统计”按钮。

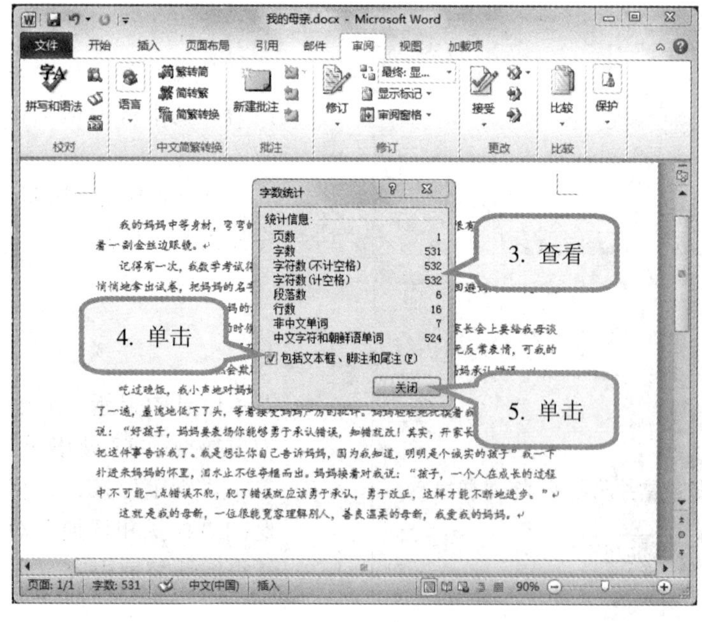

3. 在弹出的“字数统计”信息框中，可以看到文档中包含的页数、字数、段落数、行数等详细信息。

4. 取消原“包括文本框、脚注和尾注”项的选中状态，可以查看除去文本框、脚注和尾注之后的字数。

5. 单击“关闭”按钮。

»☞ 设置字体和段落

老师要求小明的作文要彩色打印，所以给文字设置漂亮的字体和颜色显得很有必要，不仅能增加美感，更能提高小朋友的兴趣度，爱上作文写作。

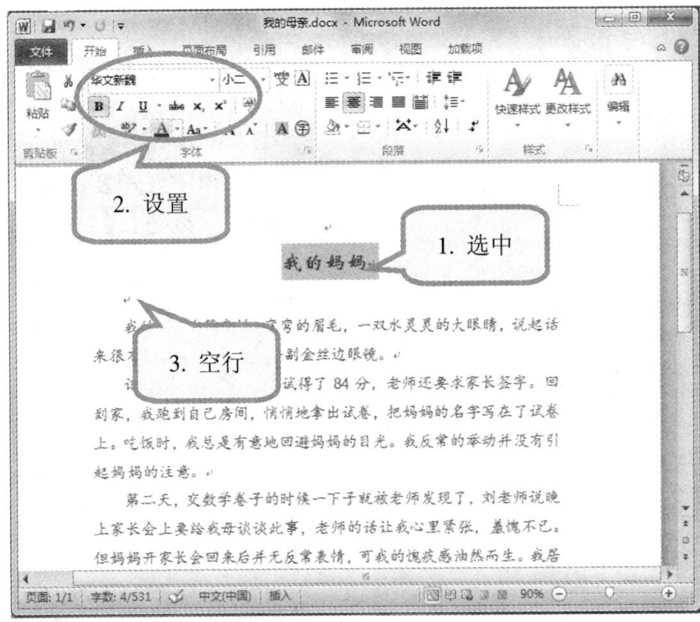

1. 选中标题“我的妈妈”。
2. 在图中黄色椭圆内，设置字体样式，其中字体颜色为“红色”。
3. 标题前后各空一行。

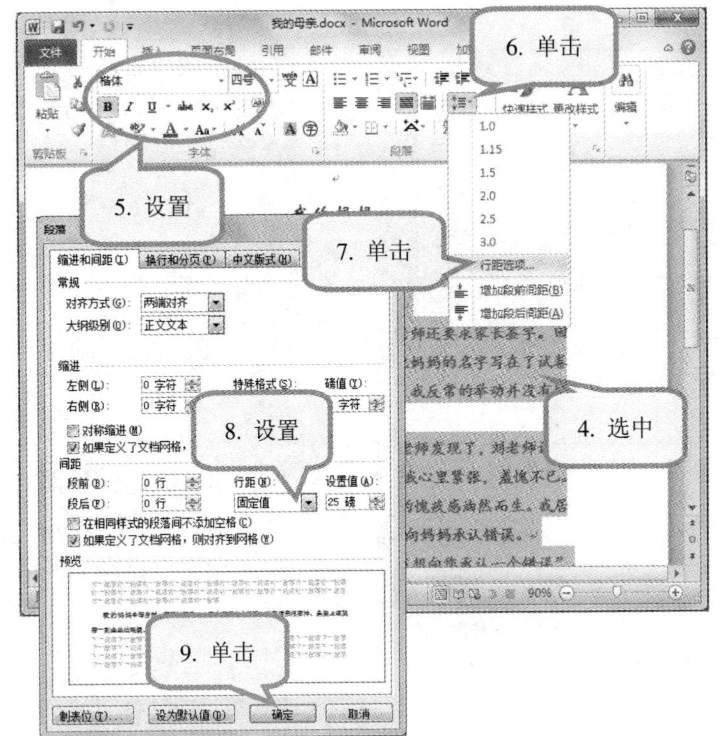

4. 选中正文。
5. 在图中黄色椭圆内，设置字体样式，其中字体颜色为“橄榄绿”。
6. 在“段落”组中，单击“行和段落间距”按钮。
7. 在下拉菜单中单击“行距选项”。
8. 在打开的“段落”对话框中，设置行距为“固定值”，设置值为“25 磅”。
9. 单击“确定”按钮。

»☞ 添加批注

当发现文档中可能存在错误，需要作者自己来确认的时候，我们可以在可能出错的地方添加批注，或者在需要给出自己的不同见解时，也可以通过添加批注的方法来解决。

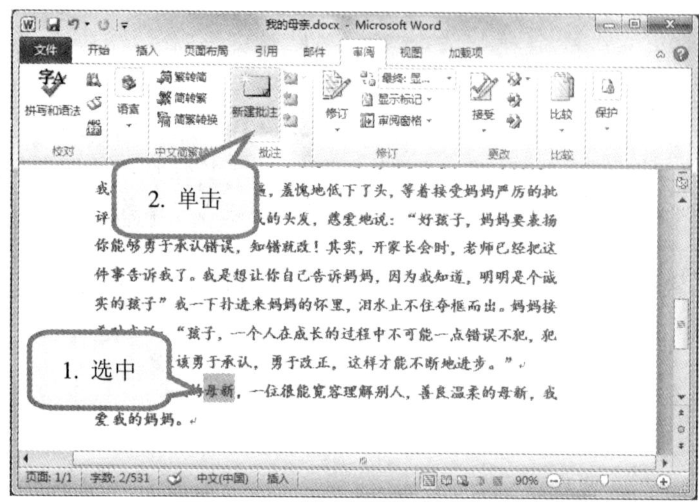

1. 选中要添加批注的文本。

2. 在“审阅”选项卡→“批注”组中，单击“新建批注”按钮。

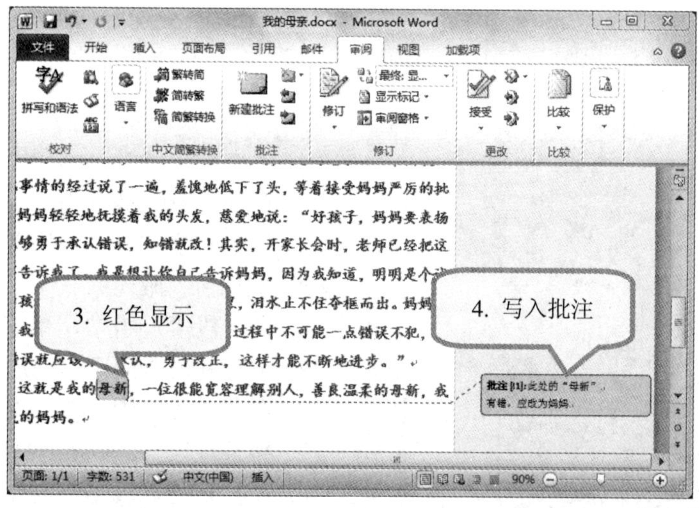

3. 此时已选中的文本将会用红底色显示。

4. 在弹出的“批注 1”文本框中，写入自己的批注意见。

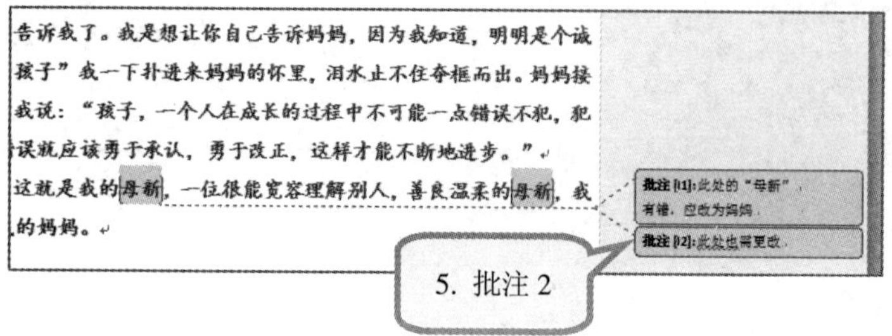

5. 同样的方法，给后面的文本添加“批注 2”，一篇文档中可以添加多个批注。

修改和删除批注

批注添加时有默认的颜色显示，但添加后为了达到醒目的目的，可以修改批注的颜色。也可以删除添加错误的批注以及阅览过的批注。

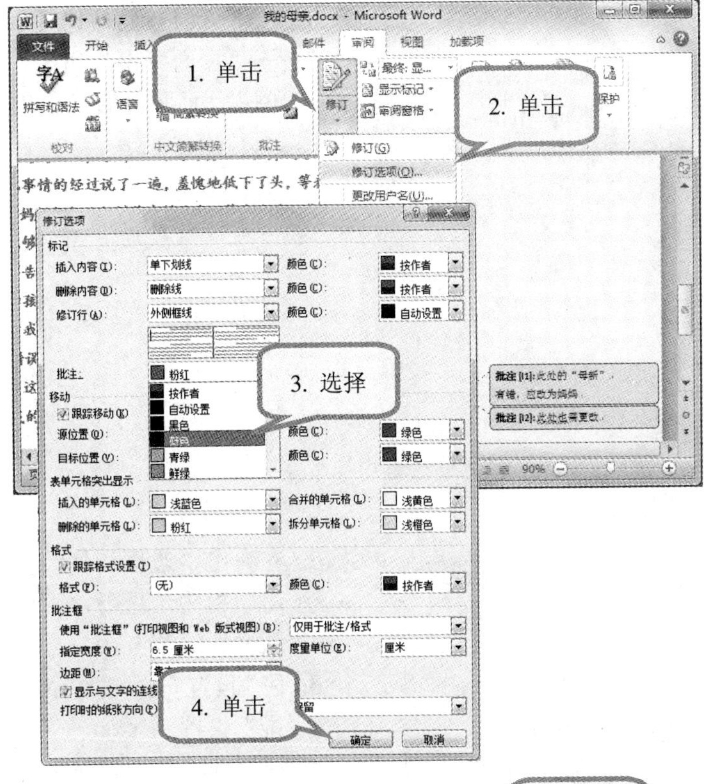

1. 在“审阅”选项卡→“修订”组中，单击“修订”按钮。
2. 在弹出的下拉菜单中单击“修订选项”，将弹出“修订选项”对话框。
3. 在“批注”下拉菜单中选择“蓝色”。
4. 设置完后单击对话框底部的“确定”按钮。

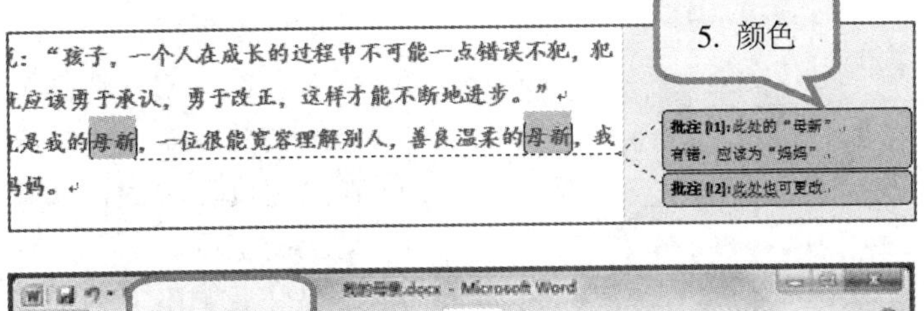

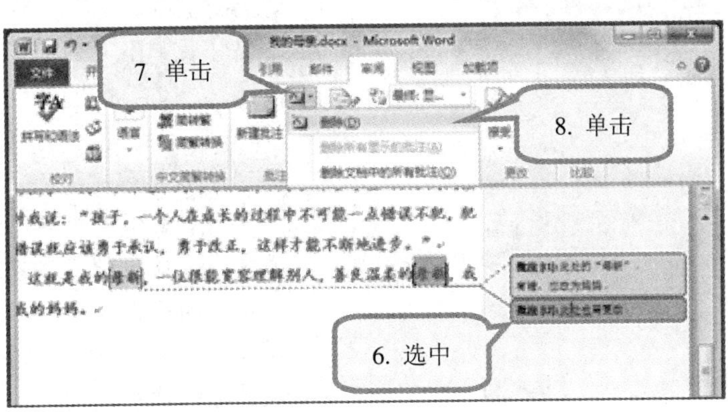

5. 从左侧图中可以看到，之前的红色批注现在改为蓝色批注。
6. 删除批注时，可先选中要删除的批注。
7. 在“批注”组中，单击“删除批注”的下拉箭头。
8. 在下拉列表框中，单击“删除”项。

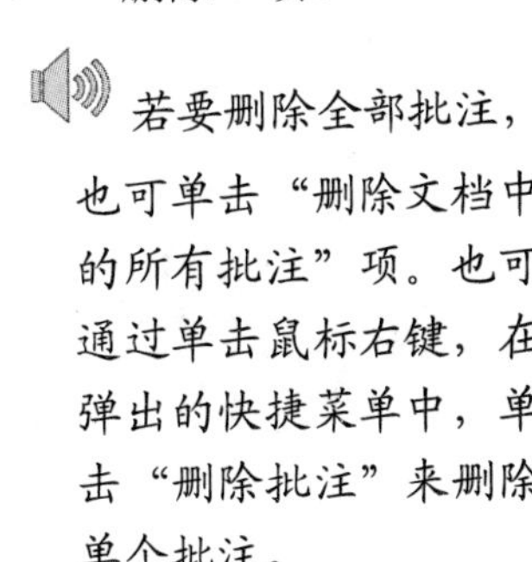

若要删除全部批注，也可单击“删除文档中的所有批注”项。也可通过单击鼠标右键，在弹出的快捷菜单中，单击“删除批注”来删除单个批注。

添加页面边框

文档内容排好版后，为了美化视觉效果，可以给页面添加个漂亮的边框和颜色。

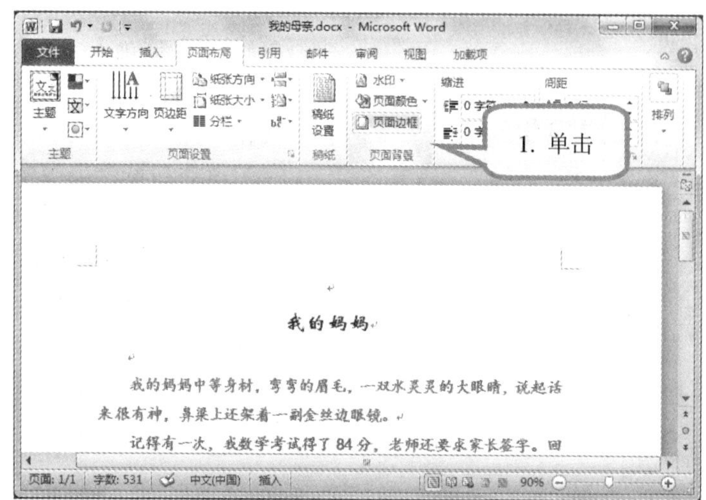

1. 在“页面布局”选项卡→“页面背景”组中，单击“页面边框”按钮。

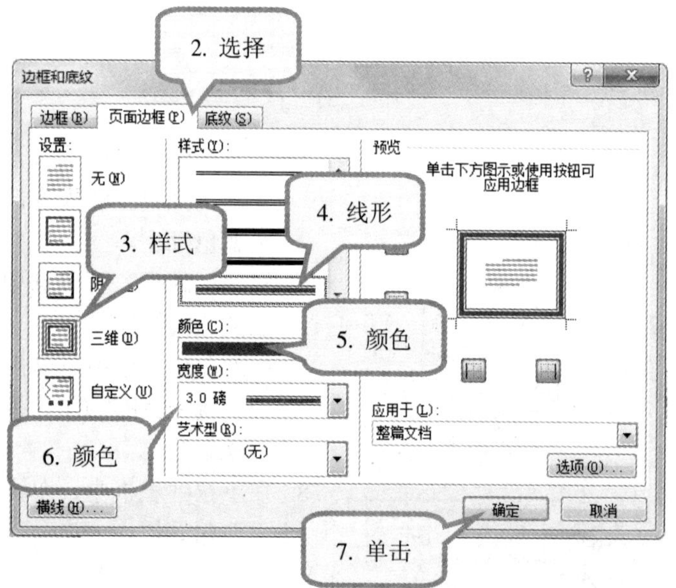

2. 在弹出“边框和低纹”对话框中，选择“页面边框”选项卡。
3. 在“设置”中，选择“三维”设置
4. 在“样式”中，选择合适的线条形状。
5. 在“颜色”中，选择喜欢的颜色。
6. 在“宽度”项中，选择适当的宽度。
7. 设置好后单击“确定”按钮。

也可以在“艺术型”项中，选择一种带有艺术特色的边框样式，在预览窗口中，可以看到设置后的效果。

»☞ 添加页面颜色

页面边框设置好后，还可以给页面设置一种漂亮的背景颜色，可以让整个页面看起来更加生动。

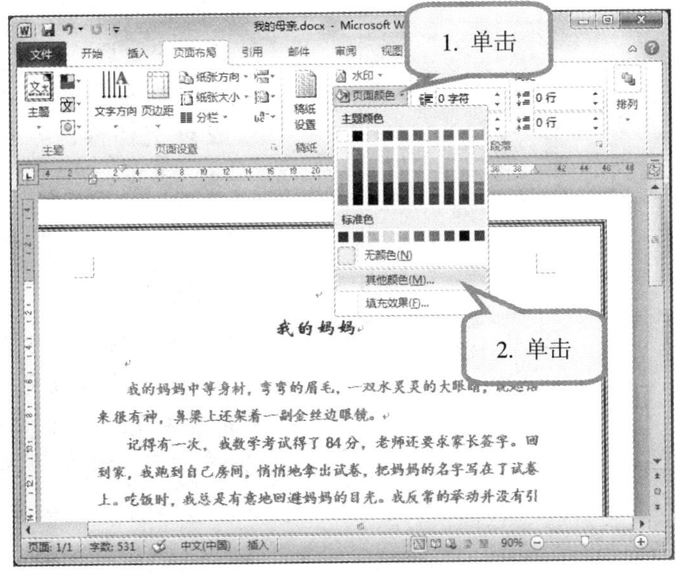

1. 在“页面布局”选项卡→“页面背景”组中，单击“页面颜色”按钮。

2. 若在“页面颜色”下拉菜单中，没有满意的颜色，可单击“其它颜色”选项。

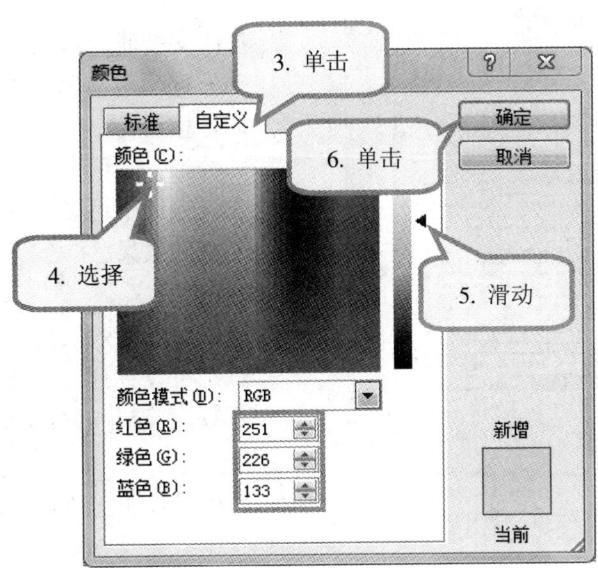

3. 在打开的“颜色”对话框中，选择“自定义”选项卡。
4. 在“颜色”项中，选择一种合适的颜色系列。
5. 滑动右侧的颜色滑块，选择满意的颜色值。
6. 单击“确定”按钮

如果对颜色值很熟悉，也可以在黄色线条内直接输入颜色值来确定选择的颜色。

»☞ 保存并打印

文档内容和版面都设计好后，一定要记着保存文档，需要打印时确认连接好打印机，设置好打印选项，准备打印。

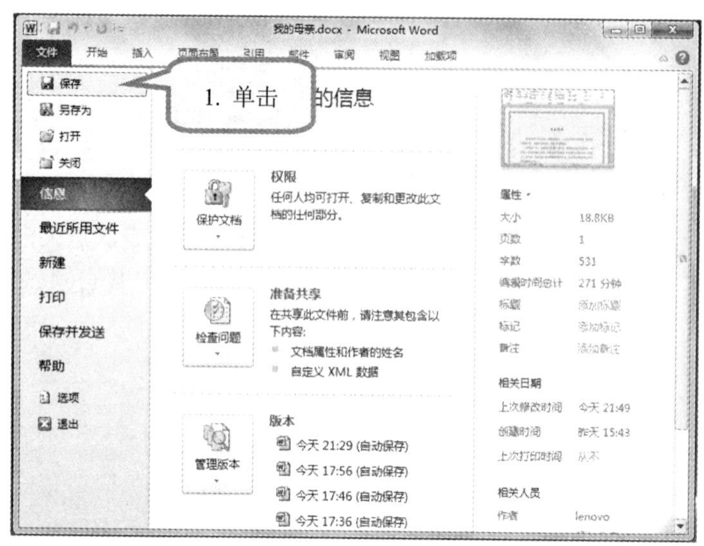

1. 在“文件”选项卡中，单击“保存”按钮。完成对文档修改后的保存。

也可按键盘上的“Ctrl+S”组合键快速保存。最好在修改文档的过程中及时保存，以防断电等意外情况发生，导致设置信息丢失。

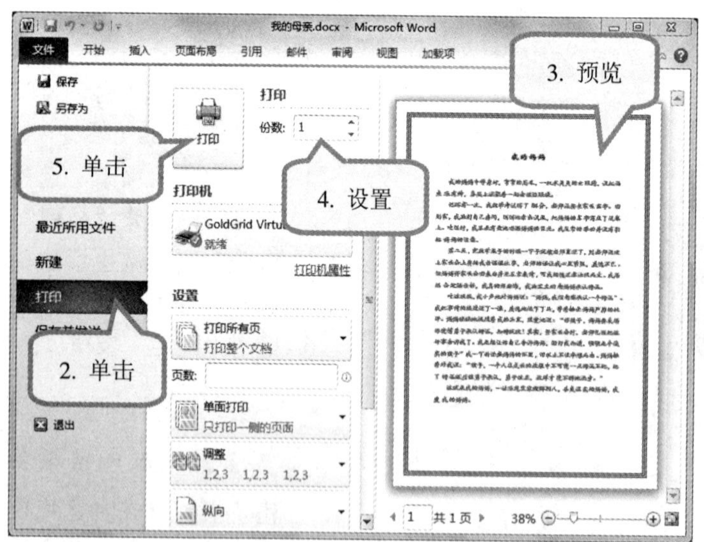

2. 打印文档时，可在“文件”选项卡中单击“打印”按钮。

3. 在该窗口中可以预览页面整体效果。

4. 如果对页面效果感到满意，可设置打印份数、页数，并选择好打印机。

5. 单击“打印”按钮开始打印。